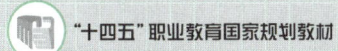 "十四五"职业教育国家规划教材

国家职业教育软件技术专业
教学资源库配套教材

软件工程与
UML（第2版）

▶主 编　罗 炜　刘 洁
▶副主编　谢日星　罗保山　张 慧

中国教育出版传媒集团
高等教育出版社·北京

内容简介

　　本书为"十四五"职业教育国家规划教材,也是国家职业教育软件技术专业教学资源库配套教材,同时还是国家级精品资源共享课"软件建模"的配套教材。本书按照高等职业教育软件技术专业人才培养方案的要求,汇集了近些年"双高"高职院校软件技术重点建设专业的优秀教学案例编写而成。全书以任务驱动方式组织知识点,讲授在软件生命周期中如何有效应用建模技术完成面向对象的软件开发。

　　全书共分为 10 个单元,主要内容包括用软件工程的思想开发系统、系统的功能需求建模、系统的静态建模、系统的动态建模、系统的实现方式建模、需求分析、系统分析、系统设计、逆向工程和敏捷开发,同时附录部分还介绍了 Rational Rose、Axure、GUI Design Studio 三种主流建模工具的使用方法。每个单元后配有丰富的拓展训练、模拟项目,覆盖了一系列应用领域以及实现目标,同时配有大量的实例,有助于读者更加直观地理解和运用软件工程的思路,掌握软件建模的实用技术。

　　本书配有微课、教学课件、动画、章节设计、项目案例等丰富的数字化学习资源。与本书配套的数字课程"软件工程与 UML"已在"智慧职教"平台(www.icve.com.cn)上线,学习者可以登录平台进行在线学习,授课教师可以调用本课程构建符合自身教学特色的 SPOC 课程,详见"智慧职教"服务指南。教师也可发邮件至编辑邮箱1548103297@qq.com 获取相关资源。

　　本书不仅可作为高等职业院校与应用型本科院校的计算机专业软件工程课程、软件建模课程或统一建模语言课程的教材,也可作为通信工程、电子信息工程、自动化等相关专业的软件工程教材,还可供软件工程师、软件项目管理者和应用软件开发人员阅读参考。本书结合实例陈述理论,深入浅出,也适合作为广大编程爱好者的自学教材。

图书在版编目(CIP)数据

　　软件工程与 UML / 罗炜,刘洁主编. --2 版. --北京:高等教育出版社,2023.8
　　ISBN 978-7-04-058625-1

　　Ⅰ. ①软… Ⅱ. ①罗… ②刘… Ⅲ. ①软件工程-高等职业教育-教材 ②面向对象语言-程序设计-高等职业教育-教材 Ⅳ. ①TP311.5 ②TP312

　　中国版本图书馆 CIP 数据核字(2022)第 071641 号

Ruanjian Gongcheng yu UML

| 策划编辑　傅　波 | 责任编辑　傅　波 | 封面设计　赵　阳 | 版式设计　于　婕 |
| 责任绘图　黄云燕 | 责任校对　窦丽娜 | 责任印制　赵义民 | |

出版发行	高等教育出版社	网　　址	http://www.hep.edu.cn
社　　址	北京市西城区德外大街 4 号		http://www.hep.com.cn
邮政编码	100120	网上订购	http://www.hepmall.com.cn
印　　刷	北京中科印刷有限公司		http://www.hepmall.com
开　　本	787 mm×1092 mm　1/16		http://www.hepmall.cn
印　　张	19	版　　次	2017 年 4 月第 1 版
字　　数	420 千字		2023 年 8 月第 2 版
购书热线	010-58581118	印　　次	2023 年 12 月第 2 次印刷
咨询电话	400-810-0598	定　　价	52.00 元

本书如有缺页、倒页、脱页等质量问题,请到所购图书销售部门联系调换
版权所有　侵权必究
物 料 号　58625-00

"智慧职教" 服务指南

"智慧职教"是由高等教育出版社建设和运营的职业教育数字教学资源共建共享平台和在线课程教学服务平台,包括职业教育数字化学习中心平台(www.icve.com.cn)、职教云平台(zjy2.icve.com.cn)和云课堂智慧职教 App。用户在以下任一平台注册账号,均可登录并使用各个平台。

● 职业教育数字化学习中心平台(www.icve.com.cn):为学习者提供本教材配套课程及资源的浏览服务。

登录中心平台,在首页搜索框中搜索"软件工程与 UML",找到对应作者主持的课程,加入课程参加学习,即可浏览课程资源。

● 职教云(zjy2.icve.com.cn):帮助任课教师对本教材配套课程进行引用、修改,再发布为个性化课程(SPOC)。

1. 登录职教云,在首页单击"申请教材配套课程服务"按钮,在弹出的申请页面填写相关真实信息,申请开通教材配套课程的调用权限。

2. 开通权限后,单击"新增课程"按钮,根据提示设置要构建的个性化课程的基本信息。

3. 进入个性化课程编辑页面,在"课程设计"中"导入"教材配套课程,并根据教学需要进行修改,再发布为个性化课程。

● 云课堂智慧职教 App:帮助任课教师和学生基于新构建的个性化课程开展线上线下混合式、智能化教与学。

1. 在安卓或苹果应用市场,搜索"云课堂智慧职教"App,下载安装。

2. 登录 App,任课教师指导学生加入个性化课程,并利用 App 提供的各类功能,开展课前、课中、课后的教学互动,构建智慧课堂。

"智慧职教"使用帮助及常见问题解答请访问 help.icve.com.cn。

总　序

国家职业教育专业教学资源库建设项目是教育部、财政部为深化高职院校教育教学改革，加强专业与课程建设，推动优质教学资源共建共享，提高人才培养质量而启动的国家级建设项目。2011 年，软件技术专业被教育部、财政部确定为高等职业教育专业教学资源库立项建设专业，由常州信息职业技术学院主持建设软件技术专业教学资源库。

按照教育部提出的建设要求，建设项目组聘请了中国科学技术大学陈国良院士担任资源库建设总顾问，确定了常州信息职业技术学院、深圳职业技术学院、青岛职业技术学院、湖南铁道职业技术学院、长春职业技术学院、山东商业职业技术学院、重庆电子工程职业学院、南京工业职业技术学院、威海职业学院、淄博职业学院、北京信息职业技术学院、武汉软件工程职业学院、深圳信息职业技术学院、杭州职业技术学院、淮安信息职业技术学院、无锡商业职业技术学院、陕西工业职业技术学院 17 所院校和微软（中国）有限公司、国际商用机器（中国）有限公司（IBM）、思科系统（中国）网络技术有限公司、英特尔（中国）有限公司等 20 余家企业作为联合建设单位，形成了一支学校、企业、行业紧密结合的建设团队。依据软件技术专业"职业情境、项目主导"人才培养规律，按照"学中做、做中学"教学思路，较好地完成了软件技术专业资源库建设任务。

本套教材是"国家职业教育软件技术专业教学资源库"建设项目的重要成果之一，也是资源库课程开发成果和资源整合应用实践的重要载体。教材体例新颖，具有以下鲜明特色。

第一，根据学生就业面向与就业岗位，构建基于软件技术职业岗位任务的课程体系与教材体系。项目组在对软件企业职业岗位调研分析的基础上，对岗位典型工作任务进行归纳与分析，开发了"Java 程序设计"、"软件开发与项目管理"等 14 门基于软件企业职业岗位的课程教学资源及配套教材。

第二，立足"教、学、做"一体化特色，设计三位一体的教材。从"教什么、怎么教"、"学什么，怎么学"、"做什么，怎么做"三个问题出发，每门课程均配套课程标准、学习指南、教学设计、电子课件、微课视频、课程案例、习题试题、经验技巧、常见问题及解答等在内的丰富的教学资源，同时与企业开发了大量的企业真实案例和培训资源包。

第三，有效整合教材内容与教学资源，打造立体化、自主学习式的新形态一体化教材。教材创新采用辅学资源标注，通过图标形象地提示读者本教学内容所配备的资源类型、内容和用途，从而将教材内容和教学资源有机整合，浑然一体。通过对"知识点"提供与之对应的微课视频二维码，让读者以纸质教材为核心，通过互联网尤其是移动互联网，将多媒体的教学资源与纸质教材有机融合，实现"线上线下互动，新旧媒体融合"，成为"互联网+"时代教材功能升级和形式创新的成果。

第四，遵循工作过程系统化课程开发理论，打破"章、节"编写模式，建立了"以项目为导向，用任务进行驱动，融知识学习与技能训练于一体"的教材体系，体现高职教育职业化、实践化特色。

第五，本套教材装帧精美，采用双色印刷，并以新颖的版式设计，突出重点概念与技能，仿真再现软件技术相关资料。通过视觉效果搭建知识技能结构，给人耳目一新的感觉。

本套教材经过多年来在各高等职业院校中的使用，获得了广大师生的认可并收集到了宝贵的意见和建议，根据这些意见和建议并结合目前最新的课程改革经验，紧跟行业技术发展，不断整合、更新和优化教材内容，将新技术、新工艺、新规范、典型生产案例及时纳入教学内容，与企业行业密切联系，内容及时反映产业升级和行业发展需求，保证教材内容紧跟行业技术发展动态，满足人才培养需求。

本套教材几经修改，既具积累之深厚，又具改革之创新，是全国 20 余所院校和 20 多家企业的 110 余名教师、企业工程师的心血与智慧的结晶，也是软件技术专业教学资源库多年建设成果的又一次集中体现。我们相信，随着软件技术专业教学资源库的应用与推广，本套教材将会成为软件技术专业学生、教师、企业员工立体化学习平台中的重要支撑。

高等职业教育软件技术专业教学资源库项目组

第 2 版前言

本书第 1 版自 2017 年出版以来，受到广大读者的好评，同时也收到了许多宝贵的建议，并于 2023 年 6 月入选"十四五"职业教育国家规划教材。

近年来，新一代信息技术的快速发展给经济社会发展带来了颠覆性变革，互联网、大数据、云计算、物联网、5G 和人工智能等技术的不断发展和广泛应用，催生出全新的应用场景，推动了各个产业的数字化、网络化、智能化。以信息技术为代表的新一轮科技和产业革命正在兴起，成为全球经济社会发展的新动能。为适应行业发展需求，贯彻执行《"十四五"职业教育规划教材建设实施方案》的要求，特对本书进行了修订。本次修订的主要内容如下。

1. 结合行业需求更新案例

依据近年来医疗行业信息化的发展、社会需求的显著变更，更新了医院预约诊疗系统。突出健康中国战略部署下宏观政策的指导作用，以及行业标准化的意义。通过医院预约诊疗系统经历的萌芽、探索、全面发展到健全成熟 4 个阶段中需求变更促进的软件更新，引发读者关于如何克服软件危机的思考。

删除了学生现在较少接触的"ATM 系统"，取而代之以高校广泛应用的"校园门禁系统"及"手机银行系统"；删除了目前极少使用的光驱驱动的"媒体播放器"案例，增加了办公自动化软件 WPS 案例。

进一步规范了"需求"列表、用例文档模板；完善了成绩管理系统；完善了饮料自动售货机系统，将投币支付改为扫码支付。

2. 更新和完善部分内容

丰富了习题；更新和完善了拓展训练；在项目实训部分增加了连贯项目的建模。阐述了业务建模与需求建模的关系，以展示建模过程的完整性；在各单元增加了拓展阅读，扩充书本相关内容；将原书第 10 单元替换为目前主流的软件模型之一——敏捷开发；更新了技术和软件版本，按照新的工具软件版本，修改了附录中 Axure 应用基础和 GUI Design Studio 使用精解。

3. 提升软件建模的立足点

贯穿"好的软件产品"需要从技术、经济、社会因素等方面加以综合体现的理念。通过老年人面临的"数字鸿沟"问题，引发读者关于什么是成熟的软件产品的思考，从技术上如何解决信息产品面向部分困难人群进行设计。

本书建议授课 72 学时，教师可根据实际情况决定是否讲授综合实例。教学单元与课时安排见下表。

表 教学单元与课时安排建议

序号	单元名称	学时安排
1	用软件工程的思想开发系统	4
2	系统的功能需求建模	6
3	系统的静态建模	10
4	系统的动态建模	12

续表

序号	单元名称	学时安排
5	系统的实现方式建模	4
6	需求分析	6
7	系统分析	8
8	系统设计	10
9	逆向工程	4
10	敏捷开发	8

本次修订，为推动党的"二十大"精神进教材、进课堂、进头脑，以智慧医疗、文明校园、高效办公等为切入点，结合行业需求，对各单元案例进行了更新升级。如在单元2系统的功能需求建模中，完善了饮料自动售货机系统，将投币支付改为扫码支付，体现信息化的发展、社会需求的变更，贯彻"开辟发展新领域新赛道，不断塑造发展新动能新优势"的精神。在各单元中增加了拓展阅读内容，如通过介绍老年人面临的"数字鸿沟"问题，引发学生对新技术革命的深层思考，突出物质文明和精神文明协调发展的需求。通过展现行业标准化在行业信息化中的作用，并在软件建模及软件文档写作中进行软件标准化的训练，将实施科教兴国战略、人才强国战略落到实处。

本书由罗炜、刘洁担任主编，谢日星、罗保山、张慧担任副主编，肖英、杨国勋、曹静、陈娜、苏智、刘嵩、江骏、李文蕙参加编写，罗炜统编全稿，王路群主审，感谢汪念为本书提供了部分案例资源。

由于时间仓促，加之编者水平有限，书中不妥或错误之处在所难免，敬请广大读者批评指正。如在使用过程中发现错误，请随时与我们联系，E-mail:chinawei_luo@163.com。

编　者
2023 年 6 月

第 1 版前言

软件是脑力劳动的产品，但它不同于追求个性化的艺术作品；软件是批量化的产品，但它又不同于工业化生产得到的有形产品。如何更经济、高效地开发出高质量、可维护、可重用的软件，是目前软件业广受关注的问题。

本书是"软件建模技术"领域的著作，全面讲解了软件工程的基本概念，软件生命周期模型，面向对象的设计思想和统一建模过程，以及 UML 表示法（包括 UML 的用例图、顺序图、协作图、类图、对象图、状态图、活动图、构件图和部署图 9 种图中所涉及的术语、规则和应用）。通过任务驱动方式从问题陈述、需求分析到系统设计和系统实现，一步一步地展现了软件开发的面向对象方法学。深入浅出地向读者展示了软件系统开发的整个过程；系统地讲解了如何利用统一建模语言构建信息系统，步步深入的探究开发过程，展示了在每一步中如何使用 UML；示范了如何利用 UML 选择合适的技术以满足对应的需求。

有人说："越早开始写代码的人，就是越迟完成代码的人"，希望读者通过对本书的阅读与学习，能更加高效地开发高质量的软件程序。

一、结构

本教材用于高等院校计算机相关专业学习，也可供软件工程师和应用软件开发人员阅读参考。全书从学生认知规律的角度将教学内容分成了 10 个教学单元 26 个子任务，教学单元与子任务结构见表 1。

表 1 教学单元与子任务结构

序号	单元名称	子任务/任务
1	用软件工程的思想开发系统	选择适当的软件过程模型
		用 UML 模型表达开发过程
2	系统的功能需求建模	初步建模系统的功能需求
		细化系统的功能需求
		重构系统的功能需求模型
		用例模型的分层分包处理
3	系统的静态建模	类的设计（用模型进行单个类的设计）
		表示类之间的关系
		表示对象间的关系
		表示模块间的关系
4	系统的动态建模	建模对象间的交互过程
		建模对象间的交互及关联关系
		建模单个对象的状态转移过程

续表

序号	单元名称	子任务/任务
5	系统的实现方式建模	建模系统的软件构成
		建模系统的硬件部署
6	需求分析	需求捕获
		需求建模
7	系统分析	建模系统的实体类图
		建模系统的分析类图
8	系统设计	建模系统的架构设计
		由分析模型到设计模型
9	逆向工程	系统实现的逆向工程
10	开发"网上书店系统"	捕获需求
		需求分析
		系统分析
		系统设计
11	附录 A Rational Rose 使用精解	
12	附录 B Axure 应用基础	
13	附录 C GUI Design Studio 使用精解	

书中各单元的具体内容如下：

单元 1 了解软件工程的意义、软件开发生命周期、软件过程模型的应用。理解面向对象方法的特点，面向对象的分析设计思路，标准化的作用，掌握文档整理的方法、判定表和判定树的应用领域、判定表和判定树的生成及优化。

单元 2 掌握软件工具的使用，用例图的主要组件，用例间的包含、扩展、泛化关系，用例文档的书写规范，用例文档的作用，用例建模的一般过程，识别参与者、识别用例，分析用例间的关系、通过关系整理用例。

单元 3 掌握 UML 的建模机制，类图的表示形式，属性和方法的细节，重数的意义，类的不同表示方式，接口的表示、关联、泛化、依赖关系，泛化与聚集的区别，实现关系和依赖关系，通过名词-动词分析法识别类及其关系，对象的识别，类的高内聚和低耦合性，对象与类的区别，包的用法、类的不同表示方式，接口的表示，实现关系和依赖关系。

单元 4 掌握动态建模在软件开发中的作用，活动图的用途，动态模型与静态模型的关系，顺序图的用途，顺序图与活动图的关系，从用例到顺序图、协作图与顺序图的关系，协作图中多对象的表示、对象间的交互、不同阶段软件模型的差别，状态图的用途、状态图的建模方法、状态图的识别、状态转移的表示，通过分析执行过程完善类模型，顺序图到类图的映射、模型到代码的映射。

单元 5 掌握组件图、部署图的作用，组件间关系的表示，部署方案的确定，动态与静态建模的相互映射。

单元 6 掌握需求分析的意义，需求整理的要点，需求捕获的方法技巧，需求建模技术，需求规格说明书的构成。

单元 7 掌握系统分析的要点，由用例识别实体类的方法，识别类，建立类之间的关系，描述类，概要设计说明书的构成, 系统分析建模。

单元 8 掌握系统设计的要点, 架构设计的内容, 架构设计对程序结构的影响, 设计模型与软件实现, 详细设计说明书的构成, 系统设计建模。

单元 9 掌握逆向工程的要点, 逆向工程分析系统架构, 代码与类模型的映射, 代码与动态模型的映射, 详细设计说明书的构成。

单元 10 从问题陈述、需求分析到系统设计和系统实现, 一步一步地展现软件开发的面向对象方法学。

每个单元中任务的编写分为任务陈述、知识准备、任务实施、拓展训练 4 个环节。

任务陈述: 每个任务通过具体描述引出教学核心内容, 明确教学任务。

知识准备: 详细讲解完成任务所需的知识点, 通过系列实例进行实践, 边学边做。

任务实施: 通过任务的实施来综合应用所学知识, 提高学生系统运用知识的能力。

拓展训练: 强调一些扩展知识、提高知识与技巧交流; 在项目实施的基础上通过 "学、仿、做" 达到理论与实践统一、知识的内化与应用的教学目的。

二、特点

1. 易于讲授和理解

通过常用软件建模工具 Rational Rose, 及界面设计建模工具 Axure 和 GUI Design Studio 的使用, 循序渐进地讲解软件建模技术的运用, 一步一步地实践了面向对象的软件开发过程。

2. 面向实践

全书按照软件开发的实际过程展开内容, 以软件建模为切入点, 将面向对象的软件工程理论与具体的项目实践相结合, 既符合软件工程的一般开发过程, 又贴近企业项目开发的实际。书中的实例经过精心选择和设计, 力图做到既符合读者认知曲线, 又贴近企业实际需求。全书在各阶段有效运用了软件建模手段, 充分体现出软件的 "可视化"。书中面向对象的建模与传统数据的建模相结合, 涵盖了大多数应用软件开发过程中的主流建模技术。通过贯穿项目进行讲授, 使得学生在 "做" 的过程中理解软件工程的精髓, 具有较强的可操作性。

3. 对如何设计软件及有效沟通提出了强有力的观点

学习本书时, 感觉就像站在专家设计者的肩膀上环顾四方, 聆听着他们向我们一步一步、细心解释着那些重要的内容并告诉我们为什么这样做, 在讲授建模技术的同时渗透了大量软件分析方法的传授, 这是资深软件分析设计人员多年开发经验的总结。

4. 语言生动、情境逼真、案例合理、适合高职生学习特点

隐藏在诙谐图片与有趣文字背后的, 是对软件工程实践这个主题严肃、睿智且精心的设计阐述。

5. 在线资源丰富

包含三个方面内容: 第一: 课程本身的基本信息, 包括课程简介、学习指南、课程标准、整体设计、单元设计、考核方式等; 第二: 教学内容的全程视频教学资源, 既方便课内教学, 又方便学生课外预习与复习; 第三: 课程拓展资源, 包括课程的重难点剖析, 循序渐进的综合项目开发、相关培训、案例、素材资源等。

三、使用

1. 教学内容课时安排

本教材建议授课 72 学时, 可根据实际情况决定是否讲授综合应用——开发 "网上书店系统"。

教学单元与课时安排见表2。

表2　教学单元与课时安排

序号	单元名称	学时安排
1	用软件工程的思想开发系统	4
2	系统的功能需求建模	6
3	系统的静态建模	10
4	系统的动态建模	12
5	系统的实现方式建模	4
6	需求分析	4
7	系统分析	6
8	系统设计	6
9	逆向工程	8
10	开发"网上书店系统"	12

2. 课程资源一览表

本书是国家级精品资源共享课"软件建模"的配套教材，该课程也作为国家职业教育软件技术专业教学资源库建设课程之一，开发了丰富的数字化教学资源，可使用的课程教学资源见表3。

表3　课程教学资源一览表

序号	资源名称	表现形式与内涵
1	课程简介	Word 文档，包含对课程内容简单介绍和对课时数、适用对象等项目的介绍，让学习者对课程有个简单的认识
2	学习指南	Word 文档，包括对学前要求、学习目标要求以及学习路径和考核标准要求，让学习者知道如何使用资源完成学习
3	课程标准	Word 文档，包含课程定位、课程目标要求以及课程内容与要求，可供教师备课时使用
4	整体设计	Word 文档，包含课程设计思路，课程的具体的目标要求以及课程内容设计和能力训练设计，同时给出考核方案设计，让教师理解课程的设计理念，有助于教学实施
5	教学单元设计	Word 文档，分任务给出课程教案，帮助教师完成一堂课的教学细节分析
6	微课视频	MP4 视频文件，提供给学习者更加直观的学习，有助于学习知识
7	电子课件	PPT 文件，提供 PowerPoint2007 版使用，也可供教师根据具体需要加以修改后使用
8	案例	Rar 文档，包括单元项目案例和综合案例，综合运用所学知识
9	习题库、试卷库	Word 文档，习题包括理论习题和操作习题，试卷包括单元测试和课程测试。通过练习和测试，让学习者加深对知识的掌握程度
10	附书源码	Rar 文档，包含本书中部分任务的源代码

本书配有微课视频、课程标准、授课计划、授课用 PPT、案例素材、源代码等丰富的数字化学习资源。与本书配套的数字课程"软件工程与 UML"已在"智慧职教"平台（www.icve.com.cn）上线，学习者可以登录平台进行在线学习及资源下载，授课教师可以调用本课程构建符合自身教学特

色的 SPOC 课程，详见 "智慧职教" 服务指南。教师也可发邮件至编辑邮箱 1548103297@qq.com 获取相关资源。

3. 使用范围

本书不仅可以作为高职院校及应用型本科院校软件技术专业以及计算机类相关专业的教材，也可以作为编程爱好者的参考用书。

同时，如果对于下列问题，你的答案是 "Yes"，那这本书也就适合你。

① 知道 Java 吗?（不必是专家）

② 想要在软件开发过程中更好地与合作者之间进行交流，更清晰地理出自己的思路吗?

③ 想让自己开发的程序具有更高的质量、更短的开发周期、更好的重用性、更易于维护吗?

④ 想要学习、了解并且将软件建模技术应用在现实世界里，并以此为沟通工具吗?

⑤ 喜欢生动活泼的对话胜过枯燥乏味的学术演讲吗?

由于时间仓促，加之编者水平有限，书中不妥及错误之处在所难免，殷切希望广大读者批评指正。同时，恳请读者一旦发现错误，于百忙之中及时与编者联系，以便尽快更正，我们将不胜感激。E-mail:chinawei_luo@163.com。

编 者

2017 年 1 月

目　　录

单元 1

用软件工程的思想开发系统

学习目标

【知识目标】

- 理解软件和软件工程的概念
- 理解软件开发生命周期
- 理解 UML 在面向对象的软件开发过程中的作用
- 掌握软件过程模型运用的原则

【能力目标】

- 能根据需求选择合适的软件过程模型
- 能读懂软件开发文档中简单的 UML 模型
- 会根据需要进行一定程度的软件复用
- 提升软件开发过程中的标准化意识

【素质目标】

- 辩证看待软件开发过程中的成本与风险控制
- 从"整体观"的角度看待软件系统
- 关注行业发展对信息技术的影响
- 关注政策导向

 **引例描述**

新一代信息技术的快速发展给经济社会发展带来了颠覆性变革，随着互联网、大数据、云计算、物联网、5G、人工智能等技术的不断发展和广泛应用，催生出全新的应用场景，推动了各个产业的数字化、网络化、智能化。

医院预约诊疗系统是指利用网站、App、微信小程序、微信公众号、自助终端、电话、现场等渠道方便患者预约挂号看病的系统。十余年来，我国医院预约诊疗系统经历了萌芽、探索、全面发展、健全成熟 4 个阶段。在这一过程中，各医院的信息系统持续更新升级，从单纯的预约诊疗系统，到综合一体的智慧医院建设；从各医院独立的系统，到依赖于"医院信息互联互通标准化"的省域集约式平台。优秀的软件设计不仅有助于产出高质量的应用系统，更将在后期的应用及升级过程中展现出强大优势。

任务 1 选择适当的软件过程模型

【任务陈述】

不同的软件过程模型有着各自的适用范围，合理地加以选择将有助于降低风险、降低开发成本，克服软件开发过程中的不确定性问题，提高软件的开发成功率。本任务要求根据医院预约诊疗系统的现有需求和开发意图，选择适合的软件过程模型。

1. 资料一：医院预约诊疗系统的原始需求

背景：国家有关部门曾印发文件，强调公立医院引导患者合理就医，缓解群众"看病难、挂号难"问题。

（1）基本要求

医院预约诊疗系统的基本要求包括：稳定性好、安全性强、易维护、菜单导航、方便患者操作。按科室分类，再细分专家，专家情况介绍详细全面，有利于患者正确选择；通过选择专家和确定日期完成挂号；实名填写患者信息、身份证号码和联系方式等，实现网上预约挂号。

（2）挂号流程

选择科室→选择专家→确定日期→填写患者信息→完成挂号。

（3）挂号方式

社保卡：以唯一的社保账号和身份证号码确定患者身份的真实性，生成唯一的预约码。

医院就诊卡：以医院门诊卡和身份证号码确定患者身份的真实性，生成唯一的预约码。此方式针对已经持有医院门诊卡的患者，不适用于初次就诊的患者。

手机挂号：以手机号码和身份证号码确定患者身份的真实性，生成唯一的预约码。可以通过短信平台将预约码发送到预约者的手机上。此方法普遍适用于初诊或复诊患者。

患者通过以上 3 种方式成功预约之后，凭预约码和社保卡/就诊卡/身份证，即可在预约日期前往医院指定地点取号。

（4）挂号付费方式

去医院取号的同时现场付款。

2. 资料二：医院预约诊疗系统的变更需求

背景：按照健康中国战略部署，国家卫生健康委员会先后制定《关于印发进一步改善医疗服务行动计划实施方案（2015—2017 年）的通知》《关于印发进一步改善医疗服务行动计划（2018—2020 年）的通知》，连续实施两个三年的进一步改善医疗服务行动计划，针对人民群众看病就医"瓶颈"问题，创新医疗服务举措，发展互联网医疗服务，不断改善群众就医感受。国家卫生健康委员会统计信息中心发布《医院信息互联互通标准化成熟度测评方案（2020 年版）》，指导各级医院信息标准化建设，推进医疗健康信息互联互通和共享协同。国家卫生健康委员会印发《关于进一步完善预约诊疗制度加强智慧医院建设的通知》，指导各地和各医院进一步建立完善预约诊疗制度，加快建立线上线下一体化的医疗服务新模式。

在系统使用过程中，为进一步方便患者，兼顾患者需求的多样性及平台的互联互通性，需要对预约诊疗系统进行改良升级，需求变更如下。

① 挂号方式的改变。在原有挂号方式的基础上，对初次就诊、尚未办理实体就诊卡的患者，提供线上办理"电子就诊卡"服务。电子就诊卡可根据患者有效身份信息在网上办理，产生唯一的卡号，通过二维码读取，与实体就诊卡具有相同效用。另外，对于因各种特殊情况无法通过上网完成挂号的患者，提供 114 电话预约挂号和手机短信挂号途径。

② 预约内容的改变。原来只提供专家预约挂号，现在还可提供普通门诊、专科门诊的预约挂号，后期部分医院还有可能开通名医挂号。

③ 挂号流程的改变。在原来单一流程的基础上，提供按医生、按科室、按疾病种类、按就诊时间等多种流程选择。

④ 支付方式的改变。原始需求没有在线支付功能，预约成功后患者需通过验证码到窗口缴费取号，导致挂号成功"失约"的情况较多，无法准确锁定号源。现在提供支付宝、微信支付（仅对电话或短信预约挂号患者保留窗口缴费的支付方式），同时开辟退号通道，若患者因故不能按预约时间就诊，可提前一天"退号"。

⑤ 平台集约式的需求。各地积极推进集约式预约诊疗服务平台建设，就诊信息互联互通，实现地级市区域内医疗机构就诊"一卡通"，要求进行信息标准化建设。通过集约式服务平台进行预约可以先选择具体医院，再进行预约，效果和直接在该医院的平台上预约是一样的。

⑥ 线上线下一体化服务需求。发挥"互联网+"的优势，建设智慧医院，让数据多跑路，让患者少跑路，为患者提供便利化、协同化、一体化的高效服务。将预约诊疗构建成智慧医院的一部分，与线上咨询、检验排号、检验进度查询、检验结果查询、电子病历等功能相结合。

【知识准备】

- 软件开发是一个专业领域的人为另一个专业领域的人提供服务，所开发出来的软件往往与用户的需求有偏差，用户往往在看到最终交付的产品时才真正明确自己的需求。
- 在软件开发过程中，需求可能经常在变，原因可能是用户本身需求的变化，也可能是开发人员对需求的理解发生了变化，但每次需求变化都会带来软件系统的开发延迟，甚至出现变更反复，被推倒了的内容又要重新确立。
- 在软件没有最终交付时，用户难于了解开发进展情况。
- 系统难于维护和扩展，经常重复开发类似的功能。
- 项目经常延期，实际成本往往远高于估计成本。
- 开发团队内部使用了不同的技术，在交流时常常有障碍等。

要想应对软件开发过程中的上述种种不确定因素，更有效地开发与维护软件，首先应立足于整体，从软件工程的角度来认识软件系统。

1.1 软件工程基本理论

微课 1-1
软件工程基本理论

1.1.1 软件及其特点

1. 软件的定义

软件是计算机系统中与硬件相互依存的另一部分，与硬件合为一体完成系统功能。软件不仅仅是程序，软件=程序 + 数据 + 文档。这里的数据包括初始化数据、测试数据、研发数据、运行数据、维护数据，以及软件企业积累的项目工程数据和项目管理数据；文档则指开发、使用和维护程序所需的图文资料。

随着计算机应用的日益普及，软件变得越来越复杂，规模越来越庞大。为保证软件开发与维护工作的顺利进行，人与人、人与计算机之间的相互沟通就显得特别重要。因此，文档是不可缺少的，特别是在软件日益成为产品的今天，文档的作用就更加重要了。

2. 软件的特点

软件是脑力劳动的产品，但不同于追求个性化的艺术作品；软件是产品，但它又不同于工业化生产得到的有形产品，如图 1-1 所示。在计算机系统中，软件是一个逻辑部件，它的特点如表 1-1 所示。

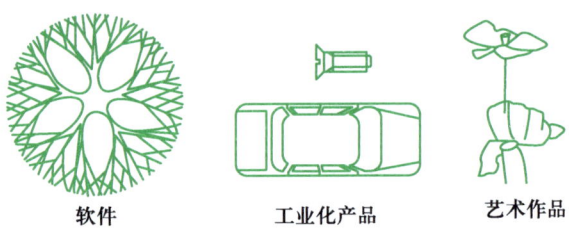

软件　　　　　工业化产品　　　　艺术作品

图 1-1　软件是一种特殊的产品

表 1-1　软件的特点

特点	描述
抽象性	软件是一种逻辑实体，而不是具体的物理实体，必须通过测试、分析、思考、判断去了解它的功能、性能及其他特性
可复制性	软件是通过人们的智力活动，把知识与技术转化成信息的一种产品，是在研制和开发中被创造出来的。一旦某一软件项目研制成功，以后就可以大量地复制同一内容的副本，即其研制成本远远大于其生产成本
不会磨损	在软件的运行和使用期间，没有硬件那样的机械磨损和老化问题。但软件也会出现故障，软件维护比硬件维护要复杂得多，与硬件的维修有着本质的差别
依赖性	软件的开发和运行经常受到计算机系统的限制，对计算机系统有着不同程度的依赖。为了消除这种依赖，在软件开发中提出了软件移植的问题，并且把软件的可移植性作为衡量软件质量的因素之一
开发效率低	软件的开发尚未完全摆脱手工的方式，依然存在大量重复性的劳动
开发费用高	软件的研制工作需要投入大量的、复杂的、高强度的脑力劳动，需要较高的成本。而软件的开发是一个复杂的过程，因而管理是软件开发过程中必不可少的内容

1.1.2　软件危机

1.　什么是软件危机

软件危机是指在计算机软件的开发和维护过程中所遇到的一系列严重问题。几乎所有的软件都不同程度地存在这些问题，它表现为多种形式。

概括地说，软件危机包含下述两方面的问题：如何开发软件，以满足人们对软件日益增长的需求；如何维护数量不断膨胀的已有软件。

动画 1-1
"软件危机"示意

2.　消除软件危机的途径

- 正确认识软件。软件=程序+数据+文档，在软件开发的各个阶段都需要完备的文档；需要尽早明确现有数据基础及运行期间的数据规模。
- 加强管理。软件开发应该是一种组织良好、管理严密、各类人员协同配合、共同完成的工程项目；应该推广使用在实践中总结出来的开发软件的成功的技术和方法。
- 使用软件工具。在软件开发的每个阶段都有许多烦琐重复的工作需要做，在适当的软件工具的辅助下，开发人员可以把这类工作做得既快又好。
- 研究运用软件复用技术。软件复用按级别依次为：代码复用、设计利用、分析复用、测试复用。具体如选择成熟的开发框架、设计模式，运用第三方库、控件、架包，运用现有系统等。

总之，为了解决软件危机，既要有技术措施（方法和工具），又要有必要的组织管理措施。软件工程正是从管理和技术两方面研究如何更好地开发和维护计算机软件的一门学科。

1.1.3　软件工程的定义

在软件危机的困扰下，1968 年，在德国召开了学术会议——"软件工程"大会，这一会议成为软件工程学科诞生的标志；中国自 1980 年启动软件工程研究与实践，虽起步较晚，但发展迅速。

在网络、硬件等软件支持环境的迅猛发展下，软件规模不断扩大，复杂

动画 1-2
"软件工程"示意模型

程度显著提高，应用软件开发个性化的时代已成为过去，如何更经济、高效地开发出高质量、可维护、可重用的软件产品，成为软件业广受关注的问题，如图 1-2 所示。

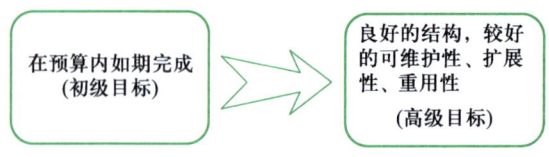

图 1-2 软件工程的目标

为了尽可能地消除软件危机的影响，高效地开发出高质量的软件系统，软件工程作为一门学科孕育而出，它的最终目的是实现软件的工业化生产，克服软件缺乏"可见性"的缺点，从软件过程管理、开发方式和产品构成等方面着手，借鉴工业化生产的成功经验，对软件产品的生产过程进行严格的管理和控制。

软件工程 = 管理 + 技术

软件工程是利用工程的概念、原理、技术和方法来指导计算机软件开发和维护的工程学科，该学科将正确的管理策略和最好的技术与开发方法结合起来。

软件工程的目标是：在给定成本、进度的前提下，开发出具有适用性、有效性、可修改性、可靠性、可理解性、可维护性、可重用性、可移植性、可追踪性、可互操作性和满足用户需求的软件产品。追求这些目标有助于提高软件产品的质量和开发效率，减少维护的困难。

1.1.4 软件工程的基本原理

著名的软件工程专家 B. W. Boehm 综合众多学者们的意见，于 1983 年提出了确保软件产品质量和开发效率的 7 条基本原理，这 7 条原理至今依然具有很强的现实指导意义。

1. 用分阶段的生命周期计划严格管理

统计发现，不成功的软件项目中有一半左右是由于计划不周造成的。因此，有必要制订完善的计划，分阶段地进行管理和控制。

2. 坚持进行阶段评审

软件中的大部分错误都是在编码之前造成的；错误被发现与改正得越晚，所需付出的代价就越高，如图 1-3 所示。因此，在每个阶段都进行严格的评审，以便尽早发现在软件开发过程中所犯的错误，是一条必须遵循的重要原则。

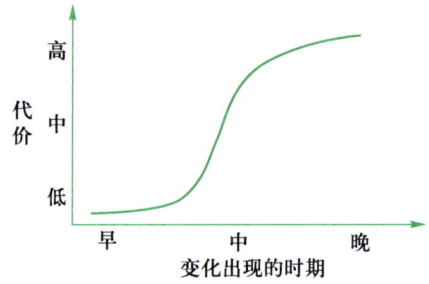

图 1-3 改正同一错误付出的代价随时间变化的趋势

3. 实行严格的产品控制

软件开发过程中，需求的变更往往需要付出较高的代价，但这种改变又是难以避免的，因此不能硬性禁止客户提出改变需求的要求，而要依靠科学的产品控制技术来顺应这种要求，按照严格的规程进行变更控制。

4. 采用现代程序设计技术

例如，"清晰第一、效率第二"的程序风格；面向对象的分析方法；各种框架技术的使用及模式的应用；软件建模方法的运用等。实践表明，采用先进的技术不仅可以提高软件开发和维护的效率，而且可以提高软件产品的质量。

5. 结果应能被清楚地审查

软件是脑力劳动的逻辑产品，应该根据软件开发项目的总目标及完成期限，规定开发组织的责任和产品标准，制定出完备的文档，从而提高其"可见性"。

6. 开发小组的人员应该少而精

7. 不断改进软件工程实践的经验和技术

1.1.5　软件开发生命周期

要盖一栋大楼，通常需要经历 5 个阶段，如图 1-4 所示。

动画 1-3
软件开发流程

立项阶段——建设单位
系统分析与设计——设计单位
实现——施工单位
测试——单位合作
运行维护——维护人员

图 1-4　大楼是怎样建成的

对于软件开发这样一个大型工程，同样需要将其划分成若干阶段以便于管理和控制。软件开发生命周期通常可划分成计划、设计、开发和运行/维护 4 个时期，每个时期又进一步划分成若干个阶段，如图 1-5 所示。

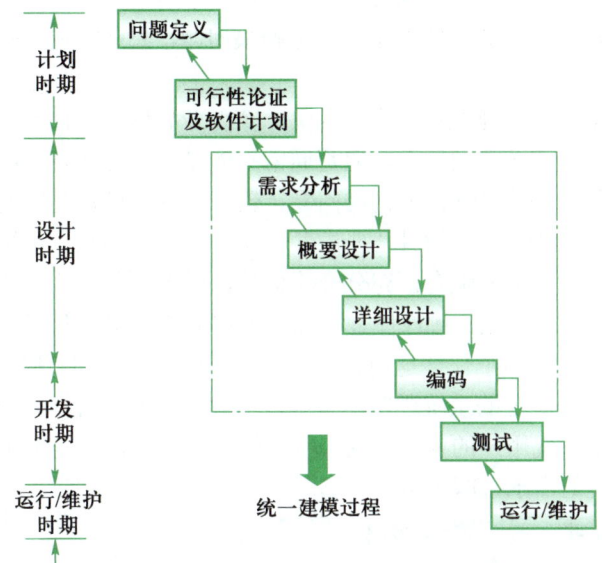

图 1-5　软件开发生命周期

下面简要介绍软件开发生命周期中每个阶段的基本任务。

1. 问题定义——"要解决的问题是什么？"

通过对客户的访问调查，系统分析员扼要地写出关于问题性质、工程目标和工程规模的书面报告，经过讨论和必要的修改之后，这份报告应该得到客户的确认。

2. 可行性论证及软件计划——"有行得通的解决办法吗？"

在进行任何一项较大的工程时，首先都要进行可行性分析和研究。目的就是用最小的代价在尽可能短的时间内确定该软件项目是否能够开发，是否值得去开发。

可行性研究的主要任务是"了解客户的要求及现实环境，从技术、经济和社会因素 3 方面研究并论证本软件项目的可行性，编写可行性研究报告，制订初步项目开发计划。"

具体步骤如下。

① 确定项目规模和目标。
② 研究正在运行的系统。
③ 建立新系统的高层逻辑模型。
④ 导出和评价各种方案。
⑤ 推荐可行的方案。
⑥ 编写可行性研究报告。

系统分析员需要进行一次大大压缩和简化了的系统分析和设计过程，也就是在较抽象的高层次上进行的分析和设计过程。可行性研究应该比较简短，这个阶段的任务不是具体地解决问题，而是研究问题的范围，探索这个问题是否值得去解，是否有可行的解决办法。如果可行，制订出初步的开发计划。

可行性研究的结果是使用部门负责人做出是否继续进行这项工程的决定的重要依据，一般说来，只有投资可能取得较大效益的那些工程项目才值得继续进行下去。

3. 需求分析——"系统必须做什么"

需求分析阶段的任务仍然不是具体地解决问题，而是确定目标系统必须具备哪些功能。

软件开发是一个专业领域的人在为另一个专业领域的人做事。用户了解他们所面对的问题，知道必须做什么，但是通常不能完整准确地表达出他们的要求，更不知道如何利用计算机解决他们的问题；软件开发人员知道如何用软件实现人们的要求，但是对特定用户的具体要求并不完全清楚。因此，系统分析员在需求分析阶段必须和用户密切配合，充分交流信息，以得出用户认可的各种模型。常用的有用例模型、活动图、顺序图、类图、数据流图和层次图等。

需求分析阶段的两个任务是捕获需求和分析整理需求。具体过程参见单元 4。

需求分析阶段确定的系统逻辑模型是以后设计和实现目标系统的基础，因此必须准确完整地体现用户的要求。这个阶段的一项重要任务是用正式文档准确地记录对目标系统的需求，即规格说明书。

4. 概要设计——"概括地说，应该怎样做？"

概要设计的基本任务如下。

① 设计出实现目标系统的几种可能的方案。软件工程师用适当的表达工具描述每种方案，分析每种方案的优缺点，并在充分权衡各种方案的利弊的基础上，推荐一个最佳方案。此外，还应该制订出实现最佳方案的详细计划。

② 设计软件体系结构。通常指划分模块、确定模块的功能及其相互间的调用关系，以及确定模块间的接口等。

③ 数据库设计。

④ 编写概要设计文档。

5. 详细设计——"具体怎样做？"

概要设计阶段以比较抽象概括的方式提出了解决问题的办法。详细设计阶段的任务就是将解法具体化。

这个阶段的任务还不是编写程序，而是设计出程序的详细规格说明，这种规格说明应该包含必要的细节，程序员可以根据它们写出实际的程序代码。

6. 编码

这个阶段的关键任务是写出正确的、容易理解和维护的程序模块。程序员应该根据目标系统的性质和实际环境，选取一种适当的程序设计语言，把详细设计的结果翻译成用选定的语言书写的程序，并且仔细测试编写出的每一个模块。因此，又称为编码和单元测试阶段。

7. 测试

软件测试的目的是希望用最低的代价尽可能多地找出软件中潜在的各种错误和缺陷。软件测试并不是在软件交付之后才开始，而应尽早地、不断地进行，贯穿于软件定义与开发的整个期间。例如，在需求分析和设计阶段就要尽可能地考虑如何提高软件的可测试性。

8. 运行/维护

运行/维护阶段的关键任务是，通过各种必要的维护活动使系统持久地满足用户的需要。

1.1.6　几种常见的软件过程模型

软件生命周期模型也称软件过程模型，它反映了软件生命周期各个阶段的工作如何组织和衔接。常见的软件过程模型有建造-修补模型、瀑布模型、快速原型模型、螺旋模型、增量模型、迭代模型和喷泉模型等。

微课 1-2
几种常见的软件过程
模型

1. 建造-修补模型

早期软件开发人员在进行软件开发时不使用规格说明，或者不尝试进行设计，只是先简单地建造一个软件产品，后期为了满足客户的要求，再不断地改写该软件，这就是所谓的建造-修补模型，如图 1-6 所示。

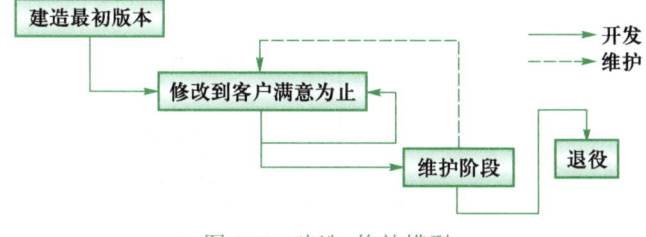

图 1-6　建造-修补模型

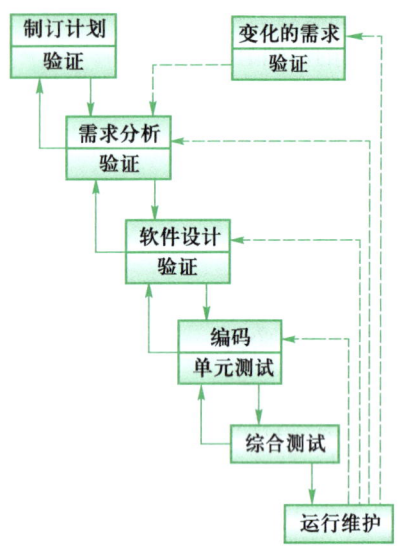

图 1-7 瀑布模型

2. 瀑布模型

20 世纪 80 年代初,瀑布模型成为唯一被广泛接受的生命周期模型,如图 1-7 所示。瀑布模型的核心思想是按工序将问题化简,将功能的实现与设计分开,便于分工协作,即采用结构化的分析与设计方法将逻辑实现与物理实现分开。瀑布模型将软件生命周期划分为制订计划、需求分析、软件设计、程序编写、软件测试和运行维护 6 个基本活动,并且规定了它们自上而下、相互衔接的固定次序,如同瀑布流水,逐级下落。

瀑布模型是最早出现的软件开发模型,在软件工程中占有重要地位,它提供了软件开发的基本框架。其过程为:一项活动从上一项活动中接收该项活动的工作对象作为输入,利用这一输入实施该项活动应完成的内容,给出该项活动的工作成果,并作为输出传给下一项活动;同时评审该项活动的实施,若确认,则继续下一项活动,否则返回前面,甚至更前面的活动。

3. 原型模型

原型模型是先借用已有系统作为原型,通过对"样品"的不断改进,使得最后得到的产品就是用户所需要的,如图 1-8 所示。原型模型通过向用户提供原型来获取用户的反馈,使开发出来的软件能够真正反映用户的需求。同时,原型模型采用逐步求精的方法完善原型,使得原型能够"快速"开发,避免了像瀑布模型一样在冗长的开发过程中难以对用户的反馈做出快速的响应。相对瀑布模型而言,原型模型更符合人们开发软件的习惯,是目前比较流行的一种实用软件生命周期模型。

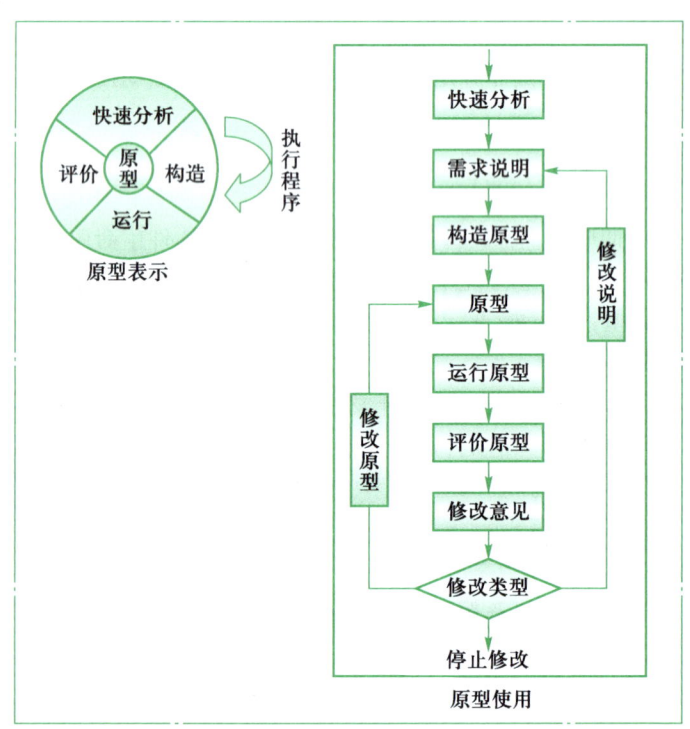

图 1-8 原型模型

原型可以是快速建立起可以在计算机上运行的程序，它所完成的功能往往是最终产品功能的一个子集。原型也可以是老版本的软件系统，或他人正在使用的相近系统。通过让用户试用原型，收集反馈意见，从而获取准确的需求。

原型开发是一种很好的启发式方法，可以快速地挖掘用户需求并达成需求理解上的一致。当用户没有信息系统的使用经验或系统分析员没有过多的需求分析和挖掘经验时，这种方法将非常有效。

4. 螺旋模型

1988 年，巴利·玻姆（Barry Boehm）正式发表了软件系统开发的"螺旋模型"，它将瀑布模型和快速原型模型结合起来，强调了其他模型所忽视的风险分析。

它把软件开发过程组织成为一个逐步细化的螺旋周期，每经历一个周期，系统就得到进一步的细化和完善；整个模型紧密围绕开发中的风险分析，推动软件设计向深层扩展和求精。该模型要求开发人员与用户能经常直接进行交流，通常用来指导内部发行的大型软件项目的开发。

如图 1-9 所示，沿着螺旋线每转一圈，表示开发出一个更完善的新的软件版本。如果开发风险过大，开发机构和客户无法接受，项目有可能就此终止；多数情况下，会沿着螺旋线继续下去并向外逐步延伸，最终得到满意的软件产品。

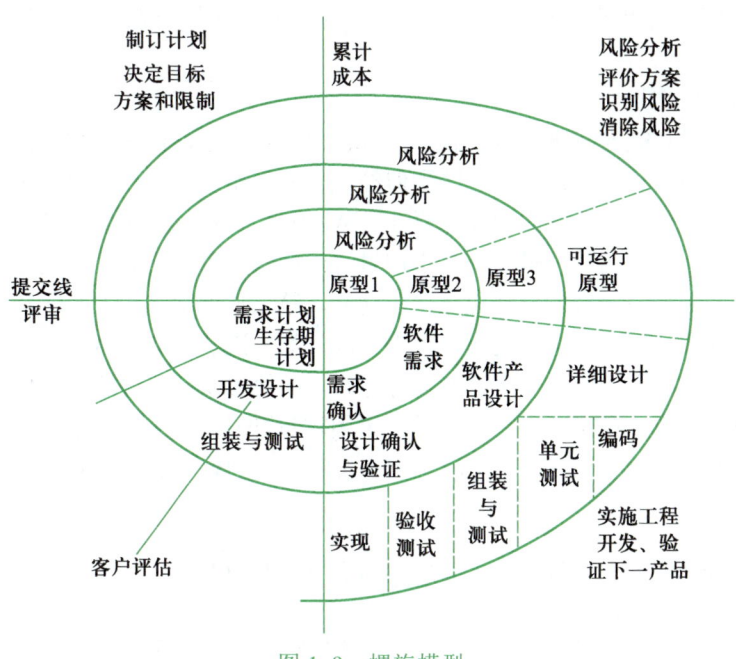

图 1-9　螺旋模型

5. 增量模型

增量模型融合了瀑布模型的基本成分和原型实现的迭代特征，如图 1-10 所示。该模型采用随着日程时间的进展而交错的线性序列，每一个线性序列产生软件的一个可发布的"增量"。当使用增量模型时，第一个增量往往是核心的产品，即第一个增量实现了基本的需求，但很多补充的特征还没有发布。客户对每一个增量的使用和评估都作为下一个增量发布的新特征和功能，这个过程在每一个增量发布后不断重复，直到产生最终的完善产品。

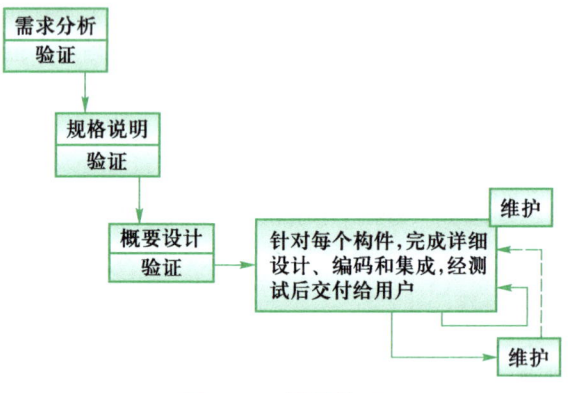

图 1-10　增量模型

增量模型是一种渐近式的模型，它把软件产品作为一系列的增量构件来设计、编码、集成和测试。

标准的增量模型往往要求在软件需求规格说明书全部出来后，在后续的设计开发中进行增量，同时每个增量也可以是独立发布的小版本。由于系统的总体设计往往对一个系统的架构和可扩展性有重大的影响，因此最好在系统的架构设计完成后再开始进行增量设计，这样可以更好地保证整个系统的健壮性和可扩展性。

6. 迭代模型

迭代模型也是一种渐近式的模型，如图 1-11 所示，但它与增量模型又有显著的区别。增量和迭代是一对有区别但经常一起使用的术语，所以这里要先解释一下增量和迭代的概念。假设现在要开发 A、B、C、D 这 4 个大的业务功能，每个功能都需要两周的开发时间。对于增量方法而言，可以将 4 个功能分为两次增量来完成，例如第一次增量完成 A、B 功能，第二次增量完成 C、D 功能；而对于迭代开发来讲，可以是分两次迭代来开发，第一次迭代完成 A、B、C、D 这 4 个基本业务功能，但不包含复杂的业务逻辑，而第二次迭代再逐渐细化补充完整相关的业务逻辑。在第一个月过去后，采用增量开发时，A、B 全部开发完成，而 C、D 还一点都没有动；而采用迭代开发时，A、B、C、D 这 4 个基础功能都已经开发完成。

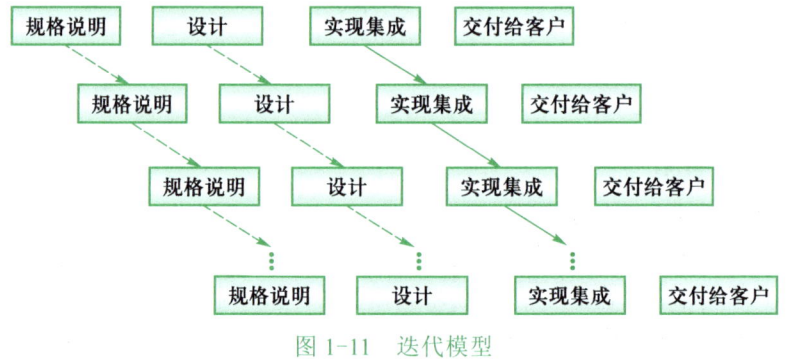

图 1-11　迭代模型

在对风险的消除上,增量和迭代模型都能够很好地控制前期的风险,但迭代模型在这方面更有优势。迭代模型可以更多地从总体方面思考系统问题,一开始就给出相对完善的框架或原型,后期的每次迭代都是针对上次迭代的逐步精化。读者可以结合实例分析一下两种渐近式的模型的适用领域。

7. 喷泉模型

在面向对象方法中,提出了与瀑布模型相对应的喷泉模型,如图 1-12 所示。该模型的主要特点是认为软件生命周期的各个阶段是相互重叠和多次反复的,就像水喷上去又可以落下来,水既可以落在中间,也可以落在最底部。整个开发过程中都使用统一的概念"对象"进行分析,使用统一的概念和符号表示分析设计过程,各阶段间没有明显的边界,即"无缝"衔接,因此各开发步骤可以多次反复迭代,逐步深化。

1.1.7 软件过程模型的应用原则

每种软件过程模型都有其特点及适用范围,如表 1-2 所示。

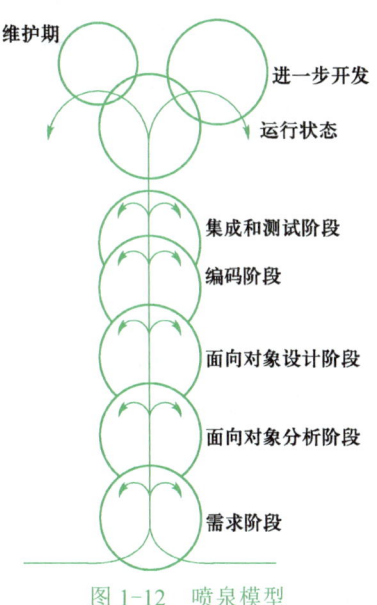

图 1-12 喷泉模型

(图中标注:维护期、进一步开发、运行状态、集成和测试阶段、编码阶段、面向对象设计阶段、面向对象分析阶段、需求阶段)

表 1-2 软件过程模型的比较

软件过程模型	优点	缺点	适用范围
建造-修补模型	设计编码过程简单、方便	进行维护相当困难,而且发生回归错误的机会也相当大	适用于不用任何维护的小程序
瀑布模型	为项目提供了按阶段划分的检查点,当前一阶段完成后,只需要去关注后续阶段	在项目各个阶段之间极少有反馈,只有在项目生命周期的后期才能看到结果,通过过多的强制完成日期和里程碑来跟踪各个项目阶段	对于经常变化的项目而言,瀑布模型不适用
快速原型模型	克服了瀑布模型的缺点,减少了由于软件需求不明确所带来的开发风险	所选用的开发技术和工具不一定符合主流的发展,快速建立起来的系统结构加上连续的修改可能会导致产品质量低下	需要迅速确定系统的基本需求,发现问题,消除误解,开发者与用户充分协调
螺旋模型	设计上比较灵活,可以在项目的各个阶段进行变更,以小的分段来构建大型系统,使成本计算变得简单容易,客户始终参与每个阶段的开发,保证了项目不偏离正确方向及项目的可控性	建设周期长,而软件技术发展比较快,所以经常出现软件开发完毕后与当前的技术水平有较大的差距,无法满足当前用户需求的问题	特别适合于大型复杂的系统,对于最近开发的项目,在需求不明确的情况下,便于风险控制和需求变更
增量模型	增大了投资的早期回报	要求开放的结构,可能退化为建造-修补模型	后期不确定因素很多的情况
迭代模型	降低了在一个增量上的开支风险。如果开发人员重复某个迭代,那么损失只是这一个开发有误的迭代的花费	还未被广泛应用	适合于用户需求容易有变化的高风险项目
喷泉模型	各个阶段没有明显的界限,开发人员可以同步进行开发,可以提高软件项目的开发效率,节省开发时间	开发过程中需要大量的开发人员,因此不利于项目的管理。此外,这种模型要求严格管理文档,使得审核的难度加大。在随时可能加入各种信息、需求与资料的情况下,审核难度尤其大	适合于面向对象的软件开发过程

每个软件开发组织都应该根据所要开发的软件特点及本组织的特点，选择适合自己的软件过程模型，把各种软件过程模型的特性有机地结合起来，充分利用它们的优点，回避缺陷，并且需要注意以下几点。

① 总体上说，面向对象的程序设计采用的是喷泉模型，但局部可以结合其他模型。

② 在前期需求明确、资料完整的情况下，应尽量采用瀑布模型。

③ 在用户无信息系统使用经验、需求分析人员技能不足的情况下，要借助原型模型。

④ 在不确定性因素很多、很多东西在早期无法计划的情况下，应尽量采用增量模型和螺旋模型。

⑤ 在需求不稳定的情况下，应尽量采用增量模型或迭代模型。

⑥ 在资金和成本无法一次到位的情况下，可以采用增量模型，将产品分成多个版本进行发布。

⑦ 增量模型、迭代模型和原型模型可以综合使用，但每一次增量或迭代都必须有明确的交付内容。

大家在以往所进行的软件开发过程中，很可能已经无意识地运用了上面介绍的一些过程模型。今后不但要有意识地使用这些软件过程模型，还要针对实际情况进行合理的选择。有时，还需要将多种软件过程模型进行组合，例如原型+增量，迭代+增量等。

敏捷开发作为当下应用广泛的一种软件过程模型，突破了传统软件工程的桎梏，本书将在单元 10 中做详细讲解。

【任务实施】

方案 1：采用瀑布模型开发系统

1. 瀑布模型开发过程建模

采用瀑布模型开发，建模医院预约诊疗系统的数据流图如图 1-13 至图 1-15 所示，在实际开发过程中，这个建模过程还需要进一步分解下去，直到每个"加工"都可以直接处理。

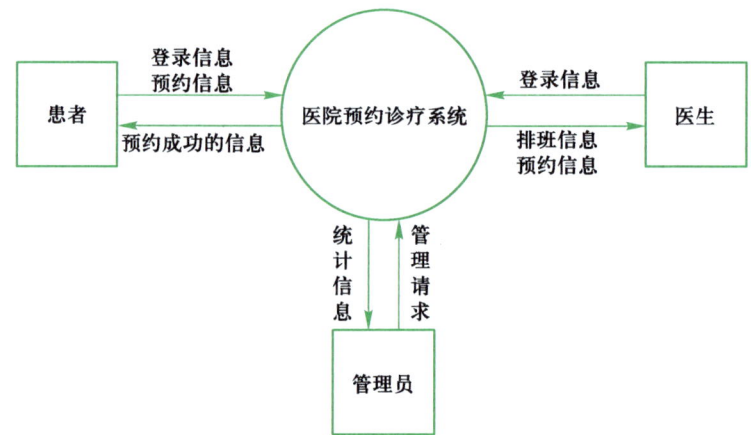

图 1-13 医院预约诊疗系统顶层数据流图

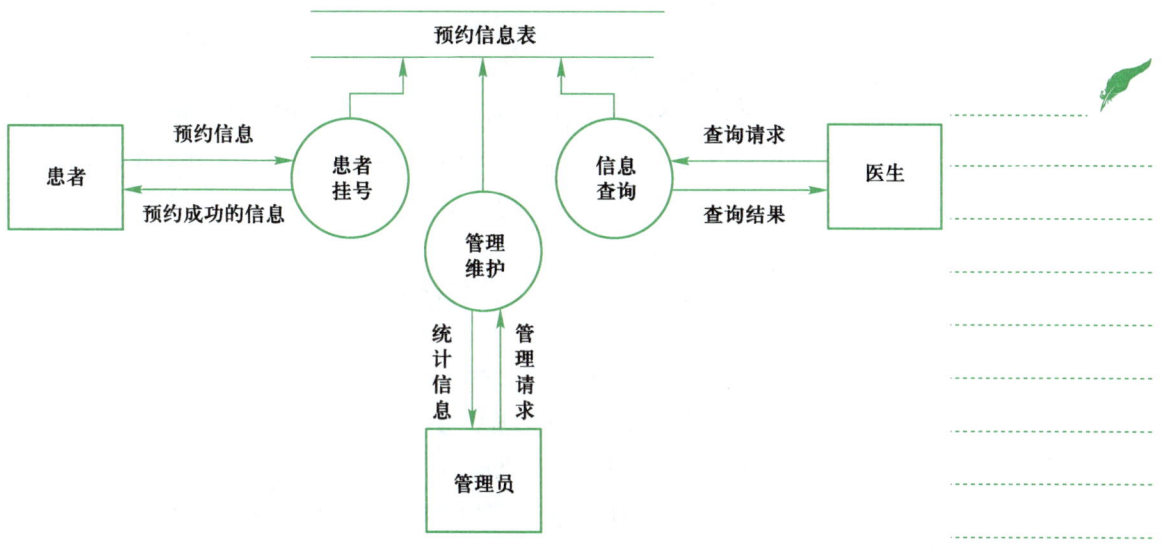

图 1-14 医院预约诊疗系统第 1 层数据流图

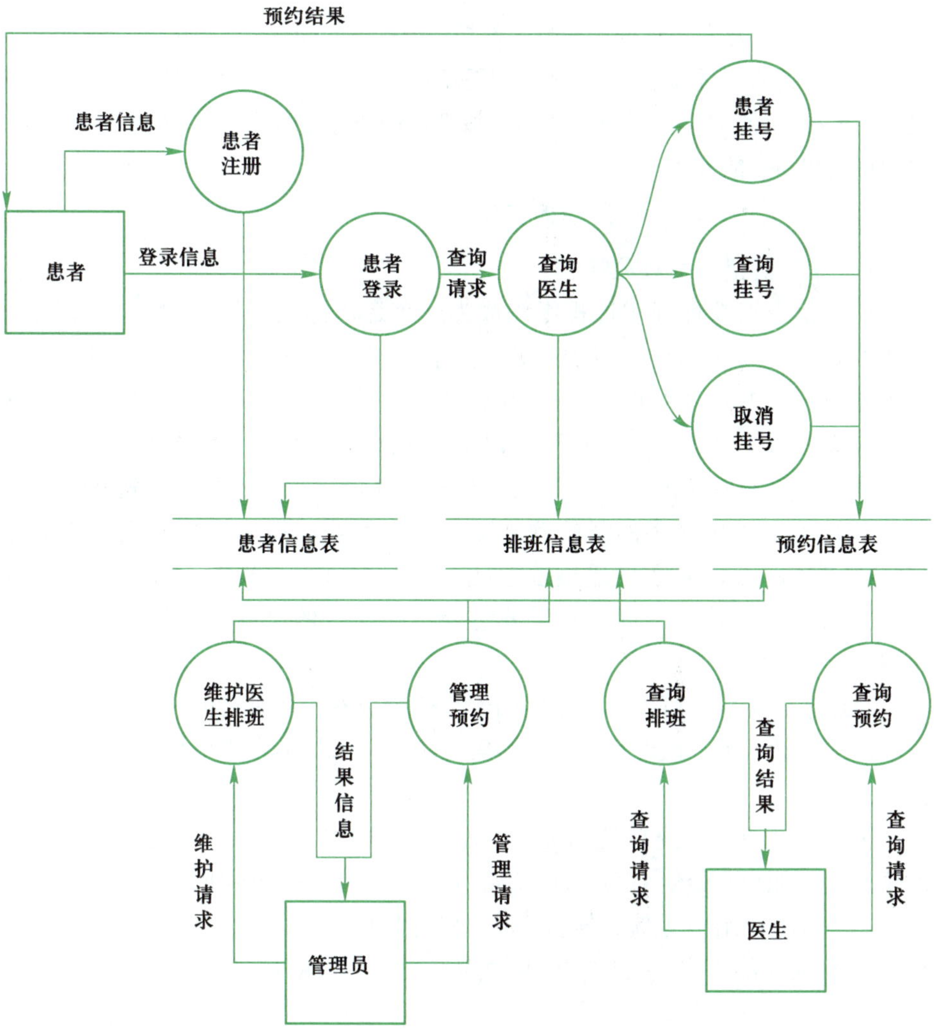

图 1-15 医院预约诊疗系统第 2 层数据流图

2. 小结：瀑布模型的问题

瀑布模型的核心思想是按照自上而下、相互衔接的固定次序按工序将问题进行化简。其过程是：一项活动从上一项活动中接收该项活动的工作对象作为输入，利用这一输入实施该项活动应完成的内容，给出该项活动的工作成果，并作为输出传给下一项活动，同时评审该项活动的实施。

但是瀑布模型的线性过程确实太理想化了，在具体项目开发中主要有以下缺点。

① 它的线性属性决定了只有等到整个过程的末期才能见到开发成果，然而在软件项目实施时，主管和客户通常希望很快看到一个原型产品。

② 前几个阶段的产出都是文档性质的，而在项目分析和设计时，某些技术需求很可能已超出了分析和设计人员的当前能力，关键技术无法做到预先验证，增加了开发的风险。

③ 当项目需求经常变化时，瀑布模型的响应似乎显得过于臃肿。可能对于任何软件模型，项目需求变动的响应都是一个棘手的问题。

因此，通常当项目的需求十分清晰和确定，而分析和设计人员对业务领域有足够的把握，主管和客户能够接受这种按部就班的方式时，瀑布模型才是首选的、最为直观和高效的方式。

方案 2：采用螺旋模型开发系统

1. 螺旋模型开发过程建模

螺旋模型把软件开发过程组织成为一个逐步细化的螺旋周期，每经历一个周期，系统就得到进一步的细化和完善。该模型是在快速原型的基础上，以进化的开发方式为中心，紧密围绕开发中的风险分析。每一个周期都包括需求定义、风险分析、工程实现和评审 4 个阶段，不断进行周期迭代，每迭代一次，软件开发又前进一个层次。如图 1-9 所示，沿着螺旋线每转一圈，表示开发出一个更完善的新的软件版本。下面给出螺旋模型两次迭代的过程，因篇幅所限，只通过建模过程展示，略去风险分析、工程实现、评审的具体内容。现阶段，读者只需要感受不断迭代的过程，不需要完全读懂模型。

经过第一阶段，可以得到系统的一个初始版本，针对它再进行风险分析，以确定是否进入下一次迭代。下面将第一阶段确认的需求模型和设计模型展示如下。

① 根据本单元任务陈述的资料一定义系统需求，明确系统的边界，进行用例建模。得到医院预约诊疗系统的初始用例模型，如图 1-16 所示。

② 医院预约诊疗系统的静态模型，如图 1-17 所示。

③ 医院预约诊疗系统的初始动态模型，如图 1-18 所示。

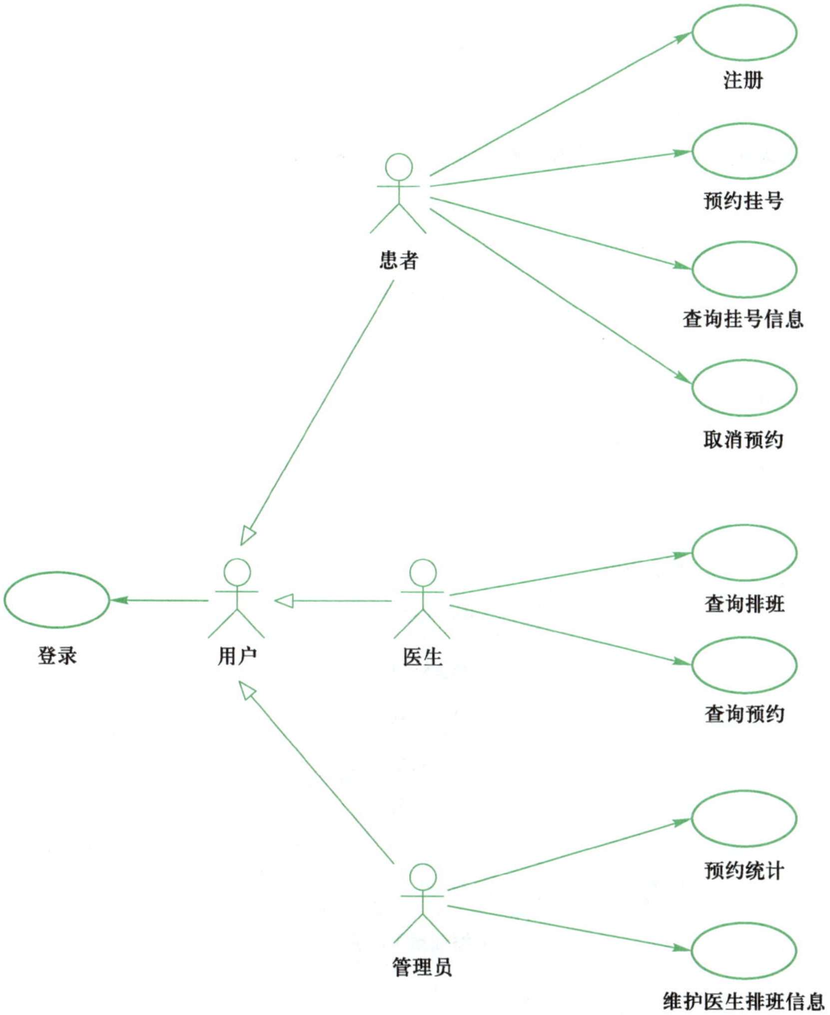

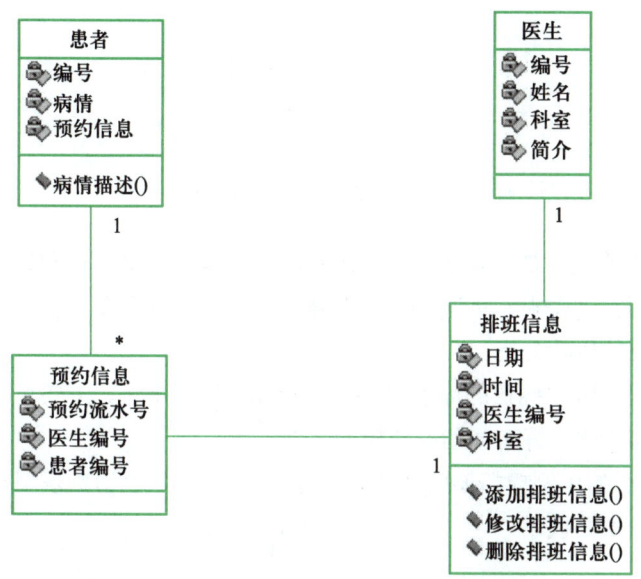

注册

预约挂号

查询挂号信息

取消预约

患者

登录

用户

医生

查询排班

查询预约

管理员

预约统计

维护医生排班信息

图 1-16　医院预约诊疗系统初始用例图

患者

🔒编号
🔒病情
🔒预约信息

◆病情描述()

医生

🔒编号
🔒姓名
🔒科室
🔒简介

排班信息

🔒日期
🔒时间
🔒医生编号
🔒科室

◆添加排班信息()
◆修改排班信息()
◆删除排班信息()

预约信息

🔒预约流水号
🔒医生编号
🔒患者编号

1

*

1

1

图 1-17　医院预约诊疗系统初始实体类分析

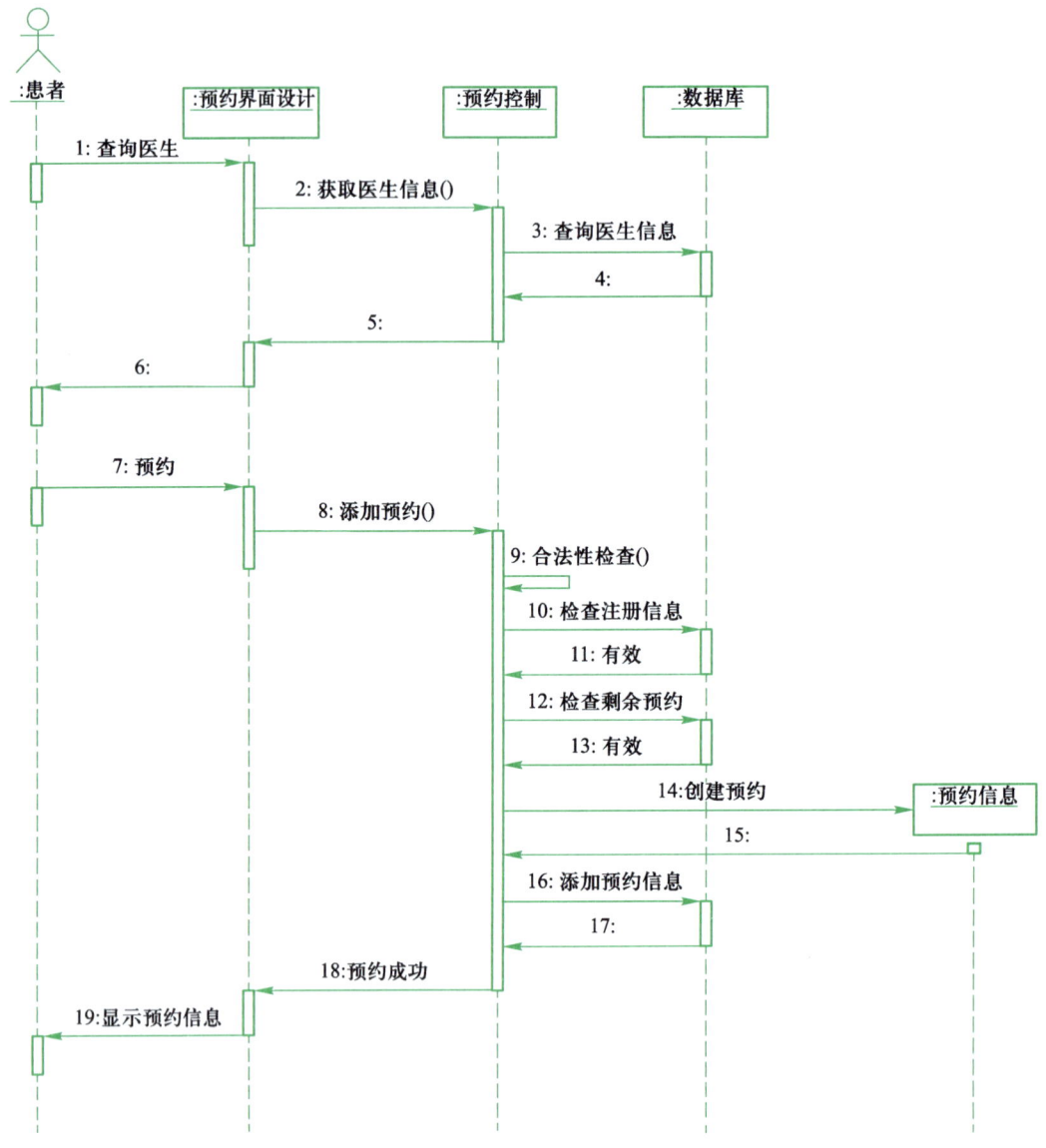

图 1-18 医院预约诊疗系统"预约成功"的初始顺序图

第二阶段的任务是：对第一阶段得到的原型进行风险分析和评估，如果可以继续迭代，则完善需求、再次进行需求确认，再次进行开发设计，组装测试，并进行这一阶段的风险分析。

下面将第二阶段确认的需求模型和设计模型展示如下，主要包括用例模型的完善、增量和细化，静态和动态建模的完善。

① 迭代后的用例模型如图 1-19 至图 1-21 所示，该用例模型还可以根据需求变更做进一步迭代。

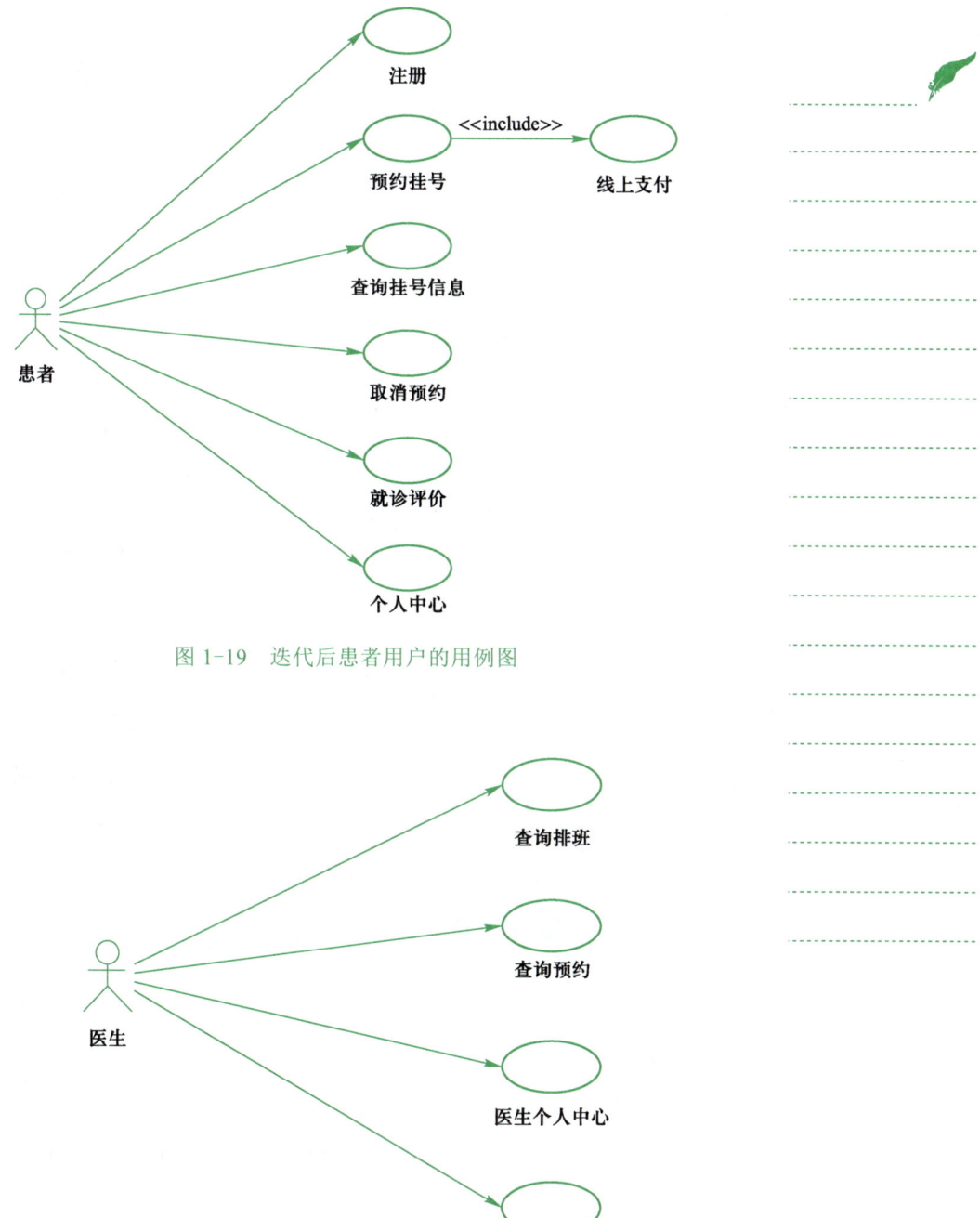

图 1-19　迭代后患者用户的用例图

图 1-20　迭代后医生用户的用例图

　　迭代后的"预约挂号"用例可细化，如图 1-22 所示，该用例图还可以进一步迭代细化。

　　② 迭代后的静态模型，如图 1-23 所示。

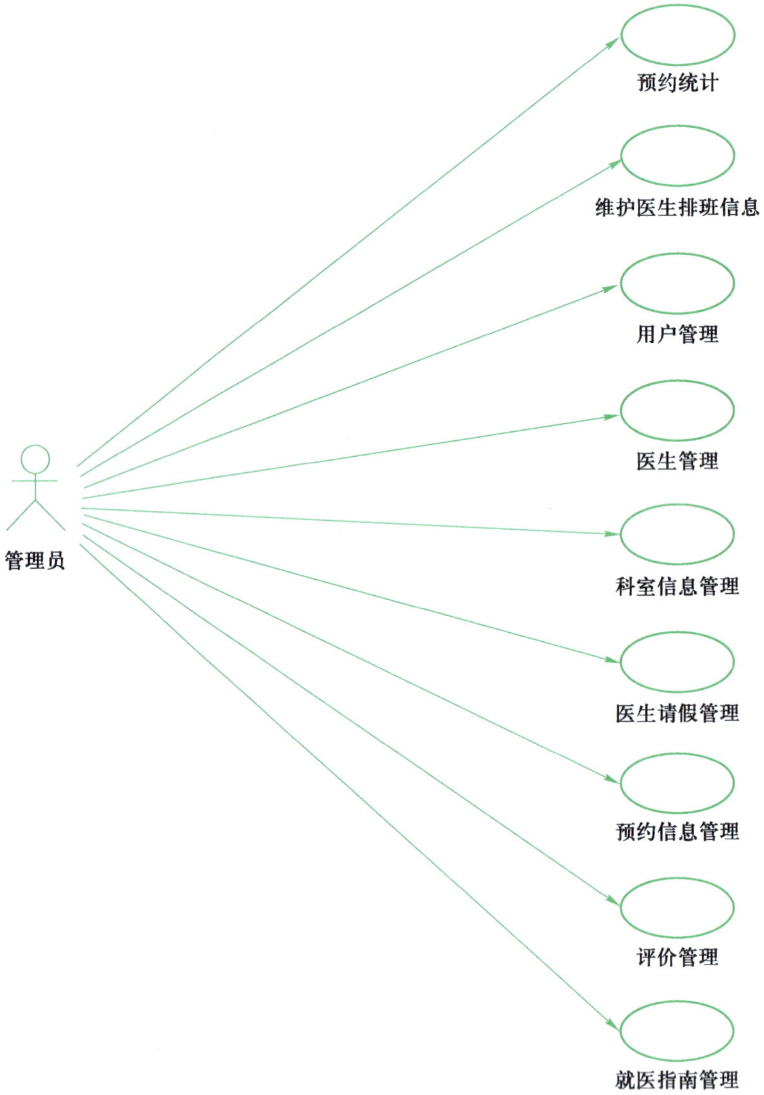

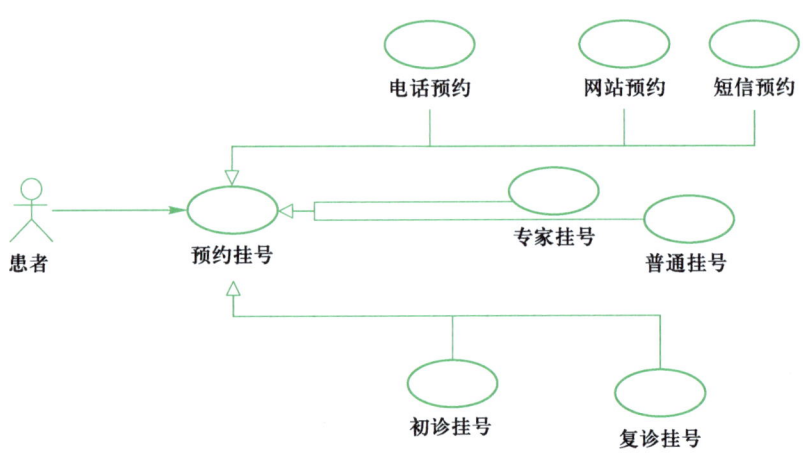

图 1-21 迭代后管理员用户的用例图

图 1-22 迭代后的"预约挂号"用例图

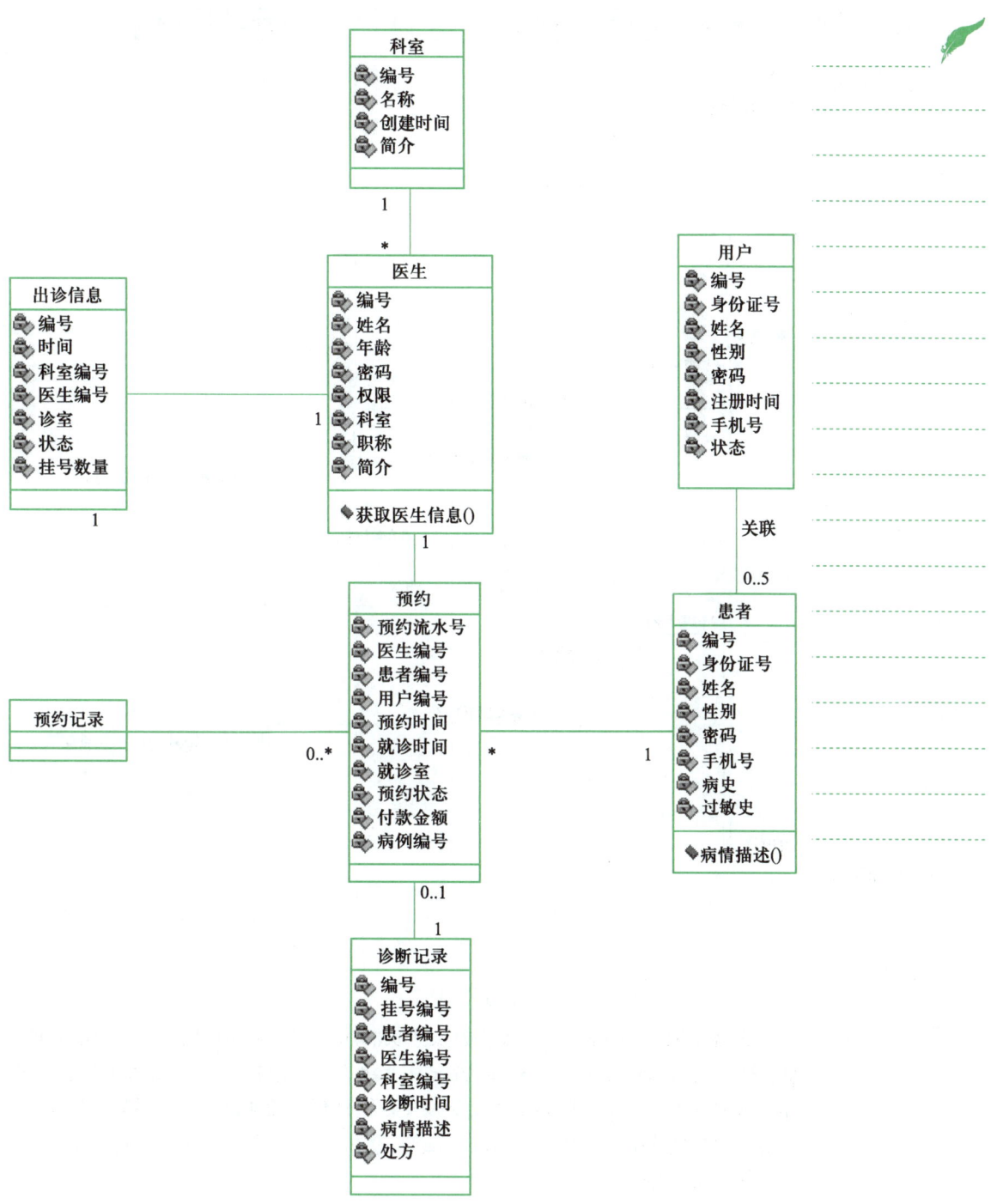

图 1-23 医院预约诊疗系统迭代后的实体类分析

③ 迭代后的动态模型，如图 1-24 所示。

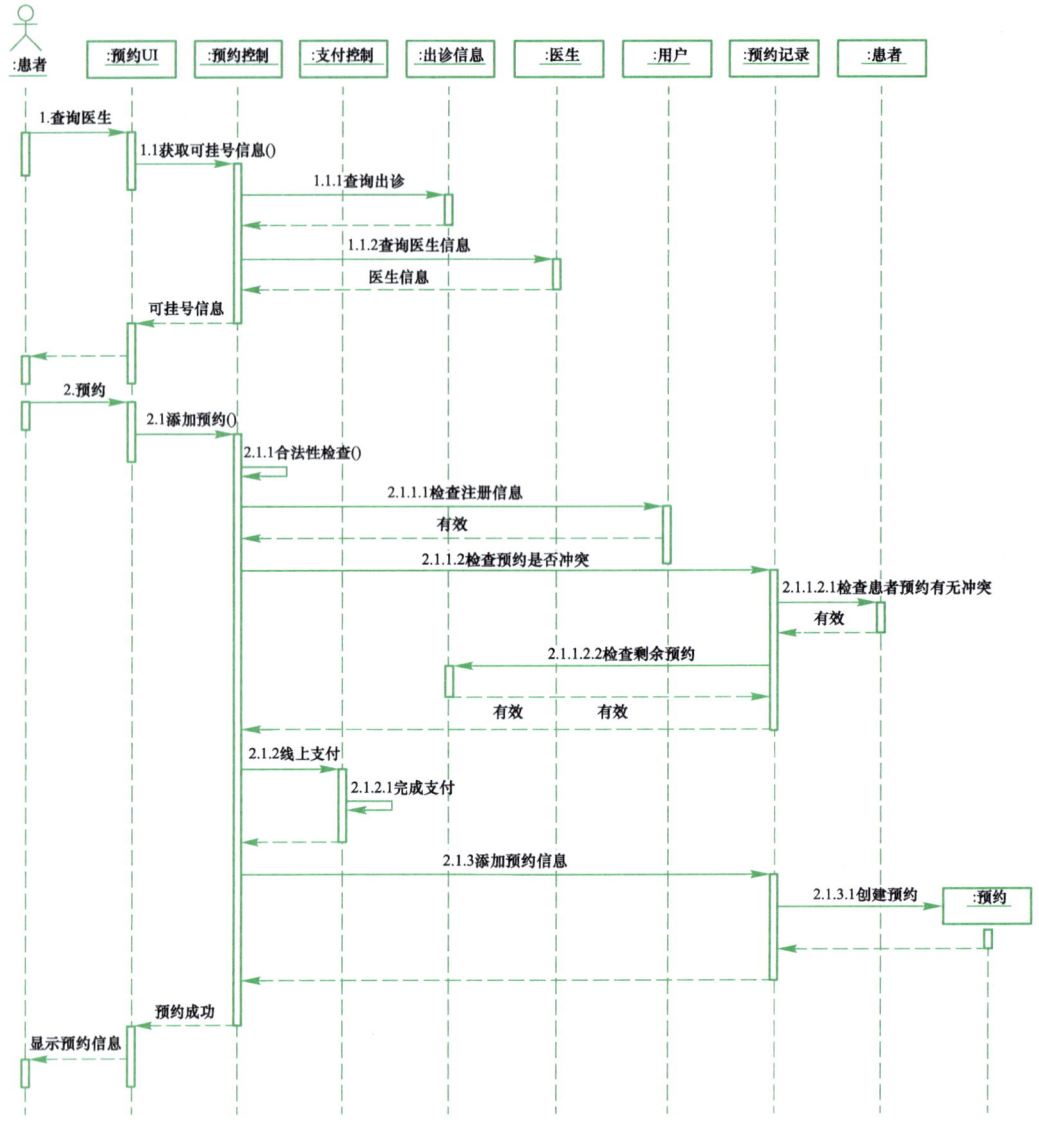

图 1-24 医院预约诊疗系统迭代后"预约成功"的顺序图

2. 小结：螺旋模型的适应范围

螺旋模型强调风险分析，使得开发人员和用户对每个演化层出现的风险有所了解，继而做出应有的反应，因此特别适用于庞大、复杂并具有高风险的系统。如果开发风险过大，开发机构和客户无法接受，项目有可能就此终止；多数情况下，开发会沿着螺旋线继续下去并向外逐步延伸，最终得到令客户满意的软件产品。

螺旋模型限制条件如下。

① 螺旋模型强调风险分析，但要求许多客户接受和相信这种分析，并做出相关反应是不容易的，说服一个项目主管拿出资源来解决这些问题，也是相当困难的。另外，该模型要求开发人员与客户能经常直接进行交流，因此往往适用于内部的大规模软件开发。

② 如果执行风险分析将大大影响项目的利润，那么进行风险分析毫无意义，因此，螺旋模型只适合于大规模软件项目。

③ 软件开发人员应该擅长寻找可能的风险，准确地分析风险，否则可能会带来更大的风险。

螺旋模型虽然对大型风险软件工程给出了宏观理论上的支撑，但是在实际的工作中，对于中小型的软件工程，完全可以使用原型化和迭代思想，根据项目需求、进度要求、人力资源等情况加以权衡，选择最为合适的实施过程，而不是拘泥于螺旋模型的每次迭代步骤。

方案 3：采用组合的软件过程模型开发系统

原型-迭代模型是快速原型模型和迭代模型的综合运用，如图 1-25 所示。通过构造原型，在短时间内可为开发人员和用户间的沟通提供直观感受，在此基础上不断迭代，进一步明确需求，做出分析和设计。每迭代一次，软件就推进一个层次。使用这种模型，项目经理在早期就能够为客户实证某些概念，系统分析和设计人员可以预先验证某些关键技术。

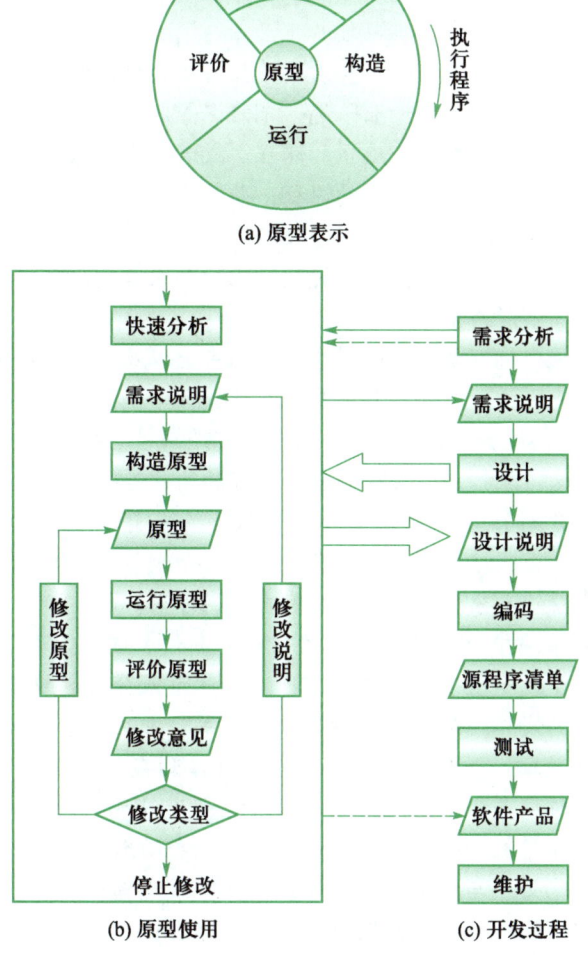

图 1-25 原型-迭代模型

某种程度上，原型-迭代模型可以看作简化版的螺旋模型。本例中，如果项目开发周期较短，又不需要在风险分析上投入过多精力，可以考虑采用原型-迭代模型，读者可以体会一下它与螺旋模型的主要区别。

 ### 【拓展训练】

拓展训练 1：在线问诊系统新版本开发的软件过程模型

假设你被任命为一家软件公司的项目负责人，管理公司已被广泛应用的"在线问诊系统"新版本开发，以满足激增的不同用户群体线上问诊需求。任务紧迫，公司规定了严格的完成期限。你打算采用哪种软件生命周期模型？为什么？

拓展训练 2：学生成绩管理系统的软件过程模型

某高校打算开发学生成绩管理系统，下面是现有的需求描述，试根据你在软件开发方面的经验，分析该需求是否稳定，适宜采用哪种软件过程模型。请详细分析并说明理由。

XXX 高校成绩管理系统

某高校开发一个学生成绩管理系统，该系统由登录模块、学生模块、教师模块、管理员模块 4 部分组成。其功能如下。

学生登录以后可以选报课程、查看成绩。系统会根据学生的专业及课程的先修课判断（课程有学院归属、专业限选、先修课等属性）可选课程。系统会列出所有满足该生专业以及该生还未选报的课程，或者其先修课为 "public" 的课程；如果该生选报了未满足先修课要求的课程，系统会有相关的错误提示。学生可以查看自己的成绩，包括课程的名称、学分以及该生的得分；如果教师还未给出成绩，则系统会有相关提示。学生可以更改自己的个人信息，包括密码、电话号码等，其中要求密码不能为空。

教师在本系统中拥有是否接受学生所选课程，以及给学生打分的权力；只有先接受学生，才能给该生打分。系统要求教师选择学生，然后系统会列出该教师所代课程的班级；系统会列出选报了该课程的所有学生，在教师选择了接受以后，就可以给学生的这门课打分；系统会分析教师的输入是否正确（如是否为阿拉伯数字、是否为百分制），否则会有提示。在教师给出了学生成绩之后，系统会根据成绩判断学生是否通过了考试，如果该成绩大于或等于 60 分，则在该学生的学分上加上该课程的学分。教师可以查看自己的课表。

管理员在本系统中有着最高的权力，包括新增、更改、删除学生或教师、课程以及班级；开放学生查分的权限；开放老师录入分数的权限。其中"班级"是本系统中关键的实体，同样也是数据库中的关键属性。它直接与课程、教师、上课时间、地点关联，学生可选的课程也要具体到某一个班级，因此首先班级不能为空。要保证同一教师在同一时间不能上两门课程。在新增"课程"时，要求确定课程所在学院，并确定其先修课（系统会动态列出现有的课程）；其中当前课程所在学院必须与先修课所在学院一致（或者选择无先修课），否则系统会有错误提示。除此之外，在更改或新增时，名称、ID 或者密码不可为空，否则系统会有相关提示。

拓展训练 3：信息技术如何支撑行业发展

我国医院预约诊疗系统的发展经历了萌芽、探索、快速发展、健全成熟 4 个阶段，从早期以解决"挂号难""就医难"的问题为目标，发展到如今"让数据多跑路、让患者少跑路"的线上线下一体化智慧医院。结合"拓展阅读"，谈谈你对信息技术支撑行业发展的理解，以及在系统开发的过程中如何有效应对行业需求的变迁。

拓展训练 4：对老年人运用智能技术困难的认识和理解

随着我国互联网、大数据、人工智能等信息技术快速发展，智能化服务得到广泛应用，深刻改变了人们的生产生活方式，提高了社会治理和服务效能。但同时，我国老龄人口数量快速增长，不少老年人不会上网、不会使用智能手机，在出行、就医、消费等日常生活中遇到不便，无法充分享受智能化服务带来的便利，老年人面临的"数字鸿沟"问题日益凸显。为进一步推动解决老年人在运用智能技术方面遇到的困难，让老年人更好共享信息化发展成果，2020 年 11 月，国务院办公厅印发《关于切实解决老年人运用智能技术困难实施方案的通知》（国办发〔2020〕45 号），要求各地"坚持传统服务方式与智能化服务创新并行，切实解决老年人在运用智能技术方面遇到的突出困难，确保各项工作做实做细、落实到位，为老年人提供更周全、更贴心、更直接的便利化服务。"

请结合以上背景以及你的学习工作实践，谈谈你对老年人运用智能技术困难的认识和理解，你认为可以从哪些方面着手解决此类问题？

拓展训练 5：行业标准在行业信息化建设中的地位和作用

国家卫生健康委统计信息中心印发《医院信息互联互通标准化成熟度测评方案（2020 年版）》（国卫统信便函〔2020〕47 号）。阅读该方案，谈谈行业标准在行业信息化建设中的地位和作用。

任务 2 用 UML 模型表达开发过程

【任务陈述】

UML 模型贯穿在整个面向对象的软件开发进程中，是开发人员表述系统需求、进行分析和设计、进行可视化沟通的有效手段，对"软件文档化，文档可视化"发挥着重要的作用。

试阅读校园门禁系统的建模过程，体验模型在软件开发过程中的作用，了解不同开发阶段的主要模型。

【知识准备】

1.2 软件工程与 UML

1.2.1 面向对象的软件工程

1. 软件工程方法学

软件工程方法学也称程序设计方法学或软件开发方法，是软件工程中的一个重要内容，主要研究如何通过分解和抽象，将复杂问题转化成一系列可以被计算机理解和实现的简单问题，如图 1-26 所示。软件工程方法学的 3 个要素为：方法、工具和过程。其中，方法是完成软件开发各项任务的技术方法，回答"如何做"的问题；工具为方法的运用提供自动的或半自动的软件支撑环境；过程是为了获得高质量的软件所需要完成的一系列任务的框架，它规定了完成各项任务的工作步骤，回答"何时做"的问题。

目前主要的软件开发方法有：面向过程的方法（结构化方法）、面向对象的方法、面向构件的方法和形式化方法等。它们的特点分别如下。

- 面向过程的程序 = 算法 + 数据结构
- 面向对象的程序 = 对象 + 类 + 继承 + 消息通信
- 面向构件的程序 = 构件 + 架构
- 形式化方法是建立在严格的数学基础上，以逻辑推理为出发点，具有精确数学语义的开发方法。

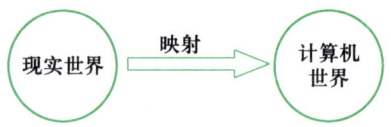

图 1-26 将现实问题转化为计算机可以理解的问题

它们有着各自的方法、工具和过程。其中，结构化方法和面向对象的方法是当前两种主流的软件开发方法。

2. 什么是面向对象的开发方法

面向对象的开发方法的特点是根据现实问题直接抽象出对象，分析对象的行为和与行为相关的数据，对象间通过传递消息进行通信，协作完成相应的功能。它从问题出发，模拟现实问题建立系统模型，易于理解和实现。面向对象的开发方法的步骤可以概括如下。

（1）反复迭代完善需求

- 对已有的需求进行整理，列出需求列表。
- 与用户交流，得到有效的需求列表。
- 画出初始用例模型（用例图、活动图和顺序图），表达系统的主要功能及主要业务流程。
- 在和用户沟通的过程中，补充遗漏的需求，澄清含糊问题，完善需求列表，完善用例模型（用例图、表达主要业务流程的活动图和顺序图、用例文档）。

（2）反复迭代进行逻辑设计

- 识别系统中的对象及其关系，画出初始类模型。
- 确定类的职责、属性和方法。
- 表示出主要业务过程的动态模型（顺序图、协作图和状态图）。
- 由动态模型反复映射，完善类模型。

（3）进行物理设计

- 确定整个系统的拓扑结构（部署图）。
- 修订类模型。
- 相应地修订动态模型。
- 完成反映程序模块的包图。
- 完成反映程序软件构成的组件图。
- 设计界面，设计数据库。

由于整个面向对象的分析设计过程采用与现实世界贴近的模型，由问题本身出发，很容易与用户进行沟通。分析过程中建立与问题本身贴近的对象模型，易于理解，软件开发的各阶段自然过渡、无缝衔接。

3. 面向对象的软件工程的优势

（1）概念的一致性

在面向对象的分析和设计过程中，使用了和现实世界相同的概念——对象和类，这使得程序中的类分析可以沿用行业概念，对高层类进行的分析和建模是行业用户可以理解的，往往可以和他们一起建立领域类模型，从而更准确地理解行业概念。由于对象和类的概念贯穿始终，在整个开发过程中实现了各阶段的平滑过渡和无缝衔接。这正是如图 1-12 所示的喷泉模型得以应用的原因。

（2）文档可视化

面对现代社会庞大而繁杂的信息事务，用户和开发团队渴望使信息变得简单易懂，建模技术为文档的可视化提供了很好的途径。软件开发的产品从形式上看只是程序代码和技术文档，并没有其他的物质结果。与文字相比，图形更直观、更简洁，如图 1-27 所示。统一建模语言为面向对象的事务的可视化描述提供了很好的表达方式。另外，模型可以使设计者从全局上把握系统及其内部的联系，而不至于陷入每个模块的细节之中。

让使用不同母语的人用公共的语言无障碍地进行交流

图 1-27　文档可视化的作用

以需求文档的可视化为例，用户往往很难从大堆的文字中发现需求分析中的问题，需求文档的可视化使得沟通变得非常容易。例如，图 1-28 所示的用例图清晰地表示出医院预约诊疗系统患者用户的需求，使用这种方式可以让用户轻松地与开发人员进行沟通；图 1-29 所示的包图简明地表达了三层拓扑结构间的关系。

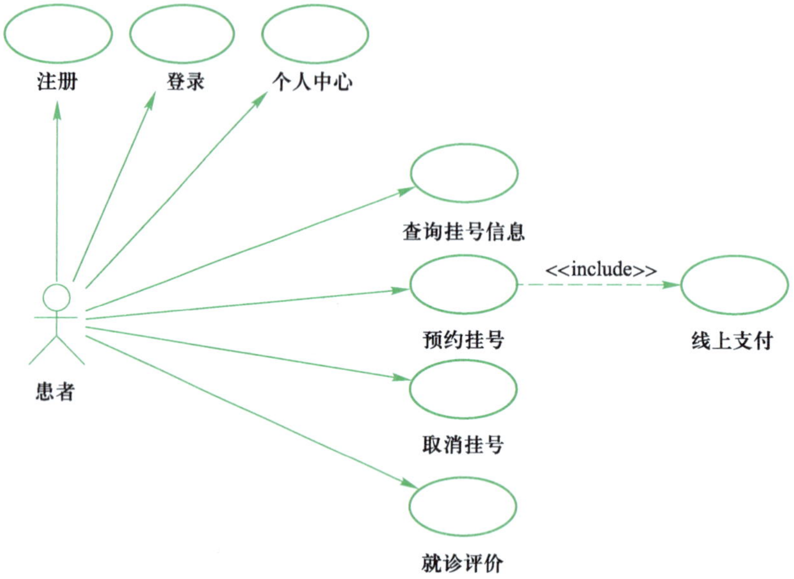

图 1-28 用例图

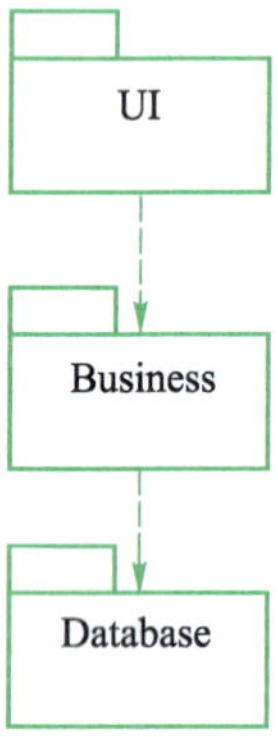

图 1-29 包图

（3）迭代式开发

迭代式开发是指对一个系统进行连续的扩充和精化。由于迭代方法将一个工程分解成几个开发周期，因此可以在最初时集中精力分析一个较准确的版本。

迭代开发所带来的好处如下。

- 大量的资金投资可以在关键风险解决后进行，这样可以大大降低资金的投资风险。
- 可以使开发者更早地获得用户的反馈。
- 采用迭代，测试和集成是持续的。
- 里程碑可以让开发人员明白在短期内所应该关注的焦点。
- 可以让开发人员集中精力解决现阶段的问题。

面向对象的开发过程就是一个反复迭代、逐渐完善的过程。

（4）使用设计模式

设计模式是指一套被反复使用、经过分类编目的代码设计经验的总结。使用设计模式是为了吸收前人的成果，减少重复劳动。统一建模语言可以非常清晰地表述模式的内涵。

（5）基于组件的架构

统一建模过程强调"用例驱动，以架构为中心，迭代和增量"，一个好的架构不仅要满足需求，还要是灵活的和基于组件的。

灵活的架构包括以下几个方面。

- 具有很好的可维护性和可扩展性。
- 能充分利用重用缩短开发周期，节省开发资金。
- 能指导项目组的工作划分。良好的架构对开发人员的分工具有很大的影响。
- 封装了对硬件和系统的依赖性。

基于组件的架构包括以下几个方面。

- 可以重用或定制现有的组件。这就要求在平时的工作中能形成一些组件库，一方面可以共享好的劳动成果，另一方面避免了重复性劳动。

● 可以购买和重用资源丰富的商业组件来加快开发进度。

● 对现有软件的改进比较方便。

在软件系统中，架构设计对整个系统有着举足轻重的影响。

（6）允许变更

传统的项目管理通常具有几个固定的阶段，即启动、计划、执行、控制和结束，整个团队对各阶段的任务有非常明确的目标。事实上，面对庞大而复杂的信息世界，软件开发过程中经常会有各种变更发生，如今已不可能完全遵循这种古老的固定模式了。相反地，应该采取积极主动的态度对变更进行有效的管理。

变更管理中要回答这样几个问题：什么时候提出的变更、由谁提出、谁来决议（即变更委员会的成员构成）、如何决定（变更控制策略），以及如何测量等。

变更管理的一个重要内容是管理需求变更。

以上列举了面向对象的软件工程的优势，在应用它们的过程中，统一建模语言 UML 发挥出了强大的作用。

1.2.2　UML 概述

1.　什么是软件建模

模型拥有 3 个特点：① 模型是一种简化；② 通过不同的视角看问题；③ 使用通用的符号。例如，乐谱通过使用通用符号及文字，从音调、节拍和感情色彩等方面对音乐加以建模；E-R 图是对数据存储的建模。而面向对象的软件的建模可以使用 UML，从功能模型、静态模型和动态模型等角度，展开各个阶段的分析设计过程。建模是一种逐层深入解决问题的方法。

模型的类型有数学模型、描述模型和图形模型等。

软件建模的作用是把来源于现实世界的问题转化为计算机可以理解和实现的问题。它往往从需求入手，用模型表达分析设计过程，最终将模型映射成软件实现，如图 1-30 所示。

图 1-30　软件建模的作用

面向对象的软件建模的实现过程如图 1-31 所示，这里没有严格地将它划分成软件开发周期的若干阶段，而是粗略地表达成 3 类模型，即需求模型、分析模型和设计模型（通常对应物理设计）。

图 1-31　面向对象的软件建模机制

2.　什么是 UML

统一建模语言（Unified Modeling Language，UML）是一种通用的可视化面向对象的建模语言，适用于对任何面向对象的事物的建模，如面向对象的软件建模、业务建模等。

UML 不是一门程序设计语言，但可以使用代码生成器工具将 UML 模型转换为多种程序设计语言代码，或使用逆向生成器工具将程序源代码转换为 UML。

本书将详细讲述 UML 贯穿在整个软件开发过程中的应用。

3. UML 的发展简史

UML 是在多种面向对象建模方法的基础上发展起来的建模语言，它的演化可以划分为以下 4 个阶段：最初的阶段是专家的联合行动，由 3 位 OO（面向对象）方法学家将他们各自的方法结合在一起，形成 UML 0.9；第二阶段是公司的联合行动，由十几家公司组成的"UML 伙伴组织"将各自的意见加入 UML，形成 UML 1.0 和 UML 1.1，并作为向 OMG（对象管理组织）申请成为建模语言规范的提案；第三阶段是在 OMG 控制下的修订与改进，OMG 于 1997 年 11 月正式采纳 UML 1.1 作为建模语言规范；第四阶段是做出重大修订后于 2003 年推出 UML 2.0，UML 得到了广泛认可和使用。UML 是许多人共同努力的结果，是集体智慧的结晶。

4. UML 中的五类图

统一建模语言 UML 的内容可由下列 5 类图来概括。

第一类是用例图（Use Case Diagram），从用户角度描述系统功能。

第二类是静态图，包括类图（Class Diagram）、对象图（Object Diagram）和包图（Package Diagram）。其中，类图描述系统中类的静态结构；对象图是类图的实例；包图由包或类组成，表示包与包之间的关系，用于描述系统的分层结构。

第三类是行为图，包括状态图（Statechart Diagram）和活动图（Activity Diagram）。其中，状态图描述类的对象所有可能的状态，以及事件发生时状态的转移条件；活动图描述用例中的活动及活动间的约束关系，可用于识别活动的并发性。

第四类是交互图，描述对象间的交互关系，包括顺序图（Sequence Diagram）和协作图（Collaboration Diagram）。其中，顺序图显示对象之间按时间展开的交互关系；协作图可以表达与顺序图相同的信息，它进一步强调对象间的协作关系。

第五类是实现图，包括组件图（Component Diagram）和部署图（Deployment Diagram）。其中，组件图描述软件组件之间的依赖关系，这些组件包括源代码文件、二进制文件和可执行文件等；部署图显示了基于计算机系统的物理体系结构。

5. UML 建模的基本过程

在面向对象的系统开发过程中，每个阶段都要建造不同的模型。需求分析阶段建造用例模型，用来捕获系统需求信息；分析阶段构造分析模型，用来站在开发者的角度，从逻辑上表示系统将要做什么；设计阶段构造设计模型，设计模型是分析模型的扩充，为实现阶段提出指导性和技术性的解决方案；实现阶段的模型描述真正的源代码及编译后的组件；发布阶段的部署模型描述系统物理上的架构，如图 1-32 所示。

动画 1-4
不同开发阶段的 UML
模型

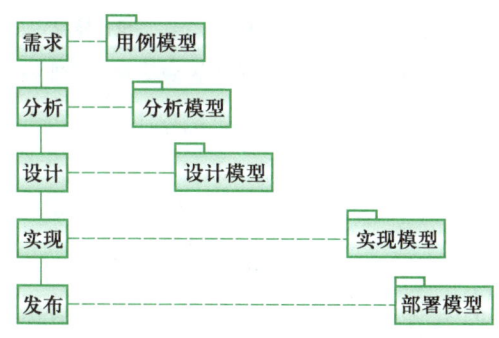

图 1-32　不同开发阶段的 UML 模型

事实上，在面向对象的开发过程中，阶段的划分没有如此明显，通常的思路如图 1-33 所示。

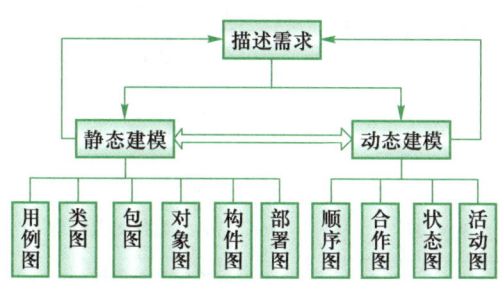

图 1-33　UML 建模机制

动画 1-5
UML 建模机制

具体地说，采用面向对象技术设计系统时，通常首先建立系统的逻辑模型，然后建立相应的物理模型。建立系统逻辑模型的过程大致分为 3 步：第一步是描述需求；第二步是根据需求建立系统的静态结构；第三步是描述系统的行为。其中在第一步与第二步中所建立的模型都是静态的，可用用例图、类图和对象图等来描述，属于统一建模语言 UML 的静态建模机制。而第三步中所建立的模型为动态的，可用 4 种图来描述，即状态图、活动图、顺序图和协作图，属于统一建模语言 UML 的行为建模机制。这样，可以将 UML 建模分为静态建模和动态建模两部分。静态建模包括对系统的对象、职责、抽象关系、接口、机制和框架的建模；动态建模包括对系统的控制流、工作流和交互过程的建模。

 **【任务实施】**

校园门禁系统的软件建模过程概览

在面向对象的软件开发过程中，阶段划分已大为简化，各阶段间的过渡也变得十分"平滑"。下面通过一个大家熟悉的系统——校园门禁系统的建模过程缩略图，展示在面向对象的软件开发过程中的分析设计思路。

如图 1-34 所示，可以看出面向对象的软件建模过程的主线，整个进程以表示系统功能的用例为起点和依据，进行系统分析建模和系统设计建模，最终得到系统的实现模型。这里表示的仅仅是一条"主线"，在软件开发过程中面向对象的建模过程相对完整的内容如图 1-35 所示。

动画 1-6
UML 中的图及其相互
关系

图 1-34 围绕系统功能展开的建模过程

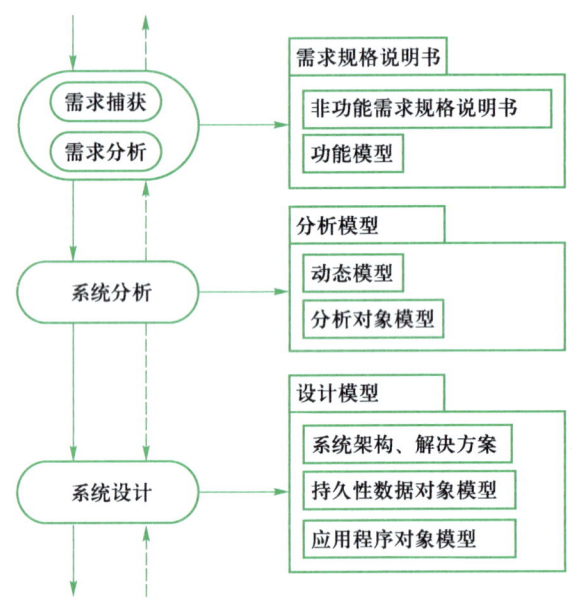

图 1-35 面向对象的软件开发与软件建模过程

　　另外，在用例建模之前有时还会有业务建模阶段，即采用"软件"建模方法分析和理解待开发的整个业务，描述业务逻辑，梳理业务流程、业务规则。业务建模是为了更好地理解业务本身，以便得到准确的系统需求边界。在开发人员对系统的业务很不熟悉，或用户无法明确软件系统的边界时，往往需要首先进行行业务建模。通常它是一个庞大的工程，分析的方法和工具与需求建模是一样的。在软件系统需求边界容易确定的情况下，可以跳过业务建模的环节，直接进行需求建模。

1. 建模的起点——需求模型

　　需求分析又可分为需求捕获和需求分析两个子阶段，得到需求规格说明书，需求规格说明书是后续从事开发的全部依据。需求模型是需求规格说明书的重要组成部分，它的主要作用是表达出系统的功能需求。因此常说，建模的起点是系统的功能需求。

　　需求模型的组成：通过用例模型捕获和表示系统的功能性需求；结合活动图、顺序图等动态模型建模用例的行为；对于系统的一些重要业务概念还会用领域类图描述它们之间的关系。需求模型的主体是用例模型。

　　用例模型是"用例图+用例文档"，用例图可以起到简洁地表达系统功能的作用，但仅有用例图是无法完整表达功能需求的，必须对每个用例给予详细和标准的文档描述。用例文档是用例模型中不可缺少的重要部分。

　　校园门禁系统是通过门禁管理人员进出的安防应用设备系统，校园卡是通行的唯一凭证。从普通用户的角度来看，校园门禁系统非常简单，它部署在校园内的各个门禁闸机上，基本功能就是刷卡开门，用例图如图 1-36 所示。

图 1-36 校园门禁系统初始用例图

但实际上，刷卡通行的背后还有安防管理和统计的需求。因此除了普通用户以外，系统还有两类管理员用户。门禁所在楼宇的"楼宇管理员"负责授权哪些人有权限通行；了解楼宇进出的情况，以及是否有异常。"门禁管理员"负责授权各个门禁由哪些楼宇管理员管理；可以查询各门禁的通行授权情况；可以对门禁进行监控以发现异常；可以对通行数据进行管理、统计。校园门禁系统的顶层用例图如图 1-37 所示。

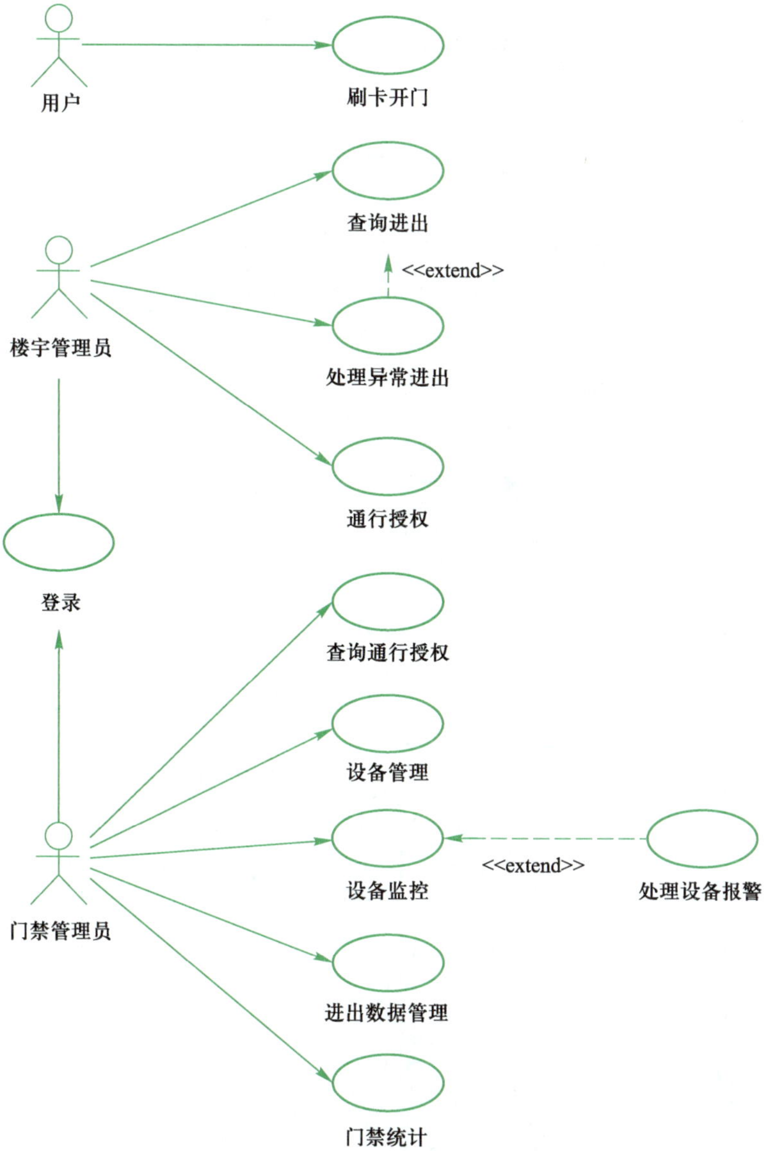

图 1-37 校园门禁系统顶层用例图

系统的顶层用例图清晰展现出参与者是用户、楼宇管理员、门禁管理员，主要的功能有刷卡开门、查询进出、设备管理、设备监控、进出数据管理、门禁统计等。虚线的扩展关系（extend）表示楼宇管理员在"查询进出"时，有时需要"处理异常进出"；门禁管理员在"设备监控"时，有时需要"处理设备报警"。

对系统的业务流程、用例行为等可以辅以动态模型形象直观地表示。例如，用户刷卡开门的流程如图 1-38 所示，这是一个活动图；用户成功刷卡开门的流程如图 1-39 所示，这是将行为分配到具体对象的顺序图，图中只表达了"成功开门"这一种情况的流程。活动图和顺序图都属于动态模型。

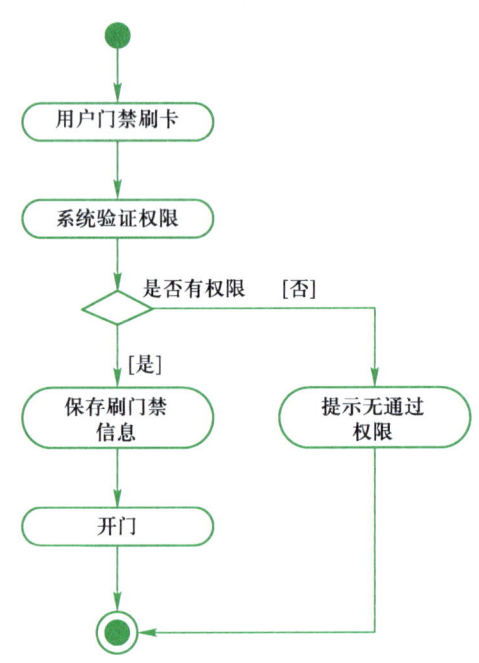

图 1-38 用户刷卡开门的活动图

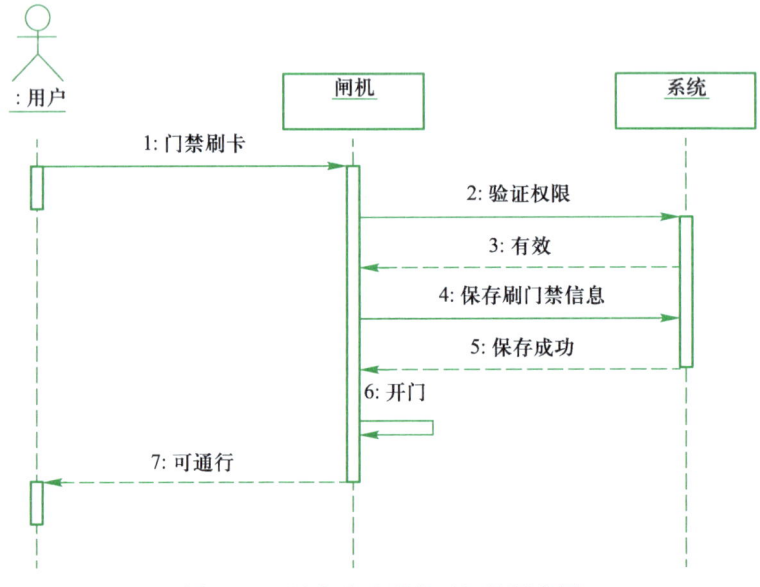

图 1-39 用户成功刷卡开门的顺序图

面向对象系统中的类常常能够由现实世界的实体得出，领域模型定义了重要业务概念之间的关系。领域类图中的类往往来源于现实的概念，与业务领域中的类有着天然的联系，被称之为"概念层"的类。

校园门禁系统的领域类图如图 1-40 所示，其中识别出了行业用户能够理解的对象。领域类图的复杂程序和进行领域类分析深入的程度有关。建模领域类有助于人们在用户的协助下更好地理解业务对象，以得到准确的下一阶段的分析类模型。由于领域类图往往只是张"草图"，程序实现时各个对象间的关系和人们从领域的角度看到的会完全不同，因此只要找出了主要的领域对象，并对这些对象有了准确的理解，就会及时终止领域类的分析，进入到下一阶段。因此，常常会有这样的现象，不同的团队往往得到复杂程序相差很大的领域类图，这并不会影响后期的分析和设计。

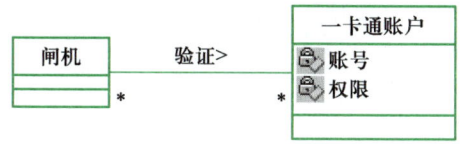

图 1-40　校园门禁系统的领域类图

2. 系统分析——分析模型

如果说需求模型是从用户的角度清楚地定义了系统外部行为，即从用户的角度说明系统将要"做什么"，那么分析模型的作用在于从开发者的角度针对系统内部提出一组交互的对象，并构造模型来说明这些交互对象如何能够实现用例中规定的行为，即从开发者的角度说明系统将"做什么"，可以将这个过程称为用例的"实化"。

如图 1-41 的变迁过程表达的意思是：刷卡开门用例的实现必须借助于相应的边界对象（如"闸机"），控制对象（如"门禁控制器"），实体对象（如"一卡通账户"）。可以通过动态建模进一步表示出在"成功刷卡开门"这一系列的活动中各个对象间的交互过程，如图 1-42 所示。

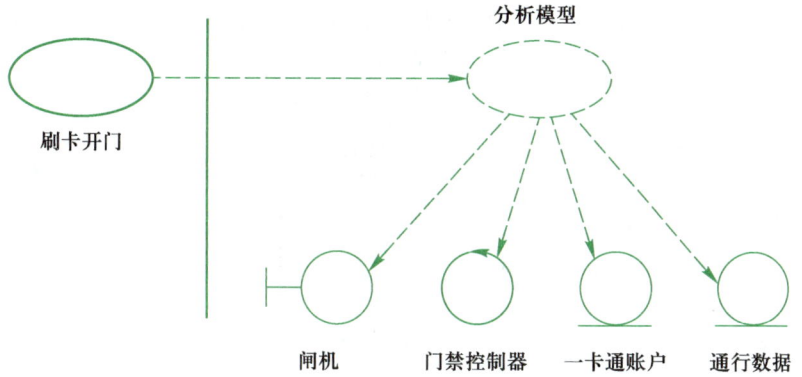

图 1-41　由用例模型得到交互对象（分析类）

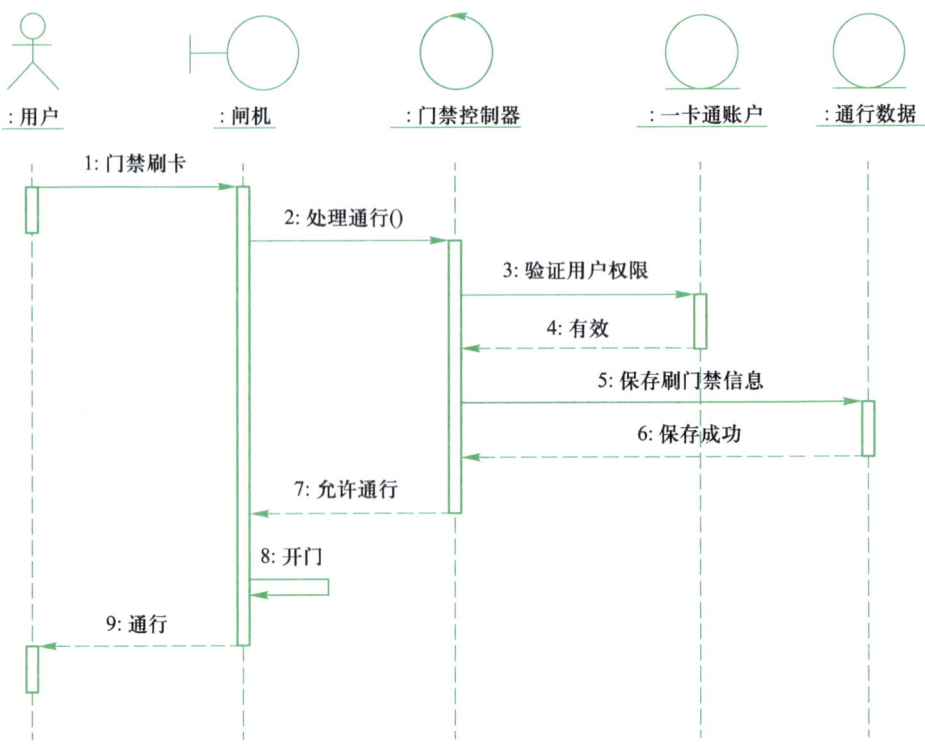

图 1-42 描述对象如何执行用例的顺序图

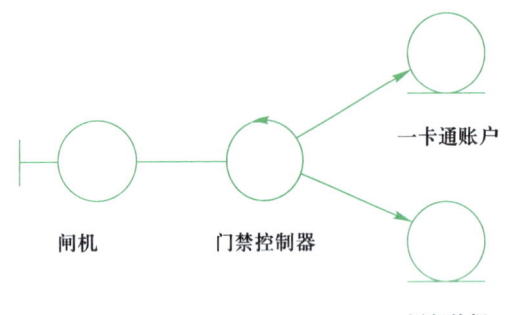

图 1-43 用例的分析类图

分析模型的典型输入是用例模型和领域类图。它最重要的作用是用例的"实化"，并以此为基础，使领域类图进化为一个更全面的类图。此时的类已经变迁为"逻辑层"的类。

与刷卡开门用例相关的分析类图如图 1-43 所示。三种不同的类符号分别表示视图层（表现层）、控制层、实体层，如图 1-44 所求。类似地，可以将各个主要用例的分析类都这样表示出来，从而构成完整的分析类模型。

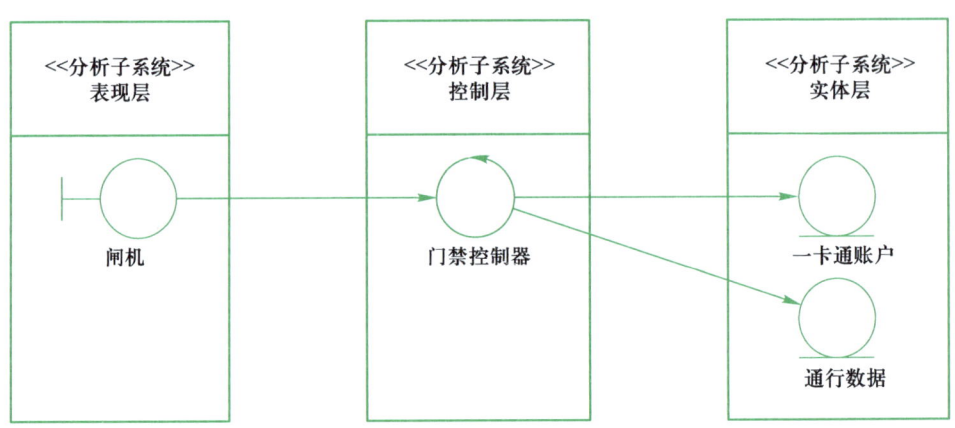

图 1-44 分析模型中的层次关系

3. 系统设计——设计模型

系统设计是从开发者的角度说明系统将"怎么做"。在系统设计过程中，人们会标识设计目标，将系统分解为若干个子系统，并对系统继续分解求精，直到系统所有的目标都实现为止。这个过程将分析模型变换成为设计模型。

在映射到设计模型之前需要明确系统的拓扑结构。校园门禁系统的拓扑结构如图 1-45 所示。图 1-46 展示了分析模型中的分析类如何变换为设计模型中的设计类。在继续求精的过程中，得到能直接映射为程序，具有物理属性和方法的类，如图 1-47 所示。

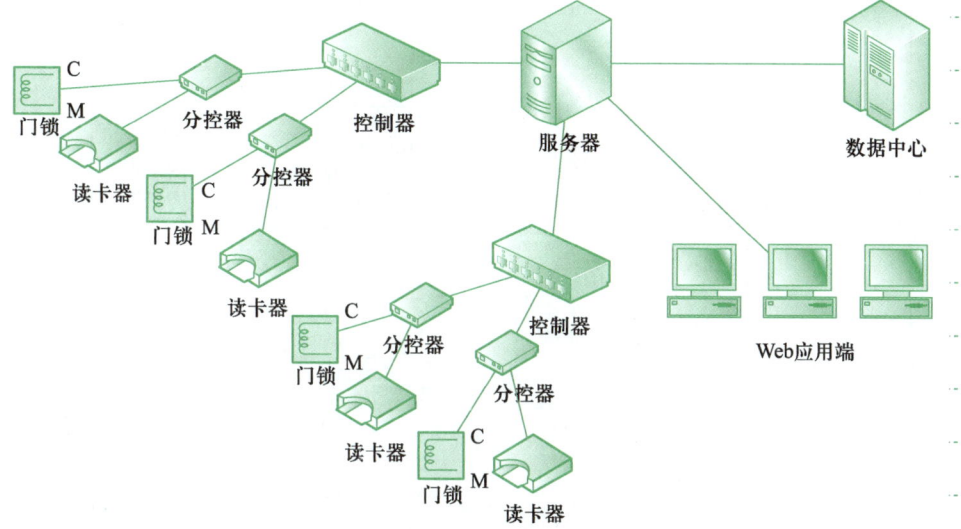

图 1-45　系统的拓扑结构

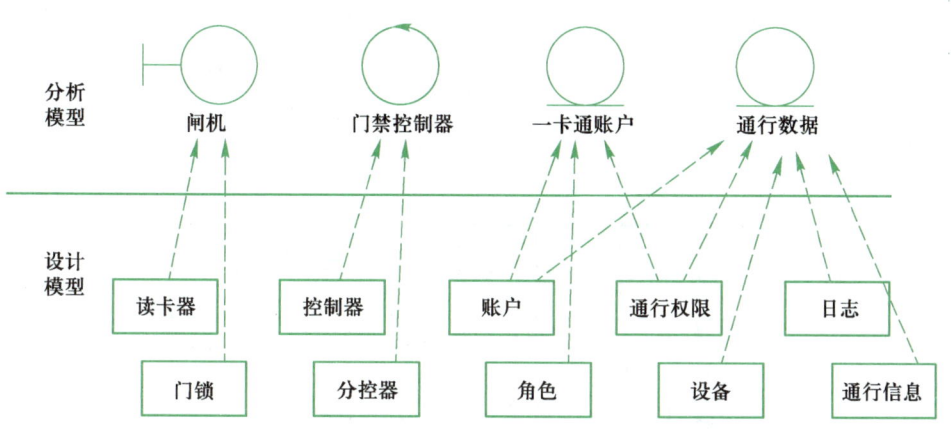

图 1-46　设计模型中的设计类与分析模型中的分析类

设计模型还涉及系统的软件构成及具体的部署方案。如图 1-48 所示，是从软件的角度对校园门禁系统进行的组件划分，校园门禁系统的硬件部署则如图 1-49 所示。

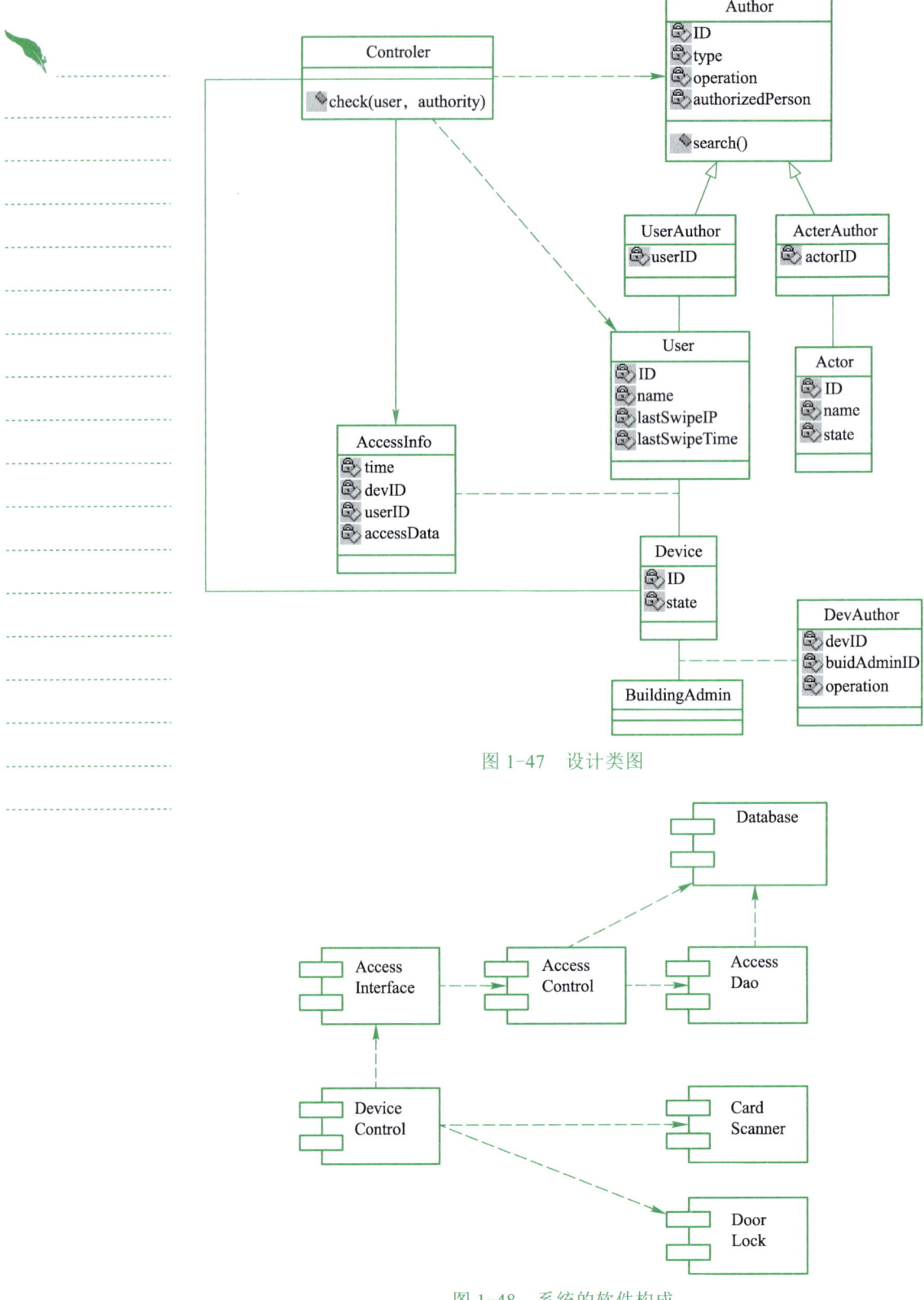

图 1-47 设计类图

图 1-48 系统的软件构成

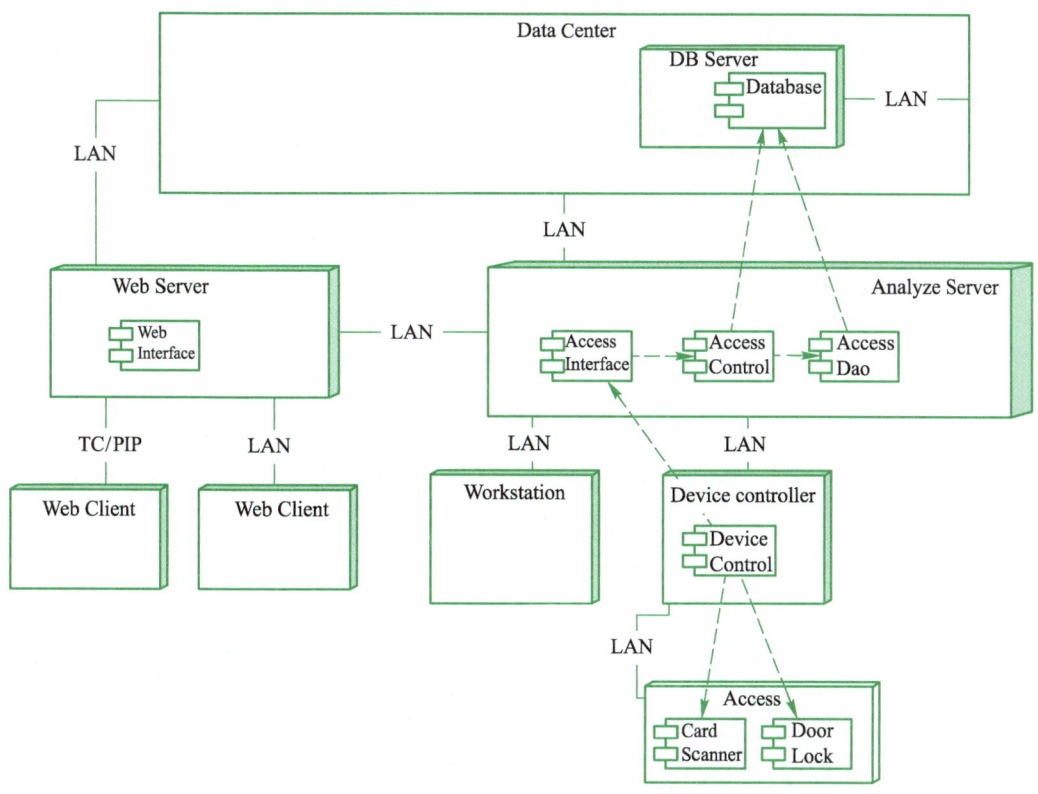

图 1-49　系统的硬件部署

4. 程序实现——实现模型

面向对象的程序实现主要包括两项工作：把面向对象的设计结果翻译成面向对象的程序；测试并调试面向对象的程序。这时的模型实际上已经成为源程序了。

可以看出，在面向对象的程序设计过程中，对系统的功能需求的分析、设计和实现是以用例模型为主体展开进行的，这一过程就是面向对象的软件建模过程。

 【拓展训练】

拓展训练 1：了解软件工程的发展

试借助网络手段，了解现代软件工程的发展方向和所涉及的新技术，了解中国软件工程发展史。

拓展训练 2：了解 UML 的用途

试通过书籍和典型技术网站等，了解 UML 在软件开发中的地位和作用。

拓展训练 3：了解行业标准对行业信息化的指导作用

2021 年 11 月 9 日，国家卫生健康委员会发布《国家卫生信息资源分类与编码管理规范》等 21 项推荐性卫生行业标准（国卫通〔2021〕10 号），请重点阅读"WS/T 790.15—2021 区域卫生信息平台交互标准第 15 部分：预约挂号服务"（详见拓展阅读），谈谈该标准对于开发医院预约诊疗系统的意义。

文本
单元 1 其他资源

拓展阅读
预约挂号
服务系统历史沿革

单元小结

软件不仅仅是程序，软件=程序+数据+文档。

软件工程是为了尽可能地消除软件危机的影响，克服软件缺乏"可见性"的缺点，借鉴工业化生产的成功经验，对软件产品的生产过程加以严格管理和控制的一门学科。它的最终目的是实现软件的工业化生产。

传统软件工程将软件开发生命周期划分为问题定义、可行性论证及软件计划、需求分析、概要设计、详细设计、编码、测试和运行/维护 8 个阶段，每一阶段都有具体的任务和交付成果。软件过程模型是指如何具体地组织衔接软件开发生命周期的各个阶段，常用的有瀑布模型、快速原型模型、螺旋模型、增量模型、迭代模型和喷泉模型等。

面向对象的程序设计方法根据现实问题直接抽象出对象，分析对象的行为和与行为相关的数据，对象间通过传递消息进行通信，从问题出发，模拟现实问题建立系统模型，易于理解和实现。在进行面向对象的设计时，从需求分析到系统设计都是一个反复迭代的过程。

统一建模语言（UML）是一种通用的可视化面向对象的建模语言，它使用通用的符号，通过反复迭代的建模机制分析需求，进行系统的分析和设计。它贯穿于软件工程全过程，在软件开发的不同阶段，针对不同的任务，有不同的建模表现形式。

现代软件工程的成功经验强调文档的可视化和软件的重用性，代表多方利益的人员之间无障碍的交流。在这些环节中，UML 发挥着重要作用。

 项目实训

"学生成绩管理系统"的初始用例建模

在任务 1 的拓展训练中，已经根据学生成绩管理系统的需求描述选择了相应的软件过程模型，现在，请进一步分析该系统的功能，得出其初始用例模型。

注意，现阶段只需要分析系统最基础、最核心的功能即可。请注意保存原始资料和得到的模型，将在后继任务中做进一步的分析。

单元 2

系统的功能需求建模

 **学习目标**

【知识目标】

- 了解用例图的主要组件
- 理解用例间的包含、扩展和泛化关系
- 掌握用例建模的一般过程
- 掌握软件工具的使用

【能力目标】

- 能准确识别系统的参与者和用例
- 能准确识别系统的关系，建模初始用例模型
- 能按照规范书写用例文档
- 能利用用例文档及活动图建模系统的事件流

【素质目标】

- 从用户的角度出发，具备"同理心"
- 由整体到细节，具备分层设计的意识
- 开始阶段"抓大放小"，后继阶段"精益求精"

文本
单元 2 教学设计

PPT
系统的功能需求
建模

 引例描述

某书店为加快资金周转，以便尽快更新书籍、吸引读者，除日常卖书以外，还开辟了借书业务。现需要开发一个软件，以管理会员和日常借书事务，即交纳 400 元、200 元或 100 元会费即可成为金、银、铜卡会员，可在一年有效期内借书，并享受相应的购书折扣。

任务 1 初步建模系统的功能需求

 【任务陈述】

软件开发首先需解决的第一个问题是用户和开发人员如何统一认识。一方面，用户对自己的专业领域很熟悉，对软件需求的表述却可能不够准确，对软件能够实现的需求可能了解尚不全面，对希望软件实现的需求可能尚不明确；另一方面，开发人员在没有完全了解用户的专业领域时，对用户表述的理解可能会有较大的偏差，对软件可以实现的需求不能做出准确判断。

用什么样的模型去说明软件产品或软件项目需要满足的条件和限制，准确界定软件系统的边界，并在开发者和用户间达成一致，产生"共情"、探索"本质"，是该借书系统软件本阶段急需解决的问题。

下面是通过书店相关人员获得的原始需求。

1. **资料一：个别访谈**

地点：软件公司　　　**人员：**开发者和书店经理

书店经理的介绍：我们是一个电子科技实体书店，由于电子科技类书籍很容易"过时"，必须尽可能地加快资金周转，以便尽快更新书籍，吸引读者。因此，除了日常卖书以外，又开辟了借书业务，交纳 400 元、200 元或 100 元会费即可成为金、银、铜卡会员，可在一年有效期内借书，并享受相应购书折扣。具体规则如下。

100 元会费每次可借书 2 本，总额不超过 100 元，购书八折优惠。

200 元会费每次可借书 4 本，总额不超过 200 元，购书七五折优惠。

400 元会费每次可借书 7 本，总额不超过 400 元，购书七折优惠。

若所借书超出最高金额在 10 元以内，可补交超出部分作为押金，下次还书时退还押金，一年期满可续卡。

另外，为防止有读者在借书卡到期后借书不还，在办理借书卡时需要交纳等额的押金。

开发者：等等，你是说读者交纳会费及等额的押金就可以成为会员是吗？

书店经理：是的。例如，铜卡会员在交纳 100 元会费的同时还要交纳 100 元押金，但第二年续费时就不用重复交押金了。

开发者：还有没有其他费用？如手续费、工本费和超期罚款等？

书店经理：没有了，不用交手续费、工本费，也不规定还书的期限，但借书卡的使用期是固定的（一年）。读者通常都是尽量多借几次书，所以根本不用担心他们将一本书借太长时间，而且即使那样对我们来说也没有损失——在他们阅读书籍时，我们挣到了会费。

2.　资料二：用户群体会谈

地点： 书店　　　　**人员：** 开发者、书店经理和部分员工（以下统称为客户）

开发者： 谁将使用这个应用程序？

客户： 书店的员工，应该说是专门负责借书的员工。

开发者： 在什么地方？

客户： 当然是在书店。

开发者： 你们书店是否有分店？

客户： 哦，目前还没有，只有这一家，但以后可能会开几家分店。

开发者： 能介绍一下借书的流程吗？

客户： 好的。首先，会员出示借书卡，通常会员先还书，我们的职工根据所还书籍清除掉上次的借书信息，如果上次有补交的押金，还需要退还押金；然后登记会员这次的借书信息，系统应该可以验证是否符合借书规定，如可借书的册数、总金额等。

开发者： 你说每次借书时读者通常都是先还书是吗？

客户： 通常是这样的。因为会费只能用一年，所以一般读者只要来还书，一定会借书走，除非他们要办别的事，拿着书不方便。

开发者： 你们需要通过这个系统获得些什么统计信息吗？比如，谁一年借了几本书。

客户： 这个应该不需要。我们只关心现在书店有哪些书被借出、借给了谁。

开发者： 也就是说，你们只关心书籍是在架上、售出，还是外借是吗？

客户： 是的，很正确。

开发者： 明白了，通过这个借书系统主要是修改书店书籍的状态信息。

客户： 是这样的。

开发者： 但是，我们注意到上次你们还说会员购书可以打折。

客户： 是的，顾客购书时，我们用现有的"书店销售系统"，这个系统我们用了很久了。

开发者： 你是说"借书系统"还将为"书店销售系统"提供会员信息？

客户： 不，不。会员只需要在购书时出示会员卡我们就可以为其提供相应的折扣，这个比较灵活，不需要系统间提供信息。实际上，我们也常为持学生证的学生或残疾人打折，有时剩下的最后一本书如果有些旧了，我们也会为顾客打折。店员有这样的权限。

开发者： 如果会员先借了某本书，现在想把它买下来……

客户： 非常简单，先还书再买书。

开发者： 如果有书籍被读者弄丢了怎么办？

客户： 如果有书籍弄丢或被损坏，读者需要照价赔偿。相当于把书卖给了读者。

开发者： 具体怎么办理？

客户： 到借书柜台打印出"照价赔偿单"，读者凭单先到出口处购书，然后凭购书发票到借书柜台消除借书信息。

开发者： 有些书附带有读者卡、纪念卡、资料册等，你们怎么处理？

客户： 这些随书的附件是不外借的，一定要保证购书的顾客得到完整的书籍，工作人员会在读者借书时将它们取出，放在专门的封口袋里面。

开发者： 那么这个过程纯粹是人工进行的吧？

客户：是的，取出附件、书归还以后再放进去都是人工进行，不需要系统在这个过程中做什么。封口袋会打上日期，还书时店员可以很快找到对应的附件。

开发者：还有一个重要问题，读者持外借的书怎样出门？我们看到顾客出门需要通过报警门，如果是购买的书，书已被消磁，可以通过；但借出的书没有消磁。

客户：我们把办理借书业务的柜台设在书店内，借书后将打印借书单，上面写有读者目前借阅的所有书籍的书名和借书日期，这是读者拿书出门的依据。门口的工作人员核对单据和书籍后才让读者出门。

开发者：嗯，这个很重要。系统还要打印借书单。

开发者：是每个员工都可以使用借书系统吗？

客户：不，只有专门负责借书工作的人才可以。

开发者：那我们就称之为"借书管理员"吧。

客户：好的。

客户：还有一点需要补充。会员经常会忘记自己的办卡时间，因此我们还希望系统能够在读者借书时检查一下会员卡的有效期，如果有效期少于一个月（30天），则给出卡即将到期的提醒，这样借书管理员就可以及时地提醒读者续卡。

开发者：你是说每次办理借还业务时，系统都检查一下卡的有效期，以便及时给出即将到期的提醒是吗？

客户：是这样的。

开发者：好了，今天就到这里，我们以后继续合作，谢谢！

【知识准备】

通过访谈记录，归纳出原始需求，再通过对原始需求的分析和整理，得到最终的有效需求如表 2-1 所示（详细归纳整理方法见 6.2.3 节）。

表 2-1 有 效 需 求

原始信息编号	需求信息编号	需求描述	优先级	参与者	用例号	当前功能	下一个版本
	1	注册会员		借书管理员	UC-1	办理会员卡	
	2	补收押金		借书管理员	UC-2	按具体情况补交相应押金	
	3	[会员]还书		借书管理员	UC-2	处理还书信息	
	4	更新书籍状态,更新借书信息			UC-2	将书籍状态改为已还	
	5	退还[补收的]押金			UC-2	系统提示已补收押金的金额	
	6	登记会员本次借书信息			UC-2	借书信息写入借书卡	
	7	[系统]验证[此次借书]是否符合借书规定			UC-2	验证可借册数、总金额、卡的有效期	
	8	修改书店书籍的状态信息（架上、售出，还是外借）			UC-2	修改所借书的状态	
	9	借书完成后打印借书凭条			UC-3	打印本次借书信息	
	10	打印照价赔偿单			UC-4	所借书遗失,打印书价等信息	
	11	通过系统提示,给会员办理注销或续卡业务			UC-5 UC-6	续卡 注销会员	

整理得到有效需求之后，可以利用 UML 图形化语言来表示当前需求、问题和风险，以及缺少的信息。这种形象直观的手段有助于在开发人员和用户之间更好地进行沟通。

如何在 UML 的背景下表述需求、分析系统和建模系统呢？可以利用一个容易理解的模型来描述用户如何使用这个系统、系统和用户以及系统和外部系统之间的交互过程，这个模型也就是通常所说的使用 UML 设计新系统的起始点——用例图。

2.1　用例图概述

2.1.1　用例建模的目的

在早期面向过程的软件开发方法中，人们致力于用计算机能够理解的逻辑来描述和表达待解决的问题及其具体的解决过程，面向过程问题求解通常自顶向下、步步求精，分析出解决问题所需要的步骤。利用这种开发方法可以精确、完备地描述具体的操作过程。

例如，可以容易地利用面向过程的求解方法解决下面这个问题：有一张信用卡，卡上已经产生应还金额 5000 元，假定月利息为 2%，你一直不还款，那么在多少个月之后，这张卡的应还金额会超过 10000 元？

然而如果将这个范围扩大，例如要处理手机银行业务，那么所有的资金、账目，包括取款、转账和还款等操作，以及这些操作所处理的数据，如金额、账号和日期等问题都需要考虑。这时利用面向过程的软件开发方法就很难把这个包含了多个相互关联的过程的复杂系统表述清楚了。

为了符合人们日常的思维习惯，降低、分解问题的难度和复杂性，提高整个求解过程的可控制性、可监测性和可维护性，人们提出了一种全新的程序设计思路和观察、表述、处理问题的方法：利用"系统"的观点来分析问题和解决问题。这时人们关心的就不仅仅是单个处理过程，而是孕育所有这个过程的母体系统，包括系统的组成、关系、系统的各种可能状态，以及系统中可能产生的过程和过程引起的切换。

UML 作为一种面向对象的建模语言，能够帮助用户对软件"系统"进行面向对象的描述和建模，并描述整个软件开发从需求分析到实现和测试的全过程。

2.1.2　定义用例图

用例图是系统建模的起点，它准确地说明客户对他们要开发的应用程序期望有什么样的功能，同样是一种在系统完成后能使管理机构、用户和其他涉众人员了解其功能的依据。

对于上文所提到的手机银行系统，其基本功能的初始用例图表述如图 2-1 所示。

这个用例图并没有太多内容，但很直观地表述了系统的功能及其边界。实际上，人们还要用一些时间来研究每

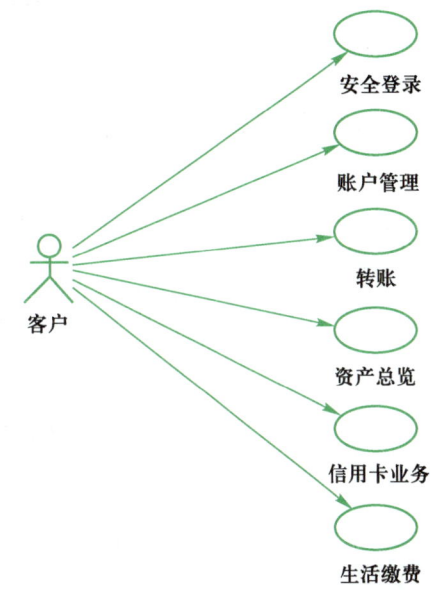

图 2-1　手机银行系统基本功能初始用例图

一个组件，以及如何建立这样的用例图。

希望通过本章的学习，读者可以完成一个用例模型，包括一个完整的用于导航的高层次的用例图，以及对每一个用例的详细描述。这些元素共同组成了一个易懂的、完整的模型。在相关人员评审这个模型来验证目标系统时，以及开发小组将这个用例模型作为从工作量估算到设计、测试的整个开发过程的基础时，这些元素都是很关键的。

2.1.3 用例图的主要组件

用例图有 4 个基本组件：参与者（Actor）、用例（Use Case）、关系和系统。

① 参与者（Actor）。参与者的符号如图 2-2 所示，它是系统外部的一个实体，以某种方式参与用例的执行。参与者通过向系统输入或请求系统输入某些事件来触发系统的执行，参与者也可以是获得系统的输出或被当前系统触发的实体。

参与者的特征是：与系统交互的人或物（例如时间、气压、温度等环境因素，或其他系统等）；在系统之外，与系统直接交互；需要用一个群体概念给参与者命名，反映该参与者的身份和行为（如客户、借书管理员等）。

② 用例。用例代表系统的某项独立完整的功能，它是一系列动作步骤的集合。系统的功能是通过参与者使用用例来实现的。在 UML 中，用例用一个椭圆来表示，用例的名字可以书写在椭圆的下方或内部，如图 2-3 所示。

参与者名

用例名

图 2-2　参与者的符号　　　图 2-3　用例的符号

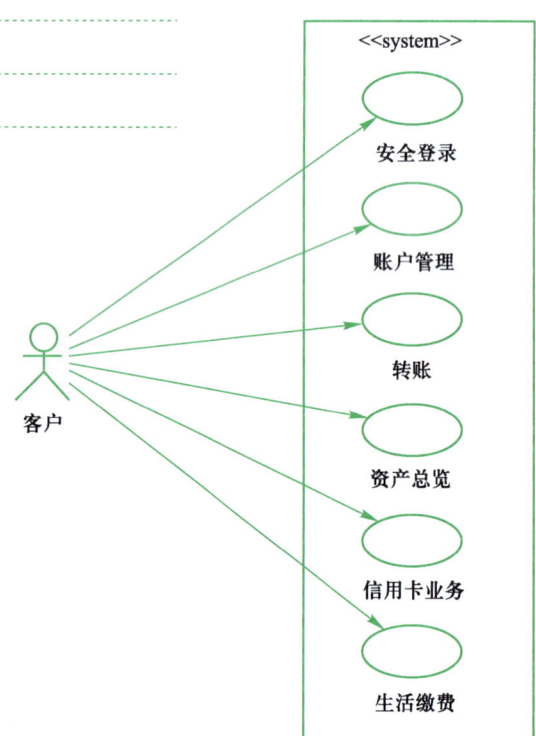

图 2-4　手机银行系统个人业务模块

③ 关系。除了用例和参与者之间的关联关系以外，还可以定义参与者之间的泛化关系，用例之间有包含、扩展和泛化关系。应用这些关系的目的是从系统中抽取出公共行为及其变体。这部分内容会在稍后介绍。

④ 系统。系统是指一个软件系统、一项业务、一个商务活动或一台机器等。系统的功能通过用例来表现，换句话说就是所有用例共同构成了整个系统。在 UML 中，系统可以用矩形框来表示，如图 2-4 所示，也可以将矩形框省略。

手机银行业务范围很广，为什么这里并没有提及其他的呢？这涉及一个确定系统边界的问题。一个系统的基本功能及边界多半是根据前期了解客户的要求、制定的需求分析而明确的。就如图 2-4 一样，它只是一个手机银行系统对普通客户的日常个人业务。另外，根据系统的规模大小，一个系统也可能会有自己的子系统。

2.2 识别参与者

2.2.1 捕获需求

微课 2-1
怎样识别参与者

设计任何企业级应用程序的第一个步骤都是收集系统需求，它是最终用户、开发者及客户对系统应该做的和能够做的事情达成的协议。从内容上说，除了对应用程序本身功能和性能上的要求之外，还包括描述公司运营方式的业务需求（对于复杂系统，有时需要首先建立业务模型，再对软件系统建模）、运营要求，以及相关的技术需求等。

收集需求的方式有访谈、问卷调查、实地观察、使用原型、特定群体调查和用户指导等。需求的来源主要是人、各种现有成品（如报表、培训手册和视频记录等）、现有的软件系统或人工系统。

通过各种形式记录下收集到的需求信息，经过整理，从中获取有价值的信息来建立系统模型。

2.2.2 参与者的识别

整理需求的第一步是确定参与者，不同的参与者必须以独特的方式来使用这个系统。

下面来看一个练习。

- 校园一卡通系统。
- 12306 售票系统。
- 选课登记系统。

在这些系统里，参与者是谁？怎样识别？这里提供一个识别参与者的思路，可以从以下几个方面来考虑。

① 谁使用系统的主要功能？
② 谁改变系统的数据？
③ 谁从系统中获取信息？
④ 谁需要系统的支持以完成日常工作任务？
⑤ 谁负责维护、管理并保持系统正常运行？
⑥ 系统需要处理哪些硬件设备？
⑦ 系统需要和哪些外部系统交互？
⑧ 谁对系统运行产生的结果感兴趣？
⑨ 有无时间、气温等内部或外部条件？

认真考虑这些问题，不难看出以下几点。

- 在校园一卡通中，一卡通用户是参与者，因为他们使用了系统的主要功能。
- 在 12306 售票系统中，游客、注册用户、管理员、超级管理员可以作为参与者，因为他们有不同的需求和访问方式。
- 在选课登记系统中，学生、教师和管理登记人员可以作为参与者，因为他们有不同的需求、访问方式和权限。

在考虑参与者的同时，也要注意这样一个问题——怎样处理有共同特征的多个参与者。以酒店的订餐预约系统为例，该系统接受客户的电话预订、网上预订和上门预订，那么参与者就有 3 个：电话客户、网上客户和直接客户，如图 2-5（a）

所示。

可以看出它们有着共同的行为特征，因此可以抽象为更具一般化的参与者——客户。在用例图中，使用泛化关系来描述多个参与者之间的公共行为，用空心三角箭头指向抽象出来的参与者，如图 2-5（b）所示。

不同的参与者必须以独特的方式来使用系统，如果 3 类参与者都与相同的用例相关联（即使用相同的功能），则只需保留客户作为参与者，如图 2-5（c）所示。

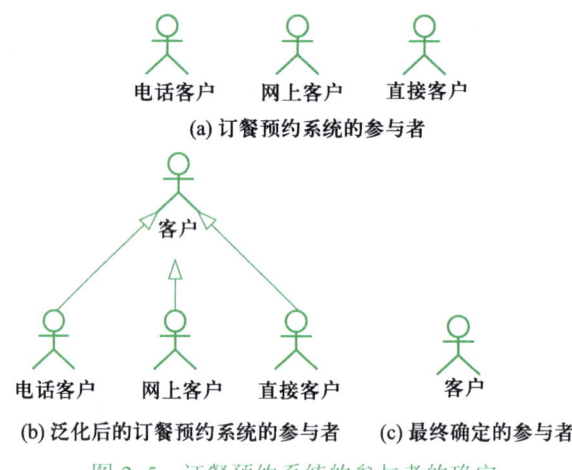

(a) 订餐预约系统的参与者

(b) 泛化后的订餐预约系统的参与者　　(c) 最终确定的参与者

图 2-5　订餐预约系统的参与者的确定

2.3　识别用例

微课 2-2
怎样识别用例

2.3.1　识别用例的方法

识别用例的最好方法是从前期所了解的用户需求入手，分析系统的参与者，考虑每个参与者是如何使用系统的，在这个过程中还可能会发现新的参与者，有助于完善系统。

在识别用例的过程中，可以从以下几个方面来考虑。

① 特定参与者希望系统提供什么功能。

② 系统是否存储和检索信息，如果是，由哪个参与者触发。

③ 当系统改变状态时，是否通知参与者。

④ 是否存在影响系统的外部事件。

依旧从上文提及的酒店订餐预约系统来看，通过分析发现，除了客户，希望系统提供功能的还有 3 类用户：前台接待、服务员和领班。根据他们不同的需求和权限，通过泛化，将其归为两类参与者，即一般员工和领班。

在识别用例的过程中，通过对上面几个问题的回答，可以得到这样的结论。

● 客户：查询预约。

● 一般员工：查询预约、增加预约和删除预约。

● 领班：调换餐桌、确认记录未到达（即客人在指定时间未到达）、查询预约、增加预约和删除预约。

于是，构建初始用例模型如图 2-6 所示。

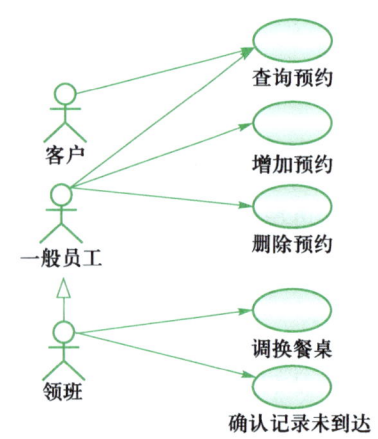

图 2-6　订餐预约系统的初始用例模型

　　这里只是一个初步确定的用例模型，还有一些问题和细节并没有考虑到，还需要对这些用例进行分解、合并及删除，直到获得一个可靠的用例集。这些在后面的进一步分析中来解决。用例建模的过程就是一个反复迭代和逐步精化的过程，很难一蹴而就。

2.3.2　用例的命名规则

　　用例名是一个字符串，用例是从用户的角度来描绘系统的功能，因此其命名的基本原则是：从参与者的角度出发进行命名（如使用"登录"而不使用"身份验证"），使用动词加宾语的结构，尽量使用行业术语（如使用"报销"和"预支"，而不使用"交钱"），示例如图 2-7 所示。

　　系统中用例太多时需要适当分组（包），这时可以通过在用例名后面加上双冒号和包名来表示该用例是属于哪个包的。例如在图 2-8 中，用例资产总览来源于个人业务包。

　　　　　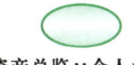

修改密码　　　打印凭条　　　　　　　资产总览::个人业务

图 2-7　用例命名 A　　　　　　　图 2-8　用例命名 B

2.4　用例间的关系

2.4.1　泛化关系

微课 2-3
用例图的关系

　　用例与用例之间也存在着泛化关系，通常用于表示同一业务目的（父用例）的不同技术实现（各个子用例）。

　　例如，某购物网站为用户提供不同的支付方式，那么"支付"这个复杂用例就可以用泛化关系表示，如图 2-9 所示。

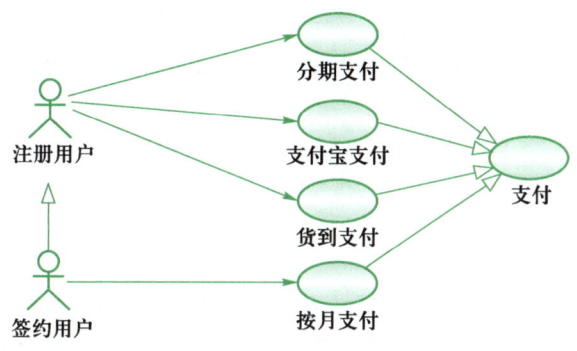

图 2-9　"支付"用例的泛化

　　同样，大家也可以思考一下上文所提及的订餐预约系统，当最终用户提出需要提供多种查询预约方式时，那么"查询预约"这个用例也可以用泛化关系来表示，如图 2-10 所示。

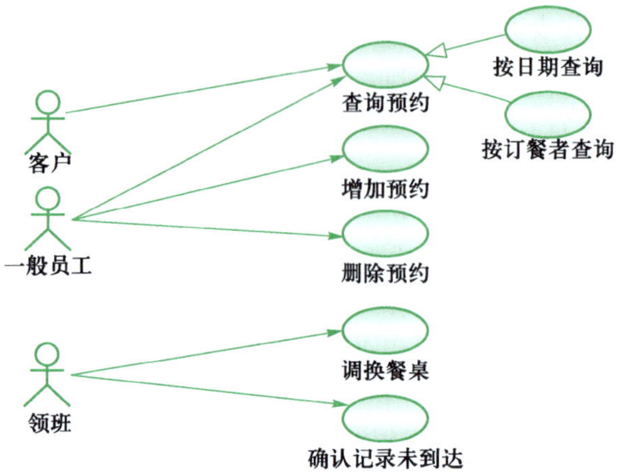

图 2-10 "查询预约"用例的泛化

2.4.2 包含关系

在理解包含关系之前,先来看一下学生个人信息登记系统的用例,如图 2-11 所示。

可以看出无论是添加、修改还是删除学生信息,都需要更新数据库信息,这时"更新数据库"就是一个公共的功能模块,那么就可以用虚线箭头加"<<include>>"字样来表示用例之间的包含关系,如图 2-12 所示。

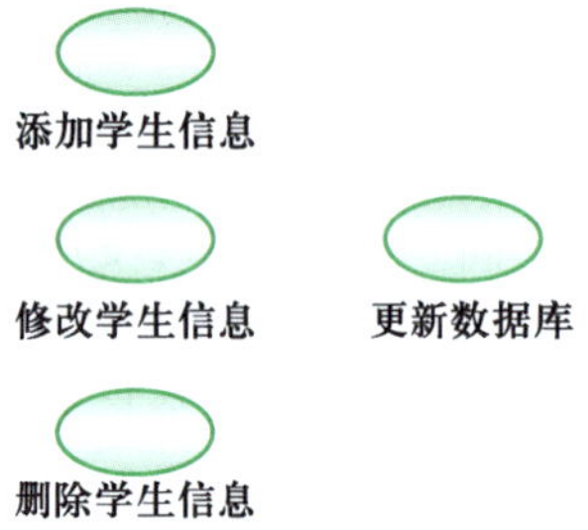

图 2-11 学生个人信息登记系统的用例 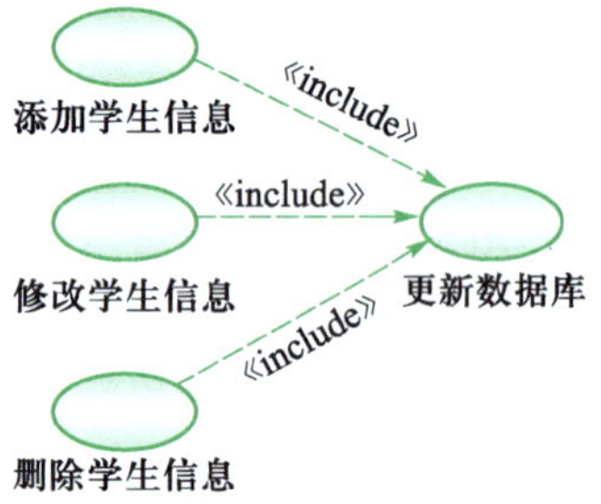　　图 2-12 学生个人信息登记系统用例之间的包含关系

在包含关系中,基本用例吸收了被包含的用例的行为,如果没有后者它将是不完整的。

包含关系的划分有两个好处:一是被包含用例被抽取出来,基本用例得以简化;二是可以抽象出公共事件流,实现功能代码的复用。

2.4.3 扩展关系

与包含关系极为相似的是扩展关系,如果在完成某个功能的时候,有时(偶尔)会执行另一个功能,则用扩展关系来表示。扩展关系表示为虚线箭头加"<<extend>>"字样,箭头指向被扩展的用例。例如,教师在保存成绩时,如果有学生成绩不合格将打印补考通知单,可表示成如图 2-13 所示。

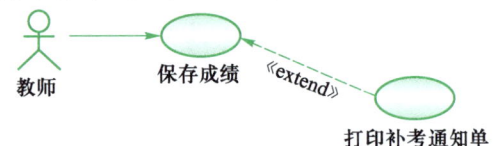

图 2-13 扩展关系

比较图 2-14 和图 2-15 可以发现，两个用例图在"保存成绩"与"确认成绩"用例之间分别使用了包含关系和扩展关系，这时语义出现了明显的不同。图 2-14 表示教师在保存成绩时必须确认成绩；而图 2-15 表示教师在保存成绩时可能只在某些时候必须确认成绩，如出现不及格的情况时。

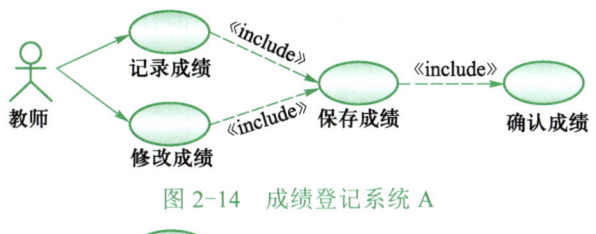

图 2-14 成绩登记系统 A

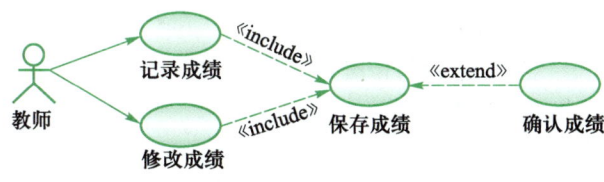

图 2-15 成绩登记系统 B

一般情况下，基础用例的执行不会涉及扩展用例，只有在特定的条件发生时，扩展用例才被执行。因此，在进行系统模型架构时，基础用例的异常处理功能通常用扩展用例来表示。

 【任务实施】

步骤 1：确定系统边界

经过初步分析，书店借书系统包含了借书管理员办理借还书业务和办理会员卡业务，与书店销售系统使用共同的数据库。

步骤 2：识别参与者

回答以下几个问题。

➤ 谁使用系统的主要功能？——借书管理员
➤ 谁改变系统的数据？——借书管理员
➤ 谁从系统中获取信息？——借书管理员和会员
➤ 谁需要系统的支持以完成日常工作任务？——借书管理员
➤ 谁负责维护、管理并保持系统正常运行？——借书管理员
➤ 系统需要处理哪些硬设备？——没有特殊的硬件设施
➤ 系统需要和哪些外部系统交互？——书店销售系统
➤ 谁对系统运行产生的结果感兴趣？——借书管理员和会员
➤ 有无时间、气温等内部或外部条件？——时间

在整个书店借书系统中，系统并不需要给会员提供任何功能，会员业务的操作由借书管理员完成，所以这个系统中只有一个参与者——借书管理员。

步骤 3：识别用例

回答以下几个问题。

➤ 特定参与者希望系统提供什么功能？——会员业务、借还书业务，以及借书完成后打印凭条

➤ 系统是否存储和检索信息，如果是，由哪个参与者触发？——借书管理员

➤ 当系统改变状态时，是否通知参与者？——是

➤ 是否存在影响系统的外部事件？——否

经过分析，在整个书店借书系统中，用例有以下几个：登录、注册会员、注销会员、修改会员信息、查询会员信息、借还书和打印凭条。

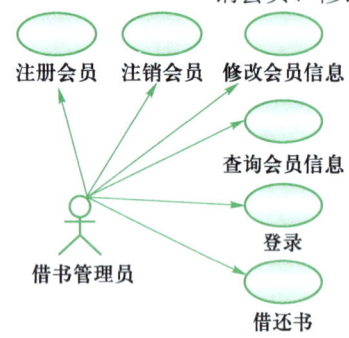

图 2-16　书店借书系统初始用例图

步骤 4：建立用例图

利用刚才所做的分析，提出以下基本用例的优先次序。

① 借还书。

② 注册会员。

③ 查询会员信息。

④ 修改会员信息。

⑤ 登录。

⑥ 注销会员。

构建初始用例图如图 2-16 所示。

 【拓展训练】

拓展训练 1：用例的泛化与特化

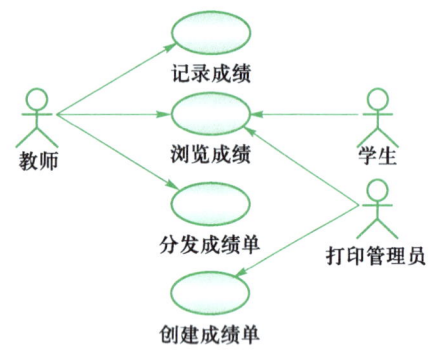

图 2-17　成绩管理系统的用例模型

图 2-17 所示是某成绩管理系统用例模型的一部分，请分析如何处理多个参与者与同样的用例"浏览成绩"相关联的情况。

要点提醒如下。

● 当多个参与者与同一个用例关联时，考虑是否将多个参与者泛化成一个参与者。

● 当多个参与者与同一个用例关联时，考虑是否把该用例特化成不同情况。

究竟使用哪种方案将依赖于实际需求。

拓展训练 2：设计销售网点的用例图

以下是某销售网点的需求，试分析并画出其用例图。

● 系统允许管理员通过从磁盘加载存货数据来运行存货清单报告。

● 管理员通过从磁盘加载、向磁盘保存数据来更新存货清单。

● 销售员记录正常的销售。

● 电话操作员是处理电话订单的特殊的销售员。

● 任何类型的销售都要更新存货清单。

● 如果交易使用信用卡，那么销售员需要核实信用卡。

● 如果交易使用支票，那么销售员需要核实支票。

要点提醒：准确识别参与者和用例，并分析他们之间的关系。

拓展训练 3：手机银行系统的用例建模

由于不同银行的手机银行系统存在着一定的差异性，大家可以根据自己所用的手机银行系统，尝试修改图 2-18 所示的手机银行系统的用例图。

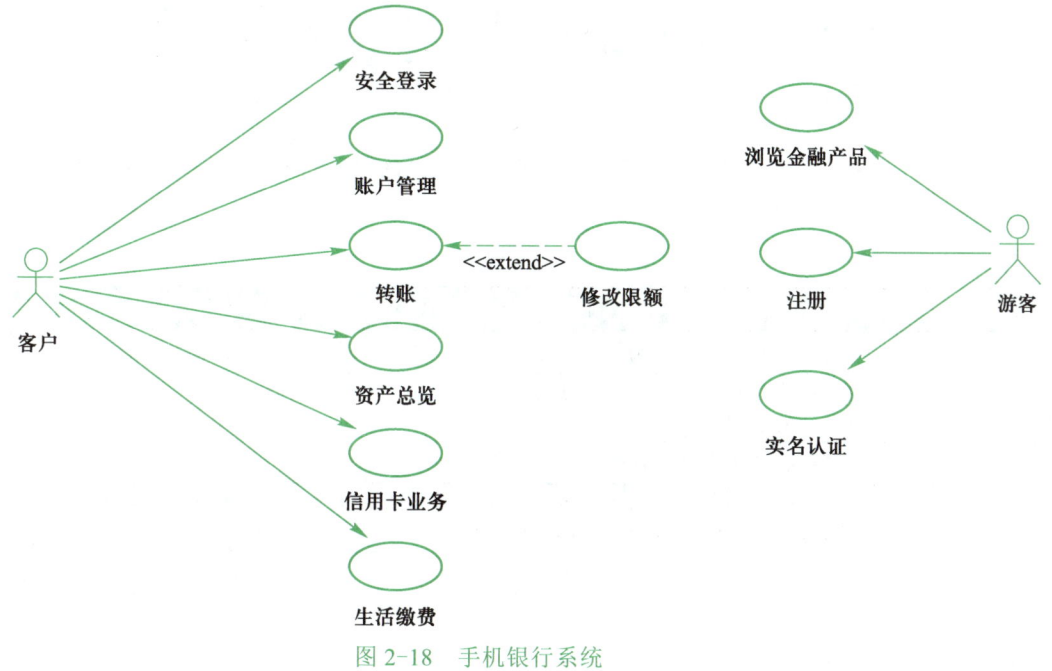

图 2-18 手机银行系统

任务 2 细化系统的功能需求

【任务陈述】

在上一个任务中，通过确定系统边界，识别参与者，识别用例，建立出了书店借书系统的初始用例图，初步描绘了系统的功能需求。但用例图不足以表达更多的细节，在本任务中，将通过用例文档和活动图详细描述书店借书系统的每个用例，以及参与者和用例之间的交互关系。

【知识准备】

用例模型不足以表达系统功能需求的全部信息，对于用例图中的每个用例而言，还需要通过用例文档进行详细的描述。用例文档的主要组成部分如下。

- 用例描述，简要描述用例的主要作用。
- 前置条件，即参与者启动这个用例之前必须完成的所有用例。
- 后置条件，即执行这个用例对系统所做的所有改变。
- 部署约束，即描述访问这个用例的所有约束。
- 事件流，即描述参与者在完成用例的过程中发生的一系列交互行为，一个事件流仅描述用例中的一条路径。事件流有以下 3 种类型。
    - 基本事件流，即通过描述一切都按部就班时的情况来捕捉用例的目标。
    - 可选事件流，即描述由参与者引起的变更。
    - 异常事件流，即描述由系统引起的变更。

微课 2-4
用例文档与活动图

2.5 用例文档与活动图

2.5.1 用例文档

不同企业使用的用例文档在形式和表述上有一定的差异。表 2-2 所示为某公司用例文档模板的示例。

表 2-2 用例文档模板示例

<center>*****用例的用例文档</center>	
用例名	从用户的角度用简明的语言描绘系统的功能，通常使用动词加宾语的结构
用例标识符（可选）	标识符具有唯一性，如"UC1701"，在项目的其他元素（如类模型）中可通过标识符来引用这个用例
用例描述	概要地描述用例的功能
参与者（可选）	与此用例相关的参与者列表。尽管这则信息不包含在用例本身中，但在没有用例图时，它有助于增加对该用例的理解
状态（可选）	指示用例的状态，通常为以下几种之一：进行中、等待审查、通过审查或未通过审查
频率	参与者访问此用例的频率。这是一个自由式问题，如用户每次登录访问一次或每月一次
前置条件	一个条件列表，这些条件必须在访问该用例之前得到满足
后置条件	一个条件列表，这些条件将在用例成功完成以后得到满足
被扩展的用例（可选）	当前用例所扩展的用例列表。通过扩展关系<<extend>>进行关联，表示在一定条件下，向基用例（当前用例）的操作序列中插入附加的操作序列
被包含的用例（可选）	当前用例所包含用例的列表。通过包含关系<<include>>进行关联，表示基用例（当前用例）执行过程中必须要执行被包含用例，否则它将是不完整的
基本事件流	参与者在用例中所遵循的主逻辑路径。它描述了当各项工作都正常进行时用例的工作路径，因此通常称其为主路径 (main path)
可选事件流	用例中满足一定条件下会执行的事件路径，它通常是在变更工作方式、出现异常或发生错误的情况下所遵循的路径
修改历史记录（可选）	关于用例的修改时间、修改原因和修改人的详细信息
问题（可选）	与此用例的开发相关的问题或操作项目的列表
补充说明	记录其他需要说明的内容

下面再介绍一个简化的用例文档模板（本书中出现的用例文档均用此模板书写），它只包含以下几项内容。

- 用例编号。
- 用例名。
- 用例描述。
- 参与者。
- 前置条件。
- 后置条件。
- 事件路径。
- 扩展点。
- 补充说明。

事实上，在描述每个用例的事件路径并试图描述前置条件和部署约束时，往往会发现一些其他的问题和事务，从而进一步完善用例模型。下面阅读两份用例文档，希望大家能从中获得启发。

1. ××银行手机银行系统"转账"用例的用例文档示例

用例编号：002。

用例名：转账。

用例描述：客户通过手机银行将账户上指定的金额转给对方账户。

参与者：客户。

前置条件：客户已登录。

后置条件：系统记录下此次交易，向银行系统提交转账，从当前账户中扣除指定金额。

事件路径：

1. 客户选择转账。

2. 系统提示客户选择转账类型。

3. 客户选择银行账号转账。

4. 系统提示输入转账信息（收款人户名、账号、银行，转账金额，[短信通知]，[转账附言]），提示选择付款卡。

5. 客户输入和选择转账信息。

6. 系统校验转账信息，识别并显示收款账号对应的银行，并记录下提示信息。

7. 系统提示输入取款密码。

8. 客户输入取款密码。

9. 系统验证密码

10. 系统提交转账。

11. 系统记录此次交易信息，显示转账成功，并显示提示信息。

3a. 客户选择手机号转账。

3a1. 系统提示输入收款人姓名、手机号。

3a2. 客户输入收款人姓名、手机号。

3a3. 系统识别收款人手机号关联的银行卡。

3a3a. 该手机号未关联银行卡。

3a3a1. 系统显示提示信息（该手机号尚未关联银行卡，需收款人在次日 21:30 之前回复卡号收款，否则资金将自动退回）。

3a3a2. 系统提示输入转账金额。

3a3a3. 客户输入转账金额。

3a3a4. 系统验证转账信息，并记录下对方手机号未关联银行卡的提示信息。

3a3a5. 返回 7。

3a4. 系统显示收款信息（收款人姓名、手机号、银行卡），提示输入转账金额、[转账附言]。

3a5. 客户输入转账金额、[转账附言]。

3a6. 系统验证转账信息，并记录下提示信息。

3a7. 返回 7。

*a. 用户取消操作。

　　*a1. 系统记录下此次操作。

　　*a2. 系统退出登录。

补充说明：

1. 客户可以在任何一步取消操作，出于安全性考虑，这时系统将退出登录状态。

2. 系统设置有当年、当天和单次转账的限额，若超出限额，将提示客户修改设置，待修改完成后重新进行转账。

3. 当完成此次交易转账成功时，系统显示提示信息（转账成功即时到账 | 转账成功24小时内到账 | 转账成功，该手机号尚未关联银行卡，若收款人在次日21:30之前未回复卡号收款，则资金将自动退回）。

4. 系统记录此次操作的时间、持卡人信息、转账金额、类型、对方账户等信息。

2. 订餐预约系统"增加预约"用例的用例文档示例

用例编号：002。

用例名：增加预约。

用例描述：酒店一般员工为顾客增加一次订餐的预约。

参与者：一般员工。

前置条件：注册用户已登录。

后置条件：存储预约信息。

事件路径：

1. 接待员输入要预约的日期。

2. 系统显示该日的预约。

3. 有一张合适的餐桌可以使用，接待员输入顾客的姓名和电话号码、预约的时间、用餐人数和餐桌号。

　　3a. 没有合适的餐桌可以使用。

　　　　3a1. 用例终止。

4. 系统记录并显示该预约。

　　4a. 输入的预约人数多于餐桌能容纳的人数。

　　　　4a1. 系统发出一个警告信息，询问用户是否想要继续预约。

　　　　　　4a1a. 如果回答"否"，用例将不进行预约而终止。

　　　　　　4a1b. 如果回答"是"，预约将被输入，并附有一个警告标志。

在分析用例和书写用例文档时，要注意以下几个问题。

① 前置条件必须是系统在用例开始前能检测到的。因此，在上面的手机银行系统"转账"用例中，"用户账户里有足够余额"就不是"转账"用例的前置条件，因为它无法事先被系统检测到。

② 后置条件是这个用例执行后对系统产生的所有改变。

③ 事件路径的书写尽量使用主动句，以参与者或系统为主语，不要涉及软件实现的细节（如选择菜单、单击按钮或修改数据库等）。

④ 事件路径的扩展点一般是由参与者或系统引起的变更而形成的事件流。

2.5.2　活动图

在整个用例建模过程中，用例文档可以帮助用户完整地理解创建系统时的用例设计任务，但有些用例却也因为事件流太过复杂、文档庞大而不易看清整个脉络，这时可以借助 UML 中的活动图来描述用例。

活动图用于描述系统、子系统、用例和程序模块中的工作流，帮助理解系统高层活动的执行过程。

1. 活动图的主要组件

活动图的主要组件符号如图 2-19 所示。

一个活动图必然有一个开始状态，至少有一个结束状态；转移用来表示活动或状态间的控制流，有分支时要在分支路径中注明分支条件；分岔用来开始并行处理；联结用于把并行处理转换为单个处理。

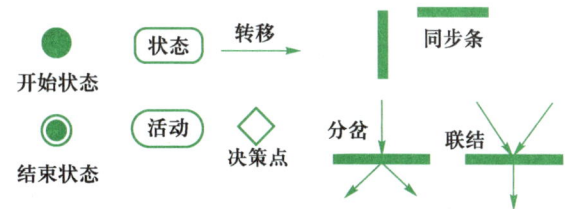

图 2-19　活动图的主要组件符号

活动图可以清晰地表示用例的事件路径。图 2-20 所示是一卡通用户"刷卡开门"用例的活动图。该活动图进一步建模如图 2-21 所示。

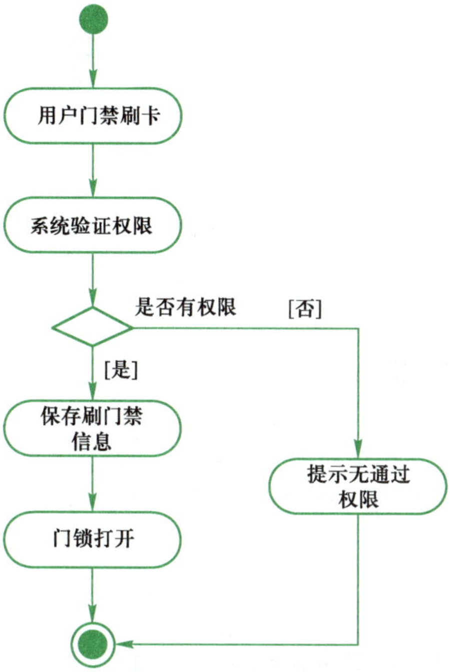

图 2-20　一卡通"刷卡开门"用例的活动图（版本 1） 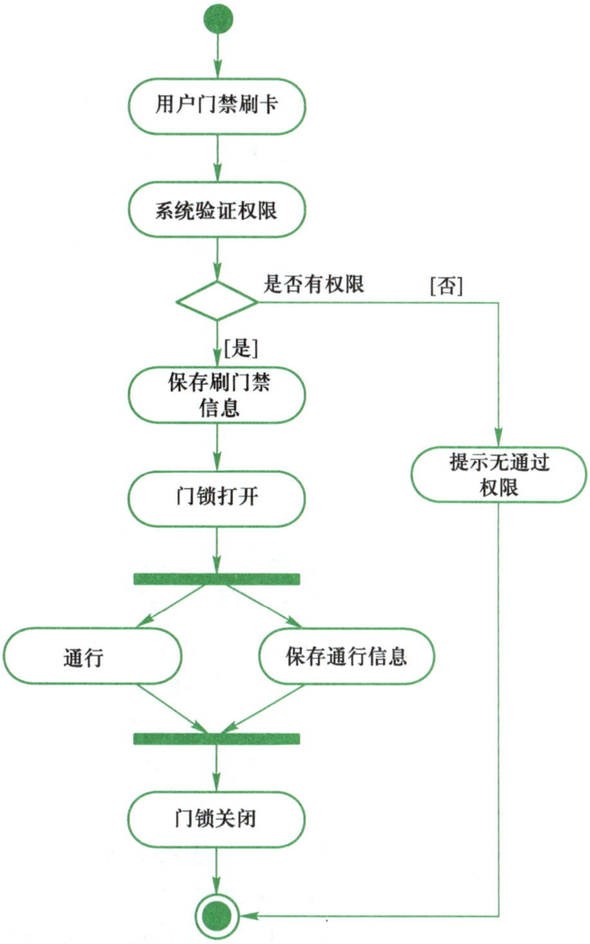　　图 2-21　一卡通"刷卡开门"用例的活动图（版本 2）

可以使用"游泳道"将活动图的活动状态分组,每一组表示负责那些活动的业务组织,直接显示动作在哪一个业务组织中执行,每一个活动都只能明确地属于一个"泳道"。如图 2-22 所示,是一卡通用户"刷卡开门"用例划分了"游泳道"之后的活动图。

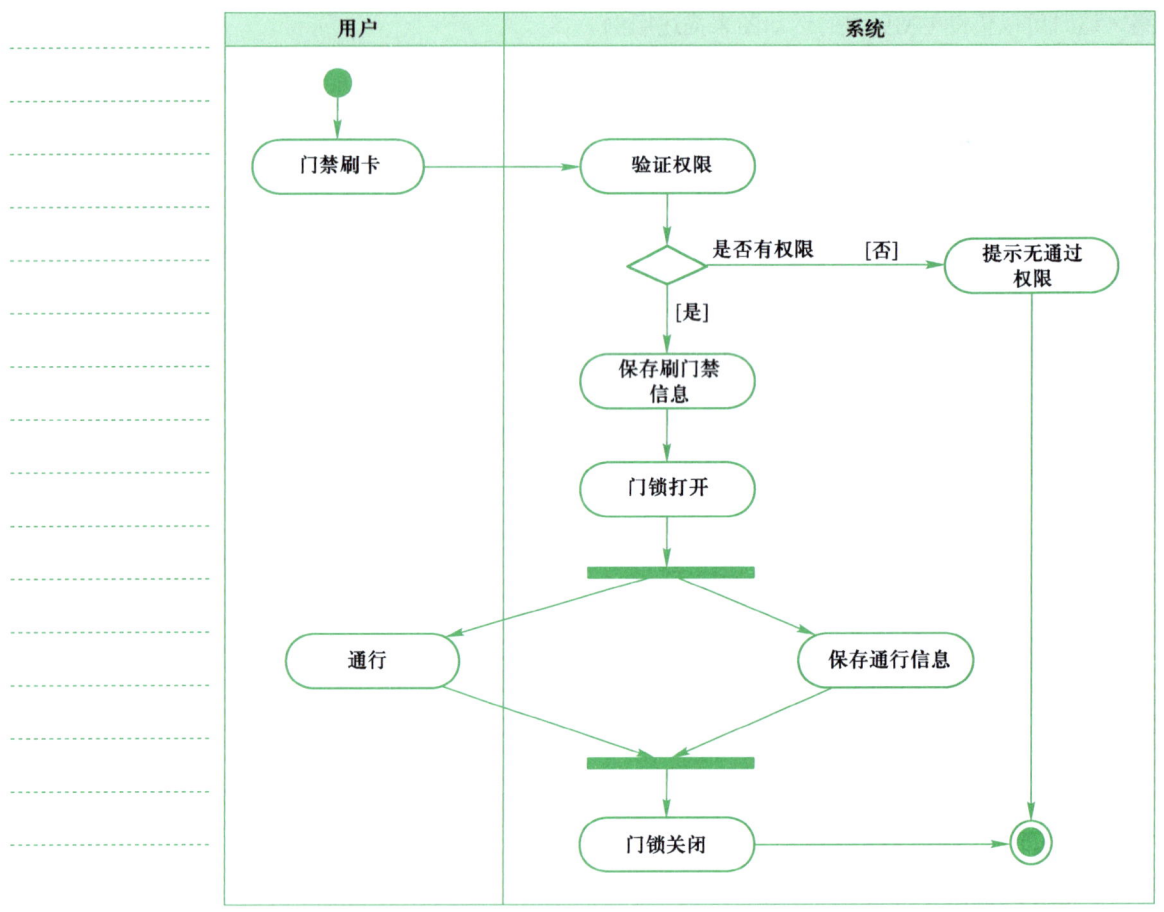

图 2-22 一卡通"刷卡开门"用例划分了游泳道后的活动图

2. 如何建模活动图

建模活动图的步骤如下。

① 定义活动图范围,确定开始和结束状态。

② 添加活动,建模主路径。

③ 寻找分支和并行的情况,建模扩展路径。

④ 根据需要划分"游泳道"。

3. 餐馆订餐系统的"记录预约"用例活动图的建模

在餐馆订餐系统的用例模型(见图 2-23)中,"记录预约"用例的事件路径如下。

1. 接待员输入要预约的日期。

2. 系统显示该日的预约。

3. 有一张合适的餐桌可以使用,接待员输入顾客的姓名和电话号码、预约的时间,以及用餐人数和餐桌号。

3a．没有合适的餐桌可以使用。

　　3a1．用例终止。

4．系统记录并显示该预约。

　　4a．输入的预约人数多于餐桌能容纳的人数。

　　　　4a1．系统发出一个警告信息，询问用户是否想要继续预约。

　　　　　　4a1a．如果回答"否"，用例将不进行预约而终止。

　　　　　　4a1b．如果回答"是"，预约将被输入，并附有一个警告标志。

建模主事件流如图 2-24 所示。

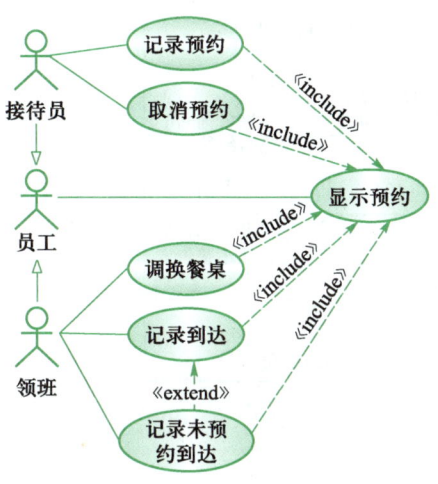

图 2-23　餐馆订餐系统的用例图

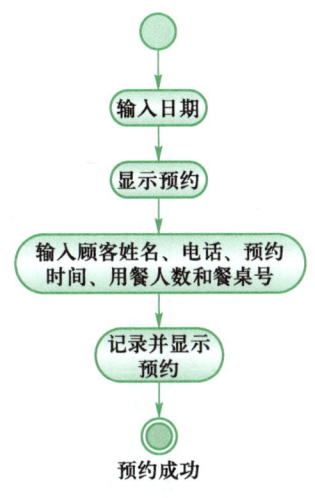

图 2-24　建模主事件流

建模扩展事件流如图 2-25 所示。

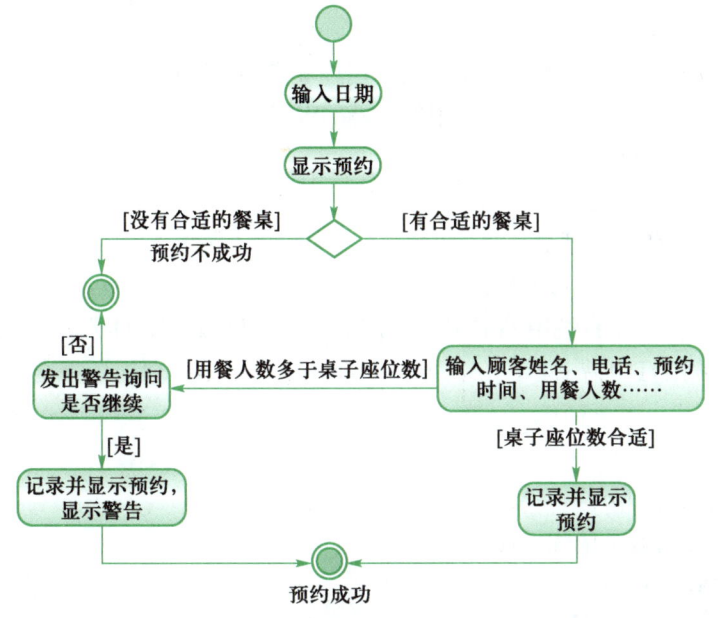

图 2-25　建模扩展事件流

划分"游泳道"后的活动图如图 2-26 所示。

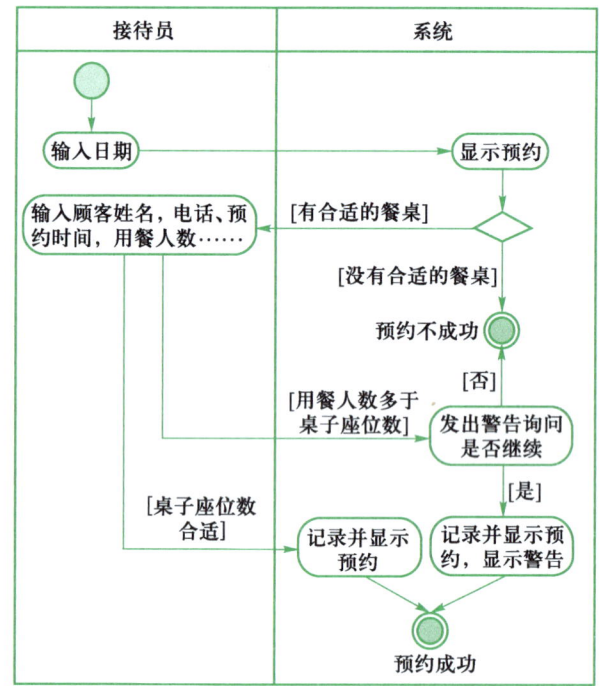

图 2-26 划分"游泳道"后的活动图

 【任务实施】

书写用例文档

对于书店借书系统的每个基本用例都需要书写用例文档，这里仅以"借还书"用例为例，以供参考。

注：篇幅所限，这里不列出用例文档逐步完善的过程，仅给出得到用户和开发人员达成一致的用例模型以后用例文档的最终结果。

用例编号：001。

用例描述：借还书。

参与者：借书管理员。

前置条件：借书管理员已注册登录。

后置条件：在系统中添加或删除借阅记录，修改书籍的状态信息，若执行了借书业务则打印借书单，在需要时处理补收押金或处理退还押金，记录下本次业务。

事件路径：

1. 借书管理员执行"查询会员信息"用例。

2. 借书管理员消除已还书的信息。

  2a. 不还书。

    2a1. 返回 3。

  2b. 上次借书时有补收的押金。

　　　　2b1．执行"退还押金"用例。

　　　　2b2．返回 3。

　　　2c．所还书损坏或丢失。

　　　　2c1．执行"照价购买"用例。

　　　　2c2．返回 3。

3．借书管理员输入所借书的条形码。

　　3a．不借书。

　　　　3a1．返回 4。

　　3b．所借书超出限额部分少于 10 元。

　　　　3b1．执行"补收押金"用例。

　　　　3b2．返回 4。

　　3c．所借书超出限额部分多于 10 元。

　　　　3c1．用例终止。

　　3d．借书卡距离有效期不足 30 天。

　　　　3d1．执行"即将到期提醒"用例。

　　　　3d2．返回 4。

　　3e．借书卡超期。

　　　　3e1．用例终止。

4．系统显示该卡当前所借的所有书籍的信息（书名、价格和日期）。

5．借书管理员打印借书单。

补充说明：

1．需要借书或还书时才会执行该用例。

2．系统会根据图书条形码自动检索到该书的详细信息。

3．借书单是读者拿书出门的依据。

【拓展训练】

拓展训练 1：设计自动售货机的活动图

　　画活动图表示以下自动售货机的工作过程：系统显示当前可购买的饮料种类；顾客选择要购买的饮料及数量（默认数量为 1）；顾客确认选项；如果机器无法送出饮料，则系统提示顾客想购买的饮料缺货，要求顾客重新选择，否则系统输出饮料总金额，提示顾客扫码支付，显示支付码；顾客扫码支付；若支付成功，系统送出饮料，提示顾客取走饮料，否则系统提示支付不成功，取消此次交易；最后（若支付成功），顾客得到饮料。

拓展训练 2：设计"约谈客户"用例的活动图

　　过程：一个咨询公司会见一个客户时的业务过程。

① 公司业务员打电话给客户，确立约定。

② 如果约定在公司内，公司技术人员为会议准备会议室。

③ 如果约定在公司之外，咨询顾问就要用计算机准备一份陈述报告。

④ 咨询顾问和业务员与客户在约定的时间和地点见面。

⑤ 业务员随后给他们准备好会议用纸。

⑥ 如果会议产生了一个问题陈述，咨询顾问就根据问题陈述编写一个提案并把该提案发给客户。

请设计上述过程的活动图。注意上文描述的是一段业务流程，因此建模的活动图属于业务模型，而不是软件模型。

拓展训练 3：建模"取款"用例的活动图

根据 2.5.1 节中手机银行系统"转账"用例文档中的事件路径，建模该用例的活动图。

拓展训练 4：书写书店借书系统的用例文档

书写书店借书系统中的"登录""注册会员"和"注销会员"等几个用例的用例文档，以资练习。

拓展训练 5：建模书店借书系统中"借还书"用例的活动图

根据书店借书系统中的"借还书"的用例文档，建模该用例的活动图。

任务 3　重构系统的功能需求模型

【任务陈述】

在上一个任务中，通过用例文档和活动图详细描述了书店借书系统的每个用例，以及参与者和用例之间的交互关系。在整个用例模型的建立过程中，开发者和客户可以达成对系统的初步共识。但用例建模的过程本身就是一个反复迭代和逐步精化的过程，所以在进一步的开发中，还必须对用例进行评估，对用例模型进行不断的修改与完善。

在本任务中，请根据之前书写的书店借书系统的用例文档和活动图重构系统用例模型，精化完善用例模型。

【知识准备】

2.6　重构系统的用例模型

一般从以下几个方面来判断和评估用例的合理性。

如果对以下问题都回答"是"的话，那么这个用例就是合理的；否则，这个用例需要拆分为几个小的用例。

- 这个用例是否能够带来一个独立的好处？
- 是否可以用简洁的文字来描述这个好处？
- 参与者是否能够仅通过一次会话就完成这个用例？

- 能否想象在一个连贯的测试计划中，这个用例将是一个测试用例？

如果对以下问题都回答"是"的话，那么这个用例就是有效的和独立的；否则，这个用例实际上可能是其他用例的一个部分。

- 参与者是否得到了明确的信息或者以某种可度量的方式改变系统？
- 执行这个用例之后，参与者是否可以在确定的时间内停止使用这个系统？

另外，描述用例是否使用了技术语言，而非业务语言。技术语言的使用不易于客户的理解。依据这个原则，上文的订餐预约系统用例图中的"增加预约"和"删除预约"改为"记录预约"和"取消预约"更为合适。

经过修改、分析和调整，画出订餐预约系统的最终用例图如图 2-27所示。

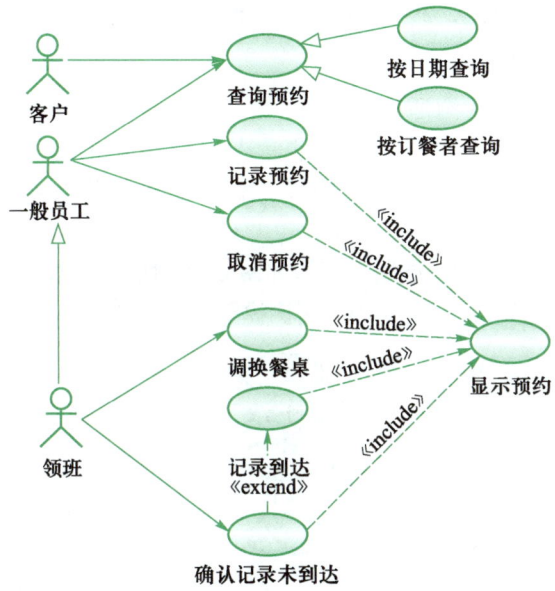

图 2-27　订餐预约系统的最终用例图

【任务实施】

通过关系整理用例

1. 第一次整理

通过整理关系，发现还有以下几个用例与"借还书"用例相关。

① 打印借书单（包含关系）。

② 退还押金（扩展关系）。

③ 补收押金（扩展关系）。

④ 即将超期提醒（扩展关系）。

于是，可以得到如图 2-28 所示的顶层用例模型。

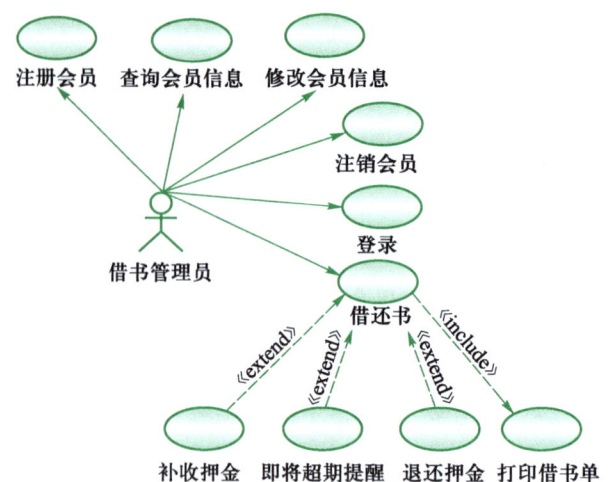

图 2-28 书店借书系统的顶层用例模型

2. 第二次整理

在和用户进行再次沟通的过程中,用户认为超期提醒不是针对借还书时的书籍,而是针对会员的借书卡。也就是说,借还书时实际上是通过查询会员信息获知借书卡是否超期,同样,也是通过查询会员信息验证该卡是否还能借书。

最终大家达成一致的基层用例模型如图 2-29 所示。这时,需要对先前的用例文档进行相应的修改,保证和当前用例模型的一致性。

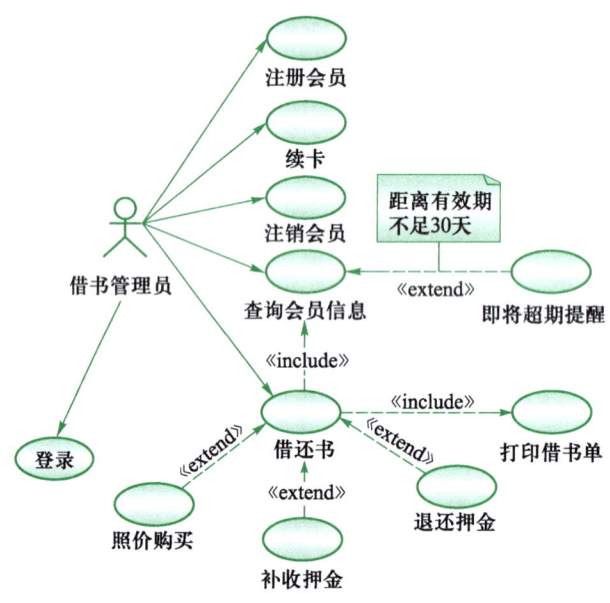

图 2-29 书店借书系统最终的基层用例模型

 【拓展训练】

精化完善书店借书系统的用例文档

精化完善书店借书系统中的"登录""注册会员"和"注销会员"等几个用

例的用例文档，以供练习。

任务 4 用例模型的分层分包处理

【任务陈述】

Windows 操作系统自带的"画图"软件是大家熟悉的一个应用程序，它的参与者就是系统的用户，但用例的识别却没有那么简单，请根据用例图的分包原则，利用用例图的子图表达"画图"软件各个角度的细节，完成用例建模。

【知识准备】

2.7 整理用例模型的层次

2.7.1 建立用例模型的步骤

整个用例模型的创建过程是一个迭代的过程，下面将用例模型的一般步骤总结如下。

① 确定系统边界。

② 识别参与者。

③ 识别用例。

④ 区分用例的优先次序。

⑤ 书写用例文档。

⑥ 通过关系整理用例（确定泛化、包含和扩展关系）。

微课 2-5
绘图软件的用例建模

2.7.2 用例模型的分包原则

按照用例建模的 6 个常规步骤来进行，会使得需求分析这个工作简单许多。另外，当模型组件较多时，可以利用包进行分组；也可以通过子图表达各个角度的细节，将模型理出层次。其步骤如下。

● 顶层用例图用零级用例表示。

● 对零级用例进行细化，该层为一级用例。

● 对每个一级用例进行细化，并向下以此类推。

微课 2-6
用例模型_功能复杂的
系统

【任务实施】

下面来看一下"画图"软件整个用例建模的过程。

步骤 1：确定系统边界

由于这个系统已经创建好了，不必再根据需求信息确定系统边界，这个问题已经转化为"如何通过用例模型准确表达出系统的边界"。

Windows "画图"软件的基本功能除了绘图外，还有编辑图像和文件操作等。由此得到该系统的初始用例图如图 2-30 所示。

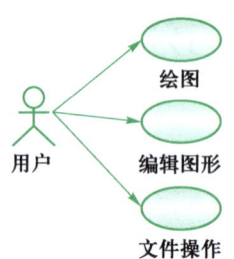

图 2-30 "画图"软件的初始用例图

基本功能已初步明确了系统边界，在此基础上进一步做后续的分析，以达到准确表达系统边界的目的。

步骤 2：识别参与者

此系统的参与者只有一个，即系统的用户。

步骤 3：识别用例

运用 2.3.1 节中介绍的方法，并结合软件的使用，将"编辑图形"分解为"编辑画布""编辑图像"和"调色"，并对它们加以细化，如图 2-31 所示。

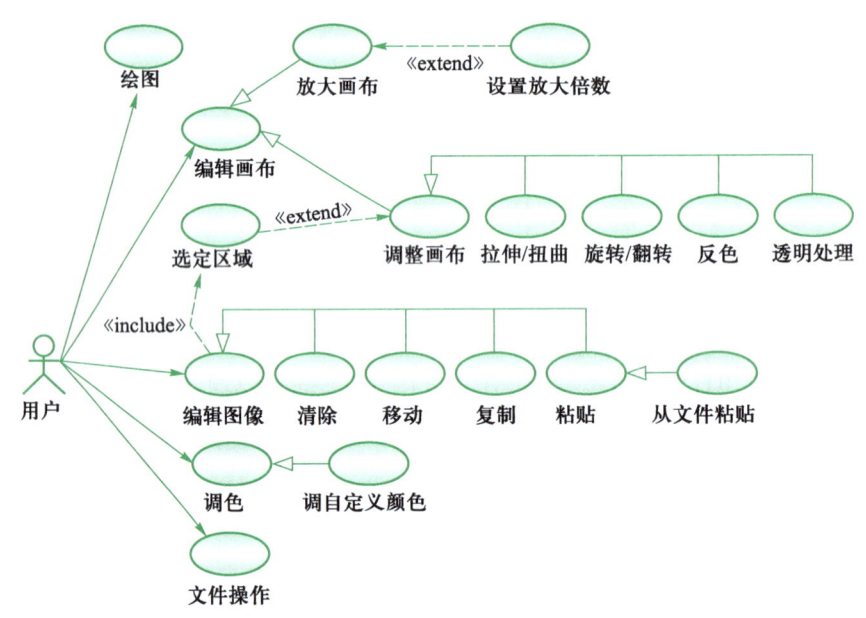

图 2-31 "画图"软件的主要功能用例图

这时，用例已经有了一定的数量，也有了层次，有必要对它们分类存放，即分包，如图 2-32 所示。在这个过程中又发现了一些用例，如图 2-33 所示。

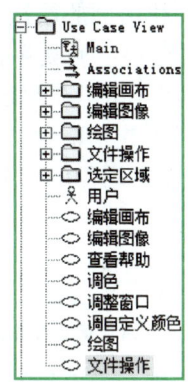

图 2-32 "画图"软件分包后的用例管理

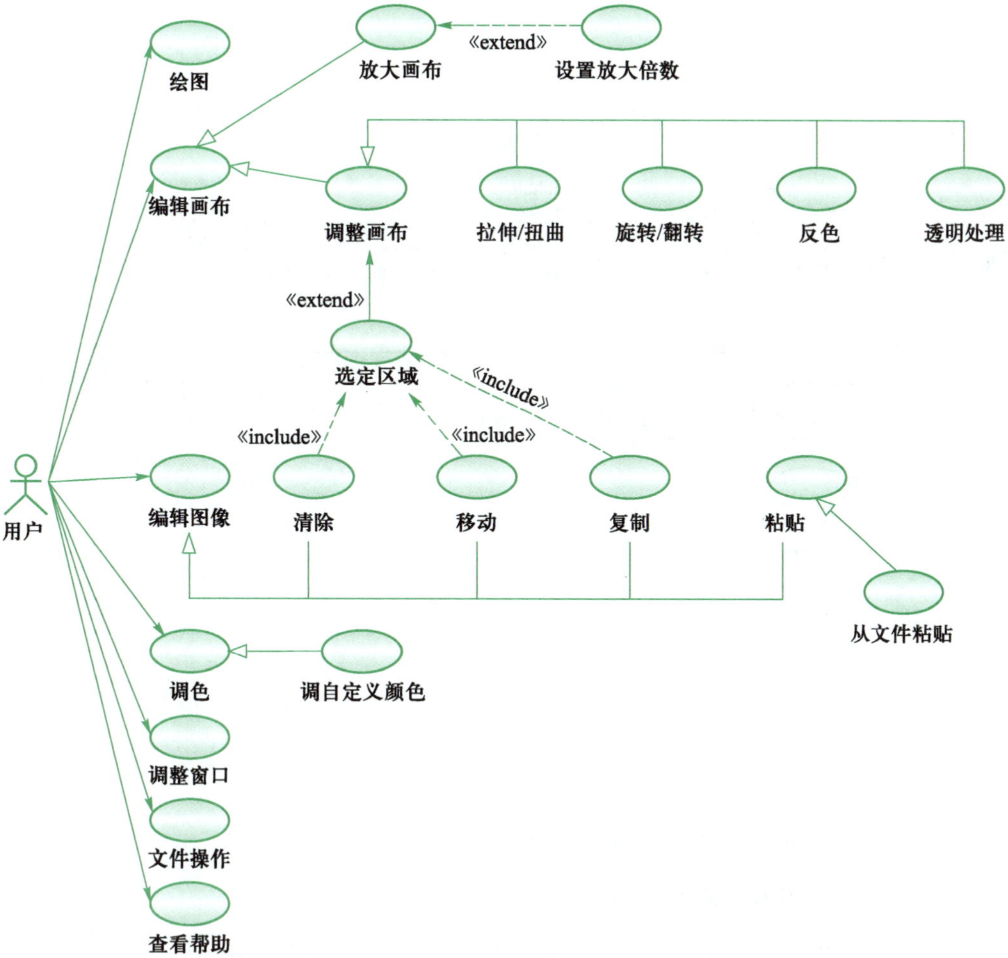

图 2-33 "画图"软件再次细化的用例图

步骤 4：区分用例的优先次序

随着识别的用例越来越多，需要区分出各个用例的优先次序。这里通过编号的方法标出各用例的优先次序和用例的层次。需要强调一点的是,在使用用例进行需求建模时,其软件开发过程遵循喷泉模型,随着认识的深入,在每个步骤里都可以进一步梳理细化用例,这里在整理用例的优先次序时,发现用"调整窗口"作为用例名无法表达用例的完整含义,故将其更名为"布局窗口",如图 2-34 所示。编号的序列反映了用例的优先级,编号的级别反映了用例的层次和主从关系。

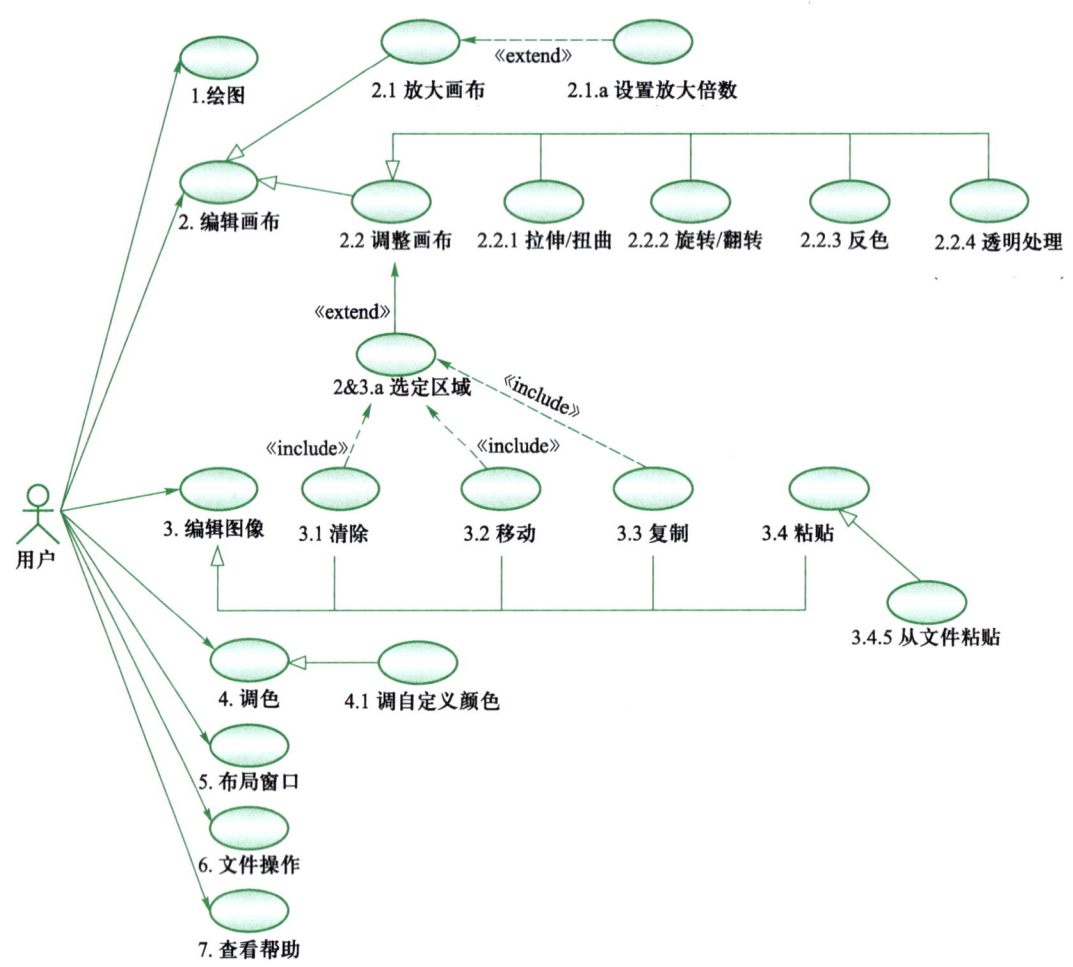

图 2-34 标识出优先级的"画图"软件用例图

步骤 5:书写用例文档(略)

步骤 6:通过关系整理用例

至此,已经完整地表达出了系统的功能。但这样一张用例图过于庞大,主次也不够分明。于是将编号与颜色结合起来,并分解出用例图的层次,再次整理后得到如图 2-35~图 2-41 所示的用例模型。

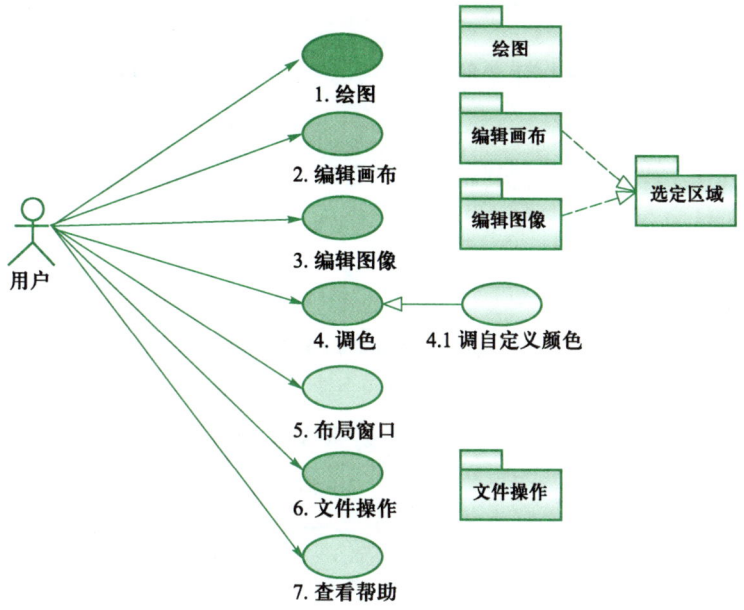

图 2-35　"画图"软件的顶层用例图及包图

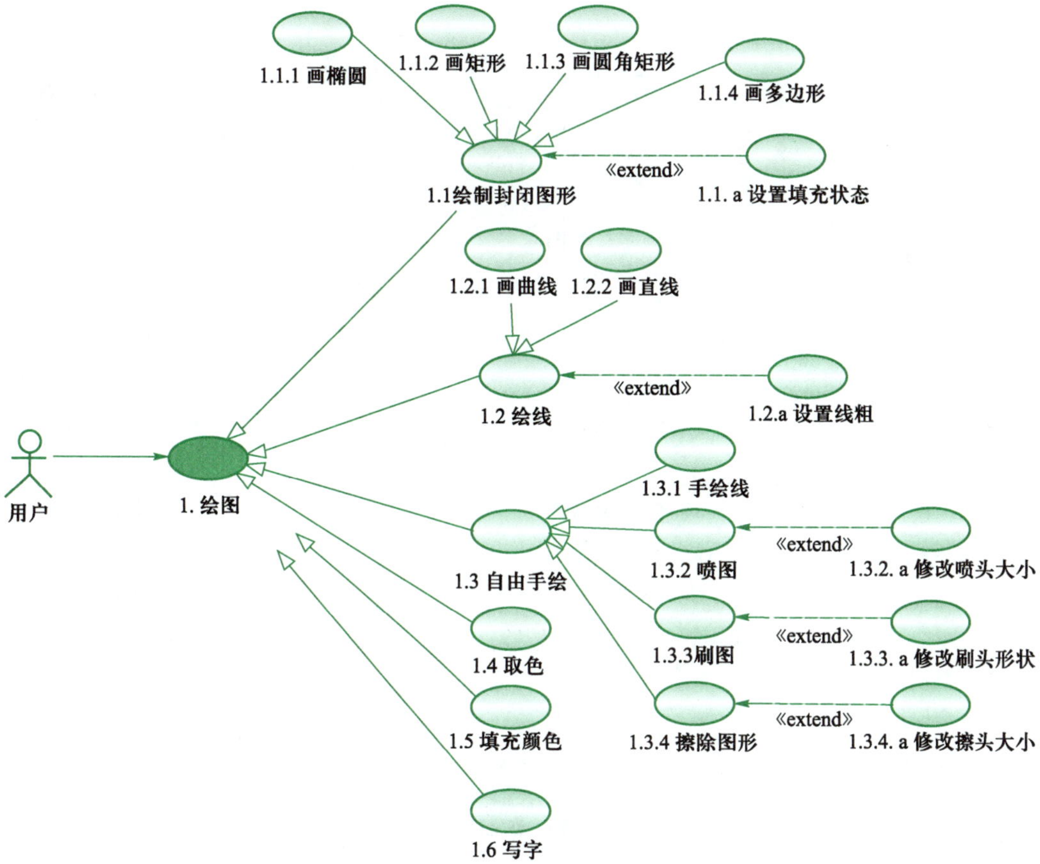

图 2-36　"绘图"子功能的用例图

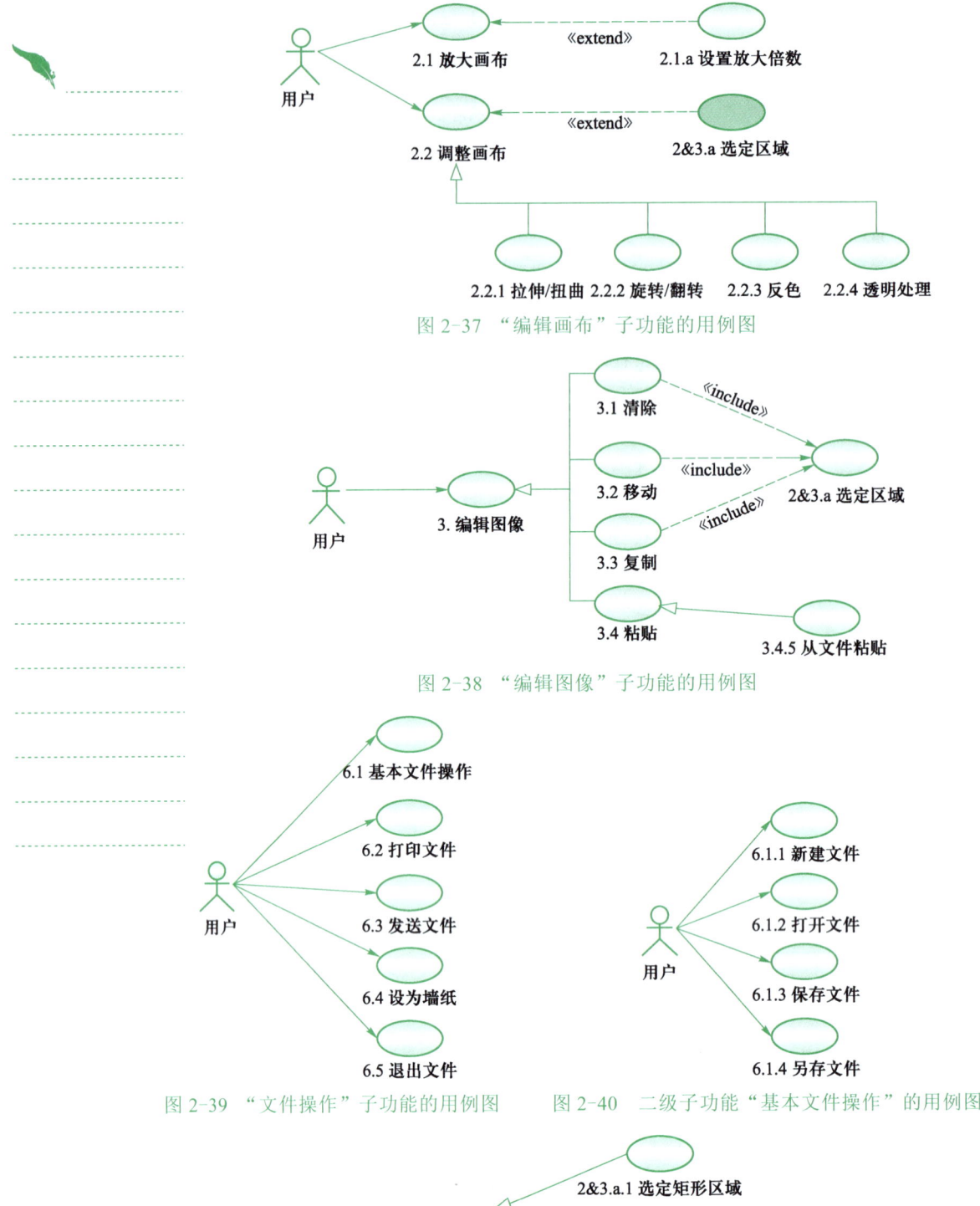

图 2-37 "编辑画布"子功能的用例图

图 2-38 "编辑图像"子功能的用例图

图 2-39 "文件操作"子功能的用例图　　图 2-40 二级子功能"基本文件操作"的用例图

图 2-41 扩展用例"选定区域"的用例关系图

　　划分了子图之后,一方面对整个系统的主要功能有了更清楚的理解,另一方面也有助于更好地把握各个子功能。

【拓展训练】

重构用例模型

阅读"收银"用例文档，利用用例模型的分包原则，重构用例模型。

收银用例的用例文档

用例名：收银。

主要参与者：收银员。

项目相关人员及其兴趣。

- 收银员：希望能够准确、快速地输入，而且没有支付错误，因为收银员如果少收了钱，就要从他的薪水中扣除相应的金额。
- 售货员：希望自动更新销售提成。
- 顾客：希望购买过程能够省力，并得到快速的服务。希望得到购买证明，以便退货。
- 公司：希望准确地记录交易，并满足顾客的要求。希望保证支付授权服务的信息被记录。希望有一定的容错性，即使某些服务暂时不可用（如远程信用卡验证）也能允许收款。希望能够自动、快速地更新账目和库存信息。
- 政府税务机关：希望能从每笔交易中抽取税金。可能存在多个税务机关，比如国家级、省级、市级。
- 支付授权服务：希望按照正确的格式和协议收到数字授权的请求。希望准确计算出给予商店的应付款。

前置条件：收银员必须已经被识别和授权。

后置条件：存储销售信息，准确计算税金，更新账目和库存信息，记录提成，生成收据，记录支付授权服务的许可。

基本事件流：

（顾客携带购买的商品或服务到达 POS 机收费口。）

1. 收银员开始一次新的销售。

2. 系统等待收银员输入商品信息。

3. 收银员输入商品的标识。

4. 系统记录单件商品，并显示该商品的描述、价格和累加值。价格可以根据一套定价规则来计算。

收银员重复 2～4 步，直到结束。

5. 系统显示总值并计算税金。

6. 收银员请顾客付款。

7. 顾客支付，系统处理支付。

8. 系统记录完整的销售信息，并将销售和付款信息发送到外部的记账系统（进行记账和提成）和库存系统（更新库存）。

9. 系统打印收据。

（顾客带着商品和收据离开。）

扩展事件流：

*a. 任何时刻，发生以下状况，系统将失败。（注：此处*代表 1～9 任何一个

步骤都可以发生此扩展事件流。）

为了支持恢复操作和正确的记账，要保证所有交易的敏感状态和事件都能够从场景中的任何一步中完全恢复。

　　*a1. 收银员重启系统，登录，请求恢复上次状态。

　　*a2. 系统重建之前的状态。

　　　　*a2a. 系统恢复过程中检测到异常。

　　　　　　*a2a1. 系统向收银员指示错误，记录此错误，并进入一个清空状态。

　　　　　　*a2a2. 返回 1。

3a. 非法标识。

　　3a1. 系统指示商品标识错误并拒绝输入。

　　3a2. 返回 2。

3b. 有多个具有相同商品类别的商品（如 5 瓶矿泉水），不需要跟踪每个商品的唯一身份。

　　3b1. 收银员输入商品类别的标识和数量。

　　3b2. 返回 2。

3~6a. 顾客要求收银员从已输入的商品中去掉一个商品。

　　3~6a1. 收银员输入商品标识并将其删除。

　　3~6a2. 系统显示更新后的累加值。

3~6b. 顾客要求收银员取消交易。

　　3~6b1. 收银员在系统中取消交易。

　　3~6b2. 用例结束。

3~6c. 收银员暂停销售。

　　3~6c1. 系统记录销售信息，使收银员能够在任何一台 POS 终端上恢复操作。

4a. 系统生成的商品价格不是顾客想要的价格（顾客抱怨太贵，要求减价）。

　　4a1. 收银员重写价格。

　　4a2. 系统显示新的价格。

5a. 系统检测到与外部的税金计算系统的通信故障。

　　5a1. 系统在 POS 机节点上重启此业务，并继续。

　　　　5a1a. 系统检测到服务无法重启。

　　　　　　5a1a1. 系统指示错误发生。

　　　　　　5a1a2. 收银员手工计算税金并输入，或取消此销售。

5b. 顾客声称他们符合打折条件（如雇员或优先顾客）。

　　5b1. 收银员发出打折请求。

　　5b2. 收银员输入顾客的个人身份信息。

　　5b3. 系统按照打折条款给出折扣价。

7a. 现金支付。

　　7a1. 收银员输入收取的现金数额。

　　7a2. 系统给出应找的金额，并弹出现金抽屉。

　　7a3. 收银员放入收取的现金，并拿出应找的金额给顾客。

　　7a4. 系统记录现金支付。

7b. 信用卡支付。

 7b1. 顾客输入信用卡账号。

 7b2. 系统向外部的信用卡授权服务系统发送支付授权请求，并请求批准此支付。

  7b2a. 系统检测到与外部系统的通信故障。

   7b2a1. 系统向收银员指示发生了错误。

   7b2a2. 收银员请求更换支付方式。

 7b3. 系统收到批准付款的指示，并向收银员指示付款被批准。

  7b3a. 系统收到拒绝付款的指示。

   7b3a1. 系统向收银员提示付款被拒绝。

   7b3a2. 收银员请求更换支付方式。

 7b4. 系统记录信用卡支付，其中包括支付的批准。

 7b5. 系统给出信用卡支付的签名输入机制。

 7b6. 收银员要求顾客进行信用卡支付签名。顾客签名。

7c. 支票支付……

7d. 记账支付……

7e. 顾客出示优惠券。

 7e1. 在付款之前，收银员记录每张优惠券，并从系统中扣除相应的价值。系统记录已使用的优惠券以备记账之用。

  7e1a. 输入的优惠券不适用。

   7e1a1. 系统向收银员提示错误。

   7e1a2. 返回 7。

9a. 有的商品有回扣。

 9a1. 系统记录和处理回扣，并为每个回扣商品提供回扣收据。

9b. 顾客要求礼物收据（即收据上不显示价格）。

 9b1. 收银员请求礼物收据，系统给出礼物收据。

单元小结

  用例模型是分析功能需求的一个有力工具，它由用例图和每个用例的文档组成。用例图可以可视化地表达出用例功能，使需求分析员与用户之间的交流更加容易。在用例图中，用例的表示符号是一个椭圆，参与者的表示符号是一个直立人形，参与者与用例之间用关联线连接，通常用例都位于表示系统边界的矩形框之中。

  用例之间存在各种关系：包含关系用带关键字<<include>>的带箭头的虚线表示；扩展关系用带关键字<<extend>>的带箭头的虚线表示；还有一种泛化关系，表示一个用例继承了另一个用例的属性和行为。

  分析过程开始于同客户交谈，产生系统高层用例图。用例图在分析过程中起着很重要的作用，它能反映系统基本的功能需求。但要创建完整的用例模型，还要对每个高层用例进行细化，建立用例文档。对于复杂的系统，可以先画出表达系统整体功能的顶层用例模型，再画出各个功能的用例模型子图。用例模型是后期设计和开发的基础。

文本
单元 2 其他资源

拓展阅读
结构化程序设计
方法学

项目实训

完成"学生成绩管理系统"的用例模型

在上一单元中，已经根据学生成绩管理系统的需求得出初始用例模型，现在请进一步分析该系统的功能，完成整个学生成绩管理系统的用例模型。

注意，现阶段只需要分析系统最基础、最核心的功能即可。请注意保存原始资料和得到的模型，将在后继任务中逐步迭代，做进一步的分析。

单元 3
系统的静态建模

学习目标

【知识目标】

- 掌握类图的标记符组件，以及如何建模类和建模类图
- 理解如何表现类的特性、职责和约束，以及类之间的关系
- 了解如何建模对象图和包图

【能力目标】

- 能根据具体问题建模类图模型，表达类的设计思想
- 能根据具体问题建模对象模型，表达对象间的关系
- 能根据具体问题建模包图模型，表达模块间的关系

【素质目标】

- 具备反复迭代、逐步完善的工匠精神
- 培养良好的逻辑思维能力

引例描述

本单元主要完成 4 个任务：任务 1 根据上个单元"书店借书系统"中分析出的用例模型来寻找"书店借书系统"里的实体对象；任务 2 通过分析"饮料自动售货机系统"来建模系统类图；任务 3 根据 Flight 类和 Plane 类的类图画出其对象图；任务 4 是根据描述画出对应的包图。本单元的各类图形主要用于系统的静态建模。

任务 1 类的设计

 【任务陈述】

在上一个单元中，通过用例图、用例文档及活动图详细描述了书店借书系统的每个用例，以及参与者和用例之间的交互关系。在整个用例模型的建立过程中，开发者和客户可以达成对系统的初步共识。

在本任务中，请根据之前书写的书店借书系统的用例模型，寻找出书店借书系统的实体类。

【知识准备】

静态模型包括类图、对象图、包图、组件图和部署图。其中，类图描述系统中类的静态结构，它不仅定义了系统中的类，表示类之间的关系（如关联、依赖和聚集等），也表达了类的内部结构（即类的属性和操作）。类图描述的这种静态关系涉及软件系统开发的整个生命周期。对象图是类图的实例，符号与类图非常相似，可以认为对象图是类图在程序执行的某个过程中一瞬间的快照。包图由包或类组成（有时也包括组件），表示包与包之间的关系。包图用于描述系统的分层结构。组件图和部署图涉及程序的物理实现。

3.1 类的表示

3.1.1 类图概述

微课 3-1
类的表示

类图是用来显示系统中的类、接口，以及它们之间的静态结构和关系的一种静态模型，它用于描述系统的结构。类图的建模贯穿系统的分析和设计阶段的始终，通常从商务伙伴能够理解的用例开始建模，最终往往成为只有开发小组能够完全理解的类。

建模类图是为了更加详细地描述产品，建模类图也是一个反复迭代的过程。通常，从最终系统将要提供的高层的功能概括开始，随着系统的类图不断地成熟完善，它们也会变得越来越详细，逐渐显示出产品中的执行流的每一条路径，甚至显示出一些数据访问和通信的低层功能的类。

一般来说，类图包含两个元素：类和关系，如图 3-1 所示。稍后再来了解类图的基本标记符。

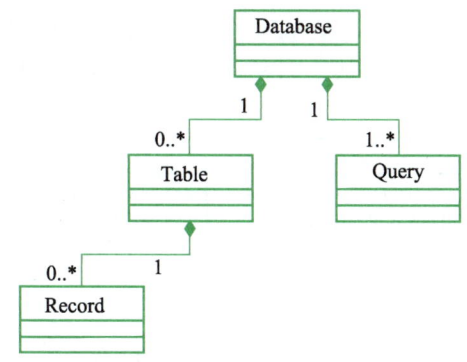

图 3-1 类图的示例

当对系统进行静态模型建模时，通常以下面的 3 种方式之一使用类图。

- 对系统的静态对象建模。如书店借书系统的 Book 类、学生管理系统的 Student 类等。
- 对简单的协作建模。协作是一些共同行为的类、接口和其他元素的群体。如数据库连接类、用户验证类和过滤字符串类等。
- 对逻辑数据库模式建模。在很多领域中，都需要在关系数据库或面向对象数据库中存储永久信息，系统分析者可以用类图对这些需要永久化的实体建模。

3.1.2 类的基本组件

1. 类

类是类图的主要组件，它由 3 部分组成：类名、属性和操作（或称方法）。在 UML 中，用一个矩形表示类，如图 3-2 所示。

动画 3-1
现实中的"类"与程序中的"类"

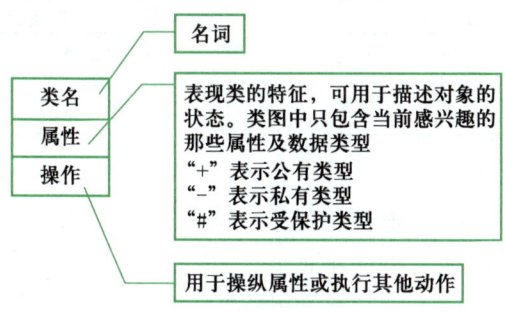

图 3-2 类的表示内容

按照 UML 的规定，类名的首字母需要大写，如果类名由多个单词组成，则将这些单词合并，且每个单词首字母大写。类是对一类对象的抽象，命名是否恰当对系统的可理解性的影响相当大。类名应该是富于描述性的、简洁的且无二义性的，命名时应该遵守以下几条准则。

- 使用标准术语。
- 使用具有确切含义的名词。
- 必要时用名词短语做名称。

另外，对于类图中的类而言，它的类名、属性和操作也有一定的书写规范。

- 类名：正体字说明类是可被实例化的，斜体字说明类为抽象类。
- 属性：按照"可见性 属性名 [:类型] [=初始值]"的顺序书写。

● 操作：按照"可见性 方法名称（[参数列表]）[:返回类型]"的顺序书写。

如果属性或方法具有下画线，则表明它是静态的。图 3-3 显示了类的两种表示方法。

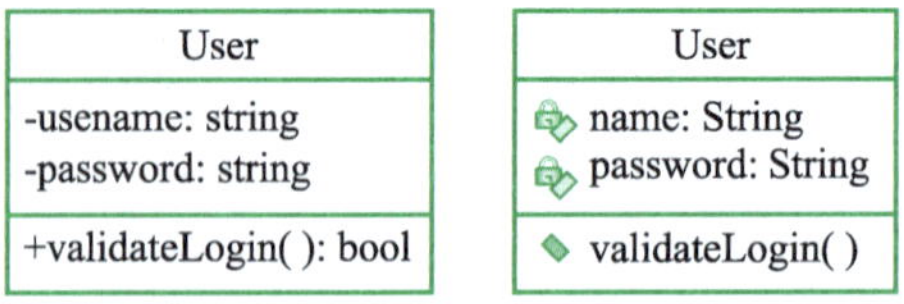

图 3-3 类的两种表示方法

在 UML 中，可以根据建模的实际情况来选择隐藏属性部分或操作部分，或者两者都隐藏，如图 3-4 所示。

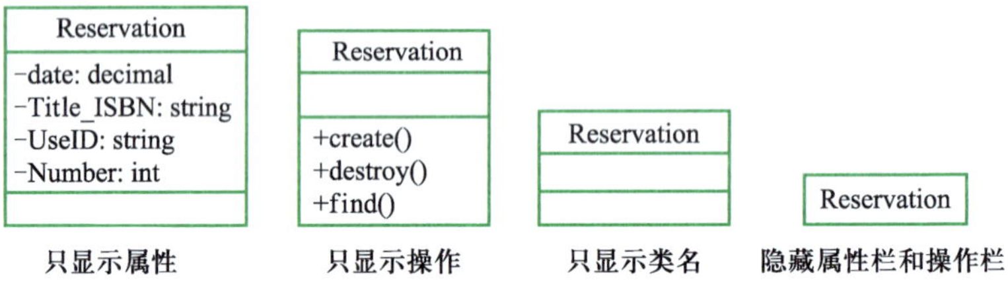

只显示属性　　　　　只显示操作　　　　只显示类名　　　隐藏属性栏和操作栏

图 3-4 类的操作或属性的隐藏

在 UML 中，如图 3-5 所示，可以通过在属性名称和数据类型之后添加等号来为属性指定初始值。

在 UML 中，可以通过[ ]符号表示类的某些属性的多重性。如图 3-6 所示，Program 类具有属性 SourceFile，[1..*]表示一个程序包含一个到多个源文件。以此类推，[0..*]表示有 0 到任意多个，[1]表示有一个。

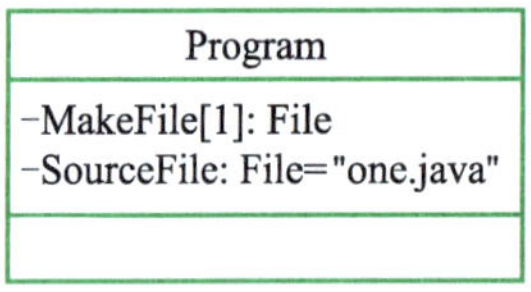

图 3-5 类的属性初始值 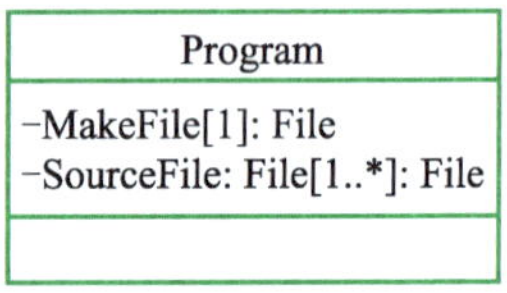　　　　图 3-6 类的属性多重性

类图中还可以指明另一种类的信息。在操作部分下面的区域，可以用来说明类的职责，也就是类的属性和操作能完成什么任务，如图 3-7（a）所示。这种方法现在不常用了，程序员更希望看到用注释的形式来表示，如图 3-7（b）所示。

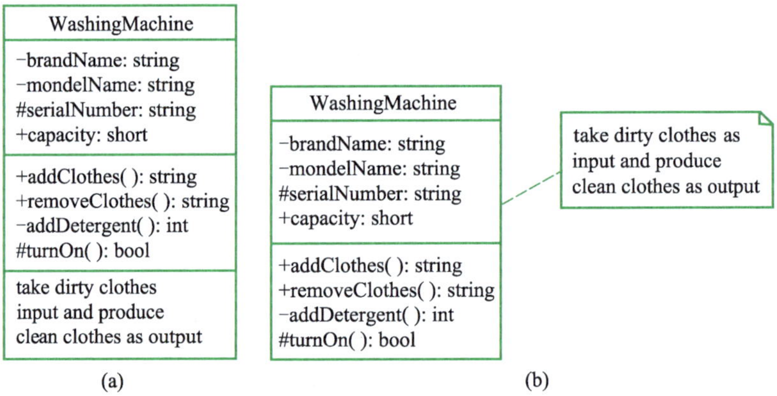

图 3-7 类的职责

为了消除类图表示过程中的二义性，使用一个用花括号括起来的自由文本，括号中的文本指定了该类所要满足的一个或多个约束，如图 3-8 所示。

WashingMachine
-brandName: string -mondelName: string #serialNumber: string +capacity:short
+addClothes( ): string +removeClothes( ): string -addDetergent( ): int #turnOn( ): bool

{capacity=16 or 18 or 20 Ib}

图 3-8　类的约束

除了类的属性、操作、职责和约束之外，还可以使用注释为类的属性或操作添加更详细的说明，如图 3-9 所示。

UML 中的类可以作为面向对象语言中的类。下面是用 Java 语言定义的 TaxCalculator 类，它的 UML 表示如图 3-10 所示。

```java
public class TaxCalculator
{
    private long taxRate ;
    private int salary ;
    public TaxCalculator (long taxRate)  {    this.taxRate = taxRate ;   }
    public long countTax ( )    {    return taxRate*salary ; }
    public int getSalary ( )   {   return salary; }
    public void setSalary (int salary) {   this.salary = salary; }
}
```

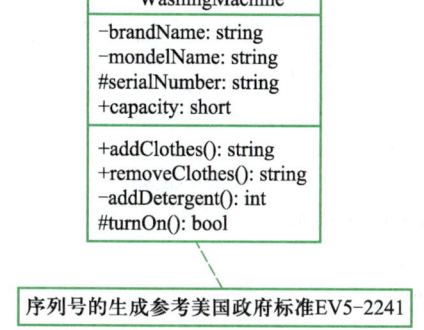

图 3-9　类的注释

TaxCalculator
-taxRate: long -Salary: int
+TaxCalculator(taxRate: long) +countTax( ): long +getSalary( ): int +setSalary(salary: int): void

图 3-10　类的代码映射

2. 接口

在 UML 中，接口是用一个带有名称的小圆圈表示的，并且通过一条实线与它的模型元素相连，如图 3-11 所示。

有时，接口也使用普通类的矩形符号表示，用构造型<<interface>>标识，如图 3-12 所示。

图 3-11 接口

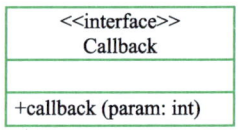

图 3-12 接口的表示方法

【任务实施】

首先，分析书店借书系统的用例模型，发现其中的实体对象。分析过程如表 3-1 所示。

表 3-1 分析书店借书系统的实体对象

用例	实体对象
注销会员	会员
查询会员	会员信息
修改会员信息	会员信息
会员注销	会员
登录	管理员账户信息
借还书	书、借书卡、借书信息
补收押金	借书信息
即将超期提醒	会员卡
退还押金	借书信息
打印借书单	借书信息、借书单

会员和会员信息是一个概念，统一为会员对象。会员卡和借书卡也为同一概念，统一为借书卡对象。初始实体类如图 3-13 所示。

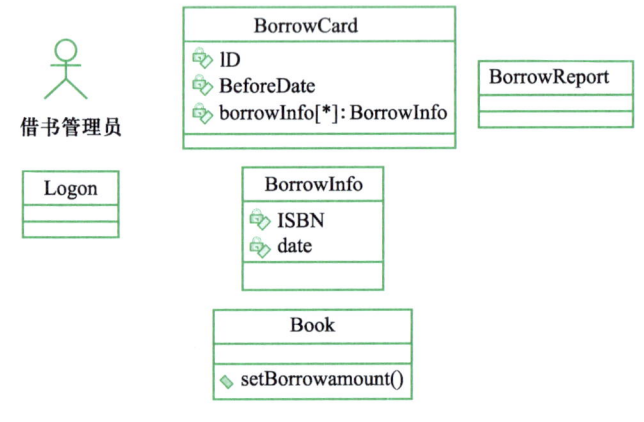

图 3-13 初始实体类

【拓展训练】

拓展训练 1：用图表示学生成绩管理系统中的学生、教师和成绩类

根据在上一单元中分析出来的用例模型，试用类图来描述学生成绩管理系统中的学生、教师和成绩类。

拓展训练 2：用图表示借书卡类

根据自己所了解的借书卡类，用类图表示出借书卡的属性及方法。

任务 2　表示类之间的关系

【任务陈述】

某"饮料自动售货机系统"具有"设置""购物""上货"3 个主要功能，请根据以下功能描述建模系统类图。

- 设置。一个饮料自动售货机可以放置 10 种不同或部分相同的饮料，可由厂商根据销售状况自动调配，但售货机最多仅能放置 200 罐饮料，饮料的种类及价格会显示在操作面板上。厂商可以设置商品信息（名称、编号、售价）、获得销售数据、获得缺货提醒、设置超时的时长等。
- 购物。系统显示当前可售的饮料，顾客通过面板选择饮料及数量，系统计算并显示支付金额，顾客确认购买，系统提示顾客扫码支付，显示支付码。顾客扫码支付，若支付成功，则饮料由取物篓掉出；若顾客支付失败，则此次交易取消。系统更新销售数据。在支付前，若用户长时间未操作（默认为 30 秒），则此次交易自动取消；顾客也可以随时修改商品选项，或直接取消重新选择。
- 上货。上货员上货，设置上货信息（选择饮料种类、数量）。

【知识准备】

3.2　类图

3.2.1　类关系的含义及表示方法

面向对象的系统中充满着各种不同的对象，它们之间通过相互协作来完成各种不同的任务。与之对应的类之间也存在着多种关系，常见的有依赖关系、实现关系、表示类之间一般和特殊的泛化关系，以及关联关系等。

不同关系在类图中表达的含义不同，表示方法也不同。下面就来看一下它们如何在 UML 中表示，同时以Java编程语言为例，展示 UML 类图中类之间的关系与代码的映射。

微课 3-2
类的关系

1. 泛化关系

在面向对象的设计中有一个非常重要的概念——继承，指的是一个类（子类）

拥有另外的一个类（超类）的特征，并增加它自己的新特征。通过将多个类中的共性摘取出来，得到父类，从而实现代码复用。在 UML 中，泛化关系就是用来表示类与类、接口与接口之间的继承关系的。关系中的实线空心封闭箭头由子类指向父类，如图 3-14 所示，表示类 Shape 是由类 Circle 和类 Rectangle 泛化而来的。而在 Java 中，用 extends 关键字来直接表示这种关系。

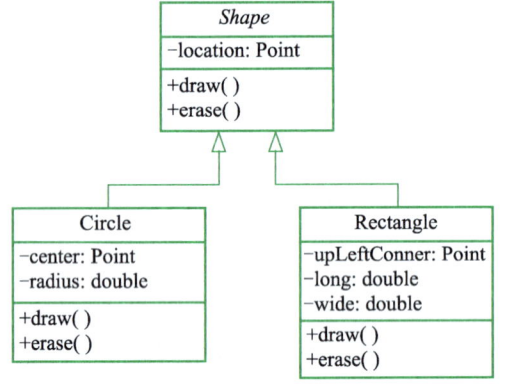

图 3-14　类之间的泛化关系

这个例子中类名 Shape 使用斜体，表示 Shape 类是一个抽象类，而 draw 方法和 erase 方法是抽象方法。Circle 和 Rectangle 两个子类重写了这两个方法。下面是这 3 个Java类的基本骨架。

```java
abstract class Shape {
    private Point location;
    abstract   double draw( ){ } ;
    abstract   double erase( ){ } ;
}
class Circle extends Shape {
    Point center;
    double radius;
    public   double    draw(){ … }
    public   double    erase(){ … }
}
class Rectangle extends Shape {
    Point upLeftConner;
    double long;
    double wide;
    public   double    draw(){ … }
    public   double    erase(){ … }
}
```

2. 实现关系

实现关系指定两个实体之间的一个合同。换而言之，一个实体定义一个合同，而另一个实体保证履行该合同。关系中的箭头由实现接口的类指向被实现的接口。

在 Java 中，实现关系可以直接用 implements 关键字表示。当一个接口是在某个特定的类中实现时，使用该接口的类通过一个依赖关系（一条带箭头的虚线）与该接口的小圆圈相连接。这时，依赖类仅依赖于指定接口中的那些操作，而不依赖于接口实现类的其他部分。如果是依赖于这个类，那么依赖关系的箭头应该指向表示该类的类符号，如图 3-15 所示。

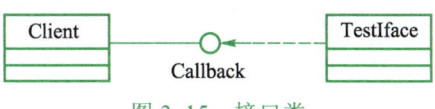

图 3-15 接口类

从图 3-15 中可以看出，定义了 Callback 接口，Client 类实现了 Callback 接口，TestIface 类调用了 Callback 接口的某个操作（方法），根据语义表示，其对应的 Java 代码映射如下。

```java
interface Callback
{
    void callback(int param);
}
class Client implements Callback
{
    public void callback(int p) {…}
    public void nonIfaceMeth( ) {…}
}
class TestIface
{
    public static void main(String args[])
    {
        Callback c = new Client( );
        c.callback(42);
    }
}
```

另外，在有些程序语言中不支持接口，但支持类之间的多重继承。所谓多重继承，是指一个子类可以有一个以上的直接父类，该子类可以继承它所有直接父类的成员。在 UML 中，同样可以使用泛化关系表示多种继承。

3. 依赖关系

依赖也是类与类之间的连接，并且依赖总是单向的。实体之间的"依赖"关系暗示一个实体的值发生变化后可能影响依赖于它的其他实例。

在面向对象的系统中，作为方法的一个部分，一个对象可能创建另一个对象，让它执行一定的功能。一个对象还可以创建另一个对象，对它进行配置，然后将它作为方法的返回值传给方法的调用者。

简而言之，一个对象可以作为另一个对象方法的参数或返回值。

在 UML 中，这种关系称为依赖关系。依赖关系用一个从使用者指向提供者的带箭头的虚线表示，可以在虚线上注明构造类型来区分它的种类。例如，当给一个雇员计算薪水时，需要使用计算器，如图 3-16 所示。

微课 3-3
依赖关系

图 3-16 类之间的依赖关系

其对应的 Java 类的基本语句如下。

```
public class Employee{
    public void calcSalary(Calculator cSalary) {
    }
}
```

4. 关联关系

在对系统建模时，特定的对象间将会彼此关联，称这种关系为关联关系，它反映了对象之间相互依赖、相互作用的关系。图 3-17 表示 Teacher 类与 Student 类存在着关联关系。

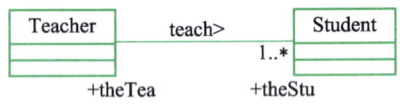

图 3-17　关联关系

其中，"teach"为关联名，">"表示阅读方向。通常情况下，关联可以有一个名称，用一个动词或动词短语来命名关联，以表示源对象在目标对象上执行的操作。

theTea 和 theStu 为角色名，出现在关联的一端，通常指所在端的类的实例。

在类图中还可以表示关联中的数量关系，即参与关联的对象的个数。在 UML 中，用多重性说明数量或数量范围，举例如下。

- 0..1：表示 0 至 1 个对象。
- 0..*或*：表示 0 至多个对象。
- 1..*：表示 1 至多个对象。
- 1..n：表示 1 至 n 个对象。
- n：表示 n 个对象。

如果图中没有明确地标出关联的多重性，则默认的重数是 1。如图 3-17 表示一个教师教一至多个学生，而一个学生只对应一个老师。多重性标记在关联的另一端，表示当前类的一个实例将与另一端类的多少个实例相关联。

常见的关联关系有 6 种类型：双向关联、单向关联、聚集关联、组成关联、自身关联和关联类。

① 双向关联。也称为标准关联，因为一般来说，关联总是被假定是双向的。这意味着，两个类彼此知道它们之间的联系。一个双向关联用两个类间的实线表示。在线的任一端，可以放置角色名和多重值，如图 3-18 所示。

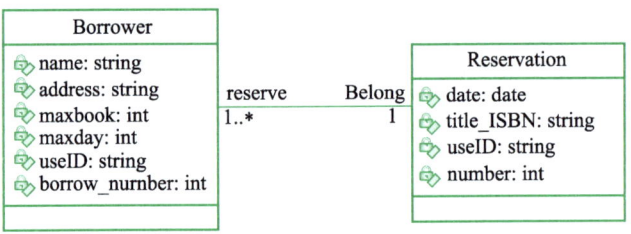

图 3-18　双向关联

图 3-18 显示了 Borrower 类与一个特定的 Reservation 类相关联，而且 Borrower 类和 Reservation 类均知道这个关联。位于 Reservation 类另一端的多重值描述 "1..*" 表示当一个 Reservation 实体存在时，可以有多个 Borrower 与之关联。位于 Borrower 类另一端的多重值描述 "1" 表示当一个实体 Borrower 存在时，可以有一个 Reservation 与之关联。

② 单向关联。虽然两个类是相关的，但是只有一个类知道这种联系的存在。一个单向的关联表示为一条带有指向已知类的开放箭头的实线。如同标准关联，单向关联包括一个角色名和一个多重值描述，但是与标准关联不同的是，单向关联只包含已知类的角色名和多重值描述，如图 3-19 所示。

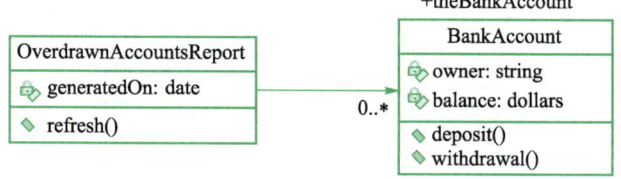

图 3-19 单向关联

图 3-19 显示了一个单向关联的透支财务报告的实例。其中，OverdrawnAccountsReport 类识别 BankAccount 类，而且清楚 BankAccount 类扮演 theBankAccount 的角色。然而，对于 BankAccount 类而言，它并不知道与 OverdrawnAccountsReport 相关联。

在 Java 中，关联使用实例变量来实现。在关联关系中可以使用附加的基数来说明类之间对应的个数。例如，以权限中的用户组和用户角色为例，一个用户组可以包含多个用户角色。其对应的 Java 类的基本语句如下。

```java
public class UserGroup{
    private UserRole uRole ;
    …
}
public class UserRole{
}
```

这段代码中体现的关联关系可以用图 3-20 表示。

③ 聚集关联。聚集是关联的一种形式，代表两个类之间的整体/局部关系。聚集暗示着整体在概念上处于比局部更高的一个级别。

有聚集关系的关联指出，某个类是另外某个类的一部分。在一个聚集关系中，部分类的实例可以比整体类存在更长的时间。在 UML 中，用一条从整体到部分类的实线，并在整体类的关联末端画一个未填充的菱形表示。图 3-21 所示为汽车与轮胎的关系。

微课 3-5
聚集关联和组成关联

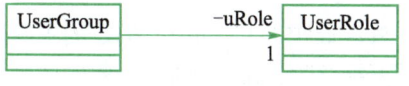

图 3-20 单向关联

图 3-21 聚集关联

在 Java 中，聚集关联也是使用实例变量来实现的。标准关联和聚集关联的区别纯粹是概念上的，在 Java 语法上分辨不出来。聚集还暗示着实例图中不存在回路。换言之，只能是一种单向关系。其对应的 Java 类的基本语句如下。

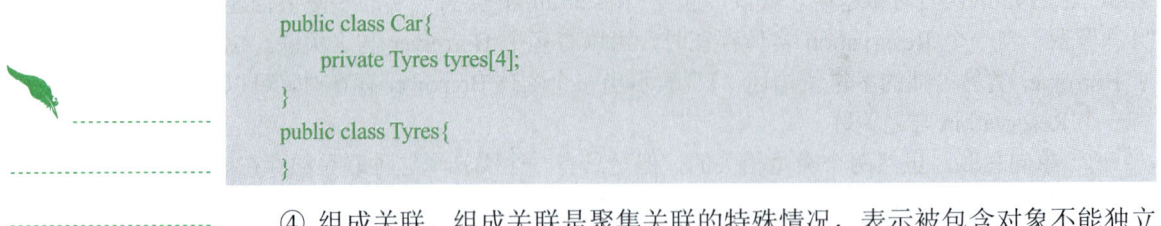

```java
public class Car{
    private Tyres tyres[4];
}
public class Tyres{

}
```

④ 组成关联。组成关联是聚集关联的特殊情况，表示被包含对象不能独立于整体对象而存在，它在整体创建时创建，并在整体销毁时销毁。在 UML 中，组成的表示是在聚集关系的基础上将空心的菱形填为实心，即在关联线上靠近"整体"类的一端加上一个实心的菱形。图 3-22 所示是公司与部门之间的关系。

图 3-22　组成关联

在图 3-22 所示的关系建模中，一个 Company 类实例至少有一个 Department 类实例。因为关系是组成关系，当 Company 实例被移除/销毁时，Department 实例也将自动被销毁。组成关联的另一个重要功能是部分类只能与整体类的实例相关，如 Company 类。其对应的 Java 类的基本语句如下。

```java
public class Company{
    private Department department;
}
public class Department {

}
```

⑤ 自身关联。类也可以使用自身关联与它本身相关联。当一个类关联到它本身时，并不意味着类的实例与它本身相关，而是类的一个实例与类的另一个实例相关，如图 3-23 所示。

图 3-23 表示，Book 类存在自身关联，说明一个 Book 实例可能关联到另外多个 Book 实例（参考书），两者之间存在引用（reference）关系。它的现实意义是：一本书可以引用多本其他书作为参考，而每本书也可能被别的书引用若干次。

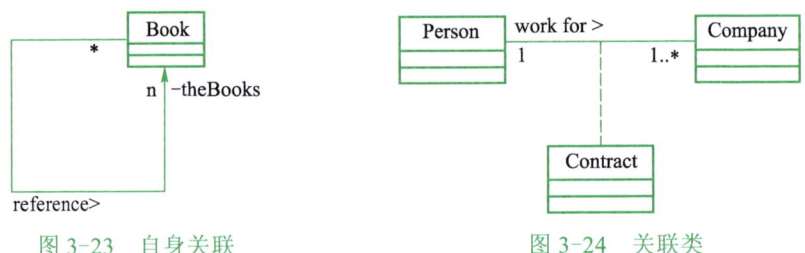

图 3-23　自身关联　　　　　　　　图 3-24　关联类

⑥ 关联类。在如图 3-24 所示的类图中，Person 类和 Company 类之间关联时产生了一个被称为 Contract 的关联类。这意味着当 Person 类的一个实例关联到 Company 类的一个实例时，将会产生 Contract 类的一个实例。

这样表示的关联尽管含义很明确，却不易实现，通常都会将它转化为两个标准关联表示的三元关联来处理，如图 3-25 所示。

图 3-25 三元关联

此外，在关联关系中，也可以使用约束来表示关联的限定条件，如图 3-26 所示。

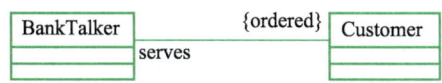

图 3-26 对关联施加约束

3.2.2 关联关系的重数与代码的映射

在关联关系中，类之间不同的多重性关系所对应的代码结构也有所不同，主要分为以下几种情况。

① 单向关联（0..1），如图 3-27 所示。

图 3-27 单向关联（0..1）

微课 3-6
类的双向关联与代码
的映射

其对应的 Java 类的基本语句如下。

```java
public class Account
{       private DebitCard theCard;
        public DebitCard getCard( ) {   return theCard;   }
        public void setCard ( DebitCard card )  {      theCard = card;   }
        public void removeCard ( ){    theCard = null; }

}
```

② 单向关联（1..1），如图 3-28 所示。

图 3-28 单向关联（1..1）

其对应的 Java 类的基本语句如下。

```java
public class Account
{
        private Guarantor theGuarantor;
        public Account (Guarantor g)
        {
                if (g = = null) {             };
                theGuarantor = g ;
        }
        public Guarantor getGuarantor ( )    {     return theGuarantor ; }
}
```

③ 单向关联（1..*），如图 3-29 所示。

图 3-29　单向关联（1..*）

其对应的 Java 类的基本语句如下。

```
public class Manager
{
    private Vector theAccounts;
    public void addAccount (Account acc) {theAccount.addElement ( acc ) ;}
    public void removeAccount (Account acc){theAccount.removeElement ( acc );}
}
```

④ 双向关联（1，0..1），如图 3-30 所示。

图 3-30　双向关联（1，0..1）

其对应的 Java 类的基本语句如下。

```
public class Account
{
    private DebitCard theCard;
    public DebitCard getCard( ) {return theCard;}
    public void addCard ( ) {   theCard = new DebitCard ( this ) ;    }
}

public class DebitCard
{
    private Account theAccount ;
    DebitCard (Account a) {theAccount = a ;}
    public Account getAccunt ( ) {return theAccount}
}
```

3.2.3　如何建模类图

1. 建立类图的一般步骤

① 研究分析问题领域。

② 发现对象与类，明确它们的含义和责任，确定属性。

③ 发现类之间的关系。把类之间的关系用关联、泛化、聚集、组合和依赖等关系表达出来。

④ 设计类与关系。调整和细化已得到的类和类之间的关系，解决诸如命名冲突、功能重复等问题。

⑤ 绘制类图并编制相应的说明。

2. 如何发现类及它们之间的关系

对所获得的信息，采用"名词-动词"分析法非常有效。

① 找出需求陈述中的名词或名词短语，作为候选类。
② 对候选类进行筛选，去掉冗余的、与系统无关的、非独立的类。
③ 以动词为线索确定类之间的关系。

【任务实施】

步骤 1：找出对象及其关联

在需求陈述中将出现的名词确定为候选的对象，有饮料自动售货机、售货机、饮料、厂商、顾客、用户、上货员、售价、饮料种类、数量、操作面板（显示屏）、销售数据、商品信息、缺货信息、支付金额、支付码、取物篓、交易、上货信息。

上面候选的对象中，有的是属性，如售价是饮料的属性；有的是冗余的说法，如饮料自动售货机和售货机；有的是当前不需要考虑的对象，如取物篓；有的是必需的、但陈述中没有表示出来的对象，如存量计算器。另外，顾客和厂商对售货机的操作都是通过操作面板进行的。经过筛选，最终确定了对象：售货机、存量计算器、顾客、厂商、饮料、销售信息、商品信息。

它们之间的关系是：存量计算器属于售货机，售货机以饮料组的形式管理饮料，顾客通过售货机进行购买，厂商通过售货机上货、设置和获取信息，售货机维护商品信息、销售信息。

步骤 2：赋予类及关联的属性数据

步骤 3：组织类的结构

通过这 3 个步骤，得到饮料自动售货机系统的类图，如图 3-31 所示。

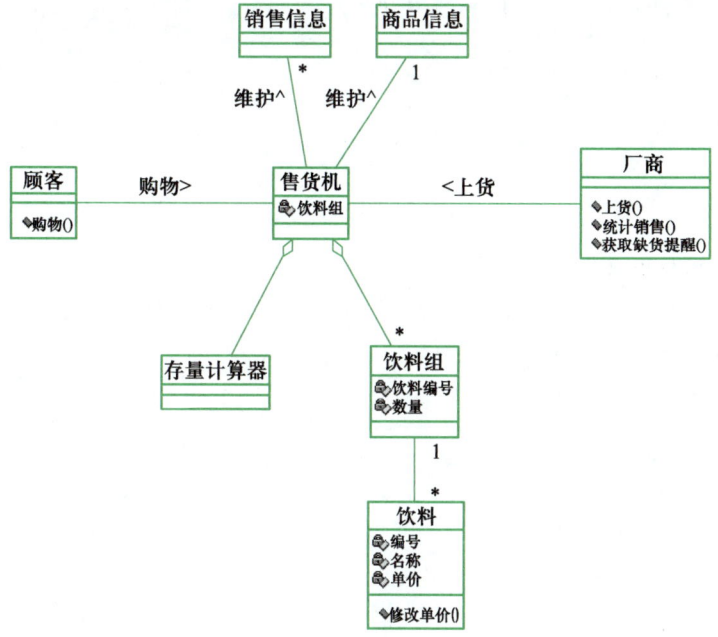

图 3-31　饮料自动售货机系统的类图

【拓展训练】

拓展训练 1：书写关联关系的代码映射

尝试书写双向关联（*..*）及双向关联（1..*）两种形式的代码映射。

拓展训练 2：用类图描述邮件及其组件之间的关系

画类图表示电子邮件、标题、正文和附件之间的关系。

拓展训练 3：根据描述设计类图

假设一个包中的对象可分为简单对象和复合对象。简单对象分别是弧、椭圆、折线和多边形。简单对象可以被移动、旋转、复制或擦除。复合对象由简单对象组成，复合对象可以被移动、旋转、复制或擦除。组成复合对象的简单对象不能个别地被修改。请画出类图。

拓展训练 4：根据 Java 代码画出类图

Protection.java 文件代码如下。

```java
package p1;
public class Protection {
    int n = 1;
    private int n_pri = 2;
    protected int n_pro = 3;
    public int n_pub = 4;
    public Protection() {
        System.out.println("base constructor");
        System.out.println("n = " + n);
        System.out.println("n_pri = " + n_pri);
        System.out.println("n_pro = " + n_pro);
        System.out.println("n_pub = " + n_pub);
    }
}
```

Derived.java 文件代码如下。

```java
package p1;
class Derived extends Protection {
    Derived() {
        System.out.println("derived constructor");
        System.out.println("n = " + n);
        System.out.println("n_pro = " + n_pro);
        System.out.println("n_pub = " + n_pub);
    }
}
```

SamePackage.java 文件代码如下。

```java
package p1;
class SamePackage {
```

```
    SamePackage() {
        Protection p = new Protection();
                System.out.println("same package constructor");
                System.out.println("n = " + p.n);
                System.out.println("n_pro = " + p.n_pro);
                System.out.println("n_pub = " + p.n_pub);
    }
}
```

拓展训练 5：根据订单业务流程画出类图

客户向供应商发出一个订单，用于订购各种不同零件（忽略不同零件种类之间的区别）；一个订单由若干订单行组成，每行指定供应商目录中的一种特定零件，并说明要订购多少。作为对订单的响应，供应商安排一次交货，由所有订购的零件组成。请画出类图。

任务 3　表示对象间的关系

【任务陈述】

Flight 类和 Plane 类之间是一个双向关联的类图，如图 3-32 所示。

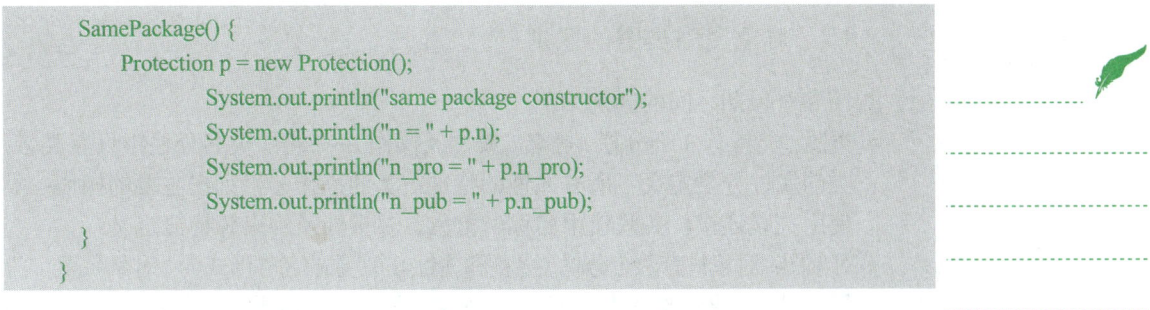

图 3-32　Flight 类和 Plane 类的类图

请根据其类图模型，描述一架 NX0337 客机的两次飞行情况，并用对象图将其表述出来。

【知识准备】

3.3　对象图

3.3.1　对象图的概念

对象图描述的是参与交互的各个对象在交互过程中某一时刻的状态。对象图可以被看做是类图在某一时刻的实例。

在 UML 中，对象图使用的是与类图相似的符号和关系。对象的表示方法如图 3-33 所示。

在图 3-33 中，对象名首字母小写，后面跟一个冒号，冒号后面是该对象所属的类名，并且整个名称要带下画线。

```
myWasher:WashingMachine
-------------------------------------
brandName: string=Laundatorium
mondelName: string=Washmeister
serialNumber: string=GL57774
capacity: short=16
```

图 3-33　对象的表示方法

3.3.2　对象图和类图的区别

类图和对象图之间的区别如下。

- 类图：类具有 3 个分栏（类名、属性及操作）；在类的类名分栏中只有类名；类的属性分栏定义了所有属性的特征；类的操作分栏列出主要的操作；类使用关联连接，关联使用名称、角色、多重性及约束等特征定义。
- 对象图：对象只有两个分栏（名称和属性）；对象的名称形式为"对象名:类名"，匿名对象的名称形式为":类名"；对象的属性分栏需要定义属性的当前值；对象图中不包含操作；对象使用链连接，链拥有名称和角色，但是没有多重性。

3.3.3　如何建模对象图

对象图的建模步骤如下。

① 识别将要使用的建模机制。

② 识别参与协作的类、接口和其他元素，同时识别这些事物之间的关系。

③ 考虑贯穿这个机制的脚本，冻结某一时刻的脚本，并汇报每个参与这个机制的对象。

④ 按照需要显露出每个这样的对象的状态和属性值，以便理解脚本。

⑤ 显露出这些对象之间的链，以描述对象之间关联的实例。

建模对象图的作用主要如下。

- 论证类模型的设计：当设计了类模型时，可以通过对象图来模拟出一个运行时的状态，这样就可以研究在运行时设计的合理性。同时也可以作为开发人员讨论的一个基础。
- 分析和说明源代码：由于类图只是展示了程序的静态类结构，因此通过类图看懂代码的意图是很困难的。因此在分析源代码时，可以通过对象图来细化分析。而对于开发人员，遇到逻辑较复杂的类交互时，可以考虑画出一些对象图来做补充说明。

【任务实施】

一架 NX0337 客机的两次飞行情况的对象图如图 3-34 所示。

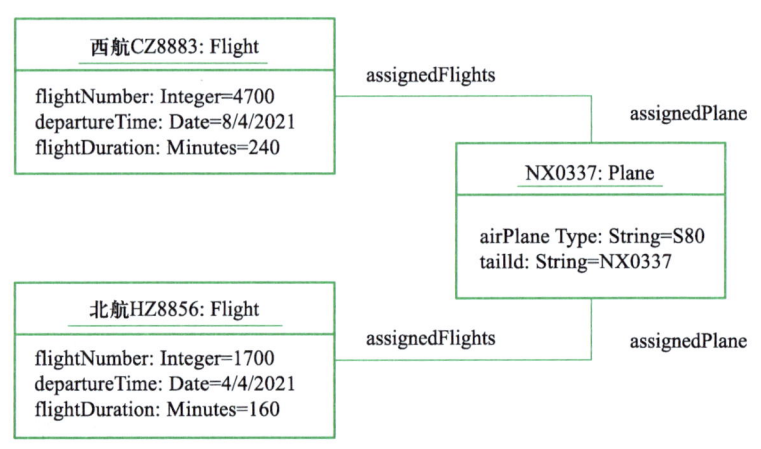

图 3-34　对象图

【拓展训练】

说明对象图含义并绘制类图

阅读对象图 3-35，说明其含义，并绘制出与其相应的类图。

```
            China: Country


          fuJian: Province    siChuan: Province
```

图 3-35　对象图实例

任务 4　表示模块间的关系

【任务陈述】

某系统的工作流程如下。

① 通过 Internet 连接到股票信息服务器，获取实时的股票信息，并存入数据库中。

② 根据用户的输入和选择，从数据库中获取相应的信息，展现在屏幕中。

③ 在数据的展现过程中，需要绘制大量的图表。

请根据描述对功能模块进行分包，并画出其对应的包图。

【知识准备】

3.4　包图

3.4.1　包图的概念

包图是维护和控制系统总体结构的重要建模工具。对于复杂系统，需要处理大量的接口、类和结点等，这时有必要将这些元素进行分组，即将语义相近的元素加入到同一个包中，以方便理解和处理系统模型。包的作用如下。

① 对语义上相关的元素进行分组。

② 定义模型中的"语义边界"。

③ 提供配置管理单元。

④ 在设计时，提供并行工作的单元。

⑤ 提供封装的命名空间，其中所有的名称必须唯一。

⑥ 表达系统的层次结构。

包图由包和包之间的关系组成，有时也包括包中的组件。在 UML 中，包的符号类似于一个文件夹，如图 3-36 所示。

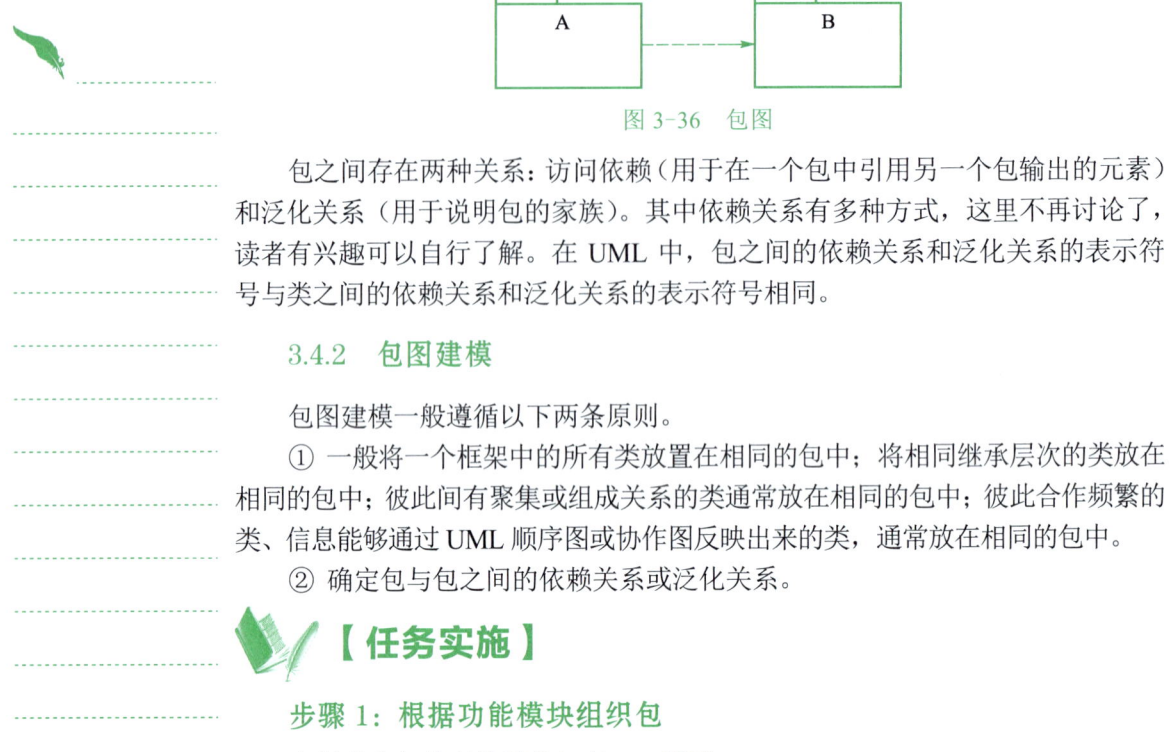

图 3-36　包图

包之间存在两种关系：访问依赖（用于在一个包中引用另一个包输出的元素）和泛化关系（用于说明包的家族）。其中依赖关系有多种方式，这里不再讨论了，读者有兴趣可以自行了解。在 UML 中，包之间的依赖关系和泛化关系的表示符号与类之间的依赖关系和泛化关系的表示符号相同。

3.4.2　包图建模

包图建模一般遵循以下两条原则。

① 一般将一个框架中的所有类放置在相同的包中；将相同继承层次的类放在相同的包中；彼此间有聚集或组成关系的类通常放在相同的包中；彼此合作频繁的类、信息能够通过 UML 顺序图或协作图反映出来的类，通常放在相同的包中。

② 确定包与包之间的依赖关系或泛化关系。

【任务实施】

步骤 1：根据功能模块组织包

本任务中包的有效需求如表 3-2 所示。

表 3-2　有 效 需 求

包	分析与功能	.NET 支持包
SocketClient	负责连接 Internet 服务器，获取实时股票信息	System.Net.Sockets
DataAccess	负责从数据库读写实时股票信息	System.Data.Sqlclient
UI	负责响应用户输入和选择，并展现信息	System.Windows.Forms
GraphicGenerate	负责根据数据库的信息生成相应的图表	System.Drawing

步骤 2：确定包与包之间的依赖关系

本任务的包图如图 3-37 所示。

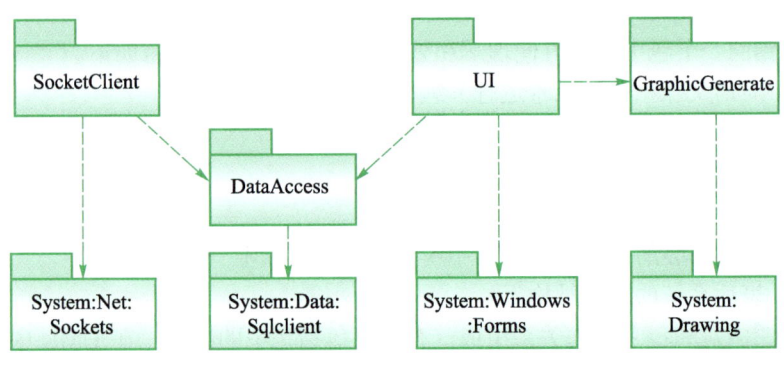

图 3-37　包图

【拓展训练】

说明包图含义

阅读图 3-38 所示包图，并说明其含义，并归纳包图在表达层次关系和分层设计中的作用。

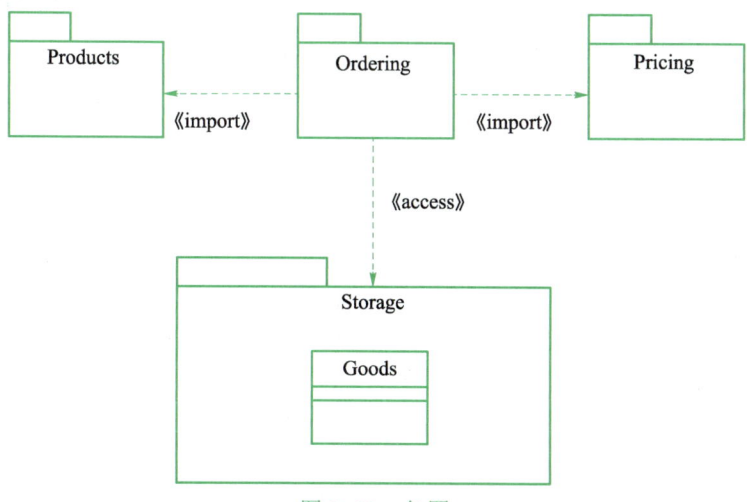

图 3-38　包图

> 提示：
> ● <<use>>关系：是一种默认的依赖关系，说明客户包（发出者）中的元素以某种方式使用提供者包（箭头指向的包）的公共元素，也就是说客户包依赖于提供者包。
> ● <<import>>关系：最普遍的包依赖类型，说明提供者包的命名空间将被添加到客户包的命名空间中，客户包中的元素也能够访问提供者包中的所有公共元素。

文本
单元 3 其他资源

单元小结

类图是用来显示系统中的类、接口，以及它们之间的静态结构和关系的，是一种静态模型类型，用于描述系统的静态结构。

一般来说，类图包含两个元素：类和关系。类是类图的主要组成部分，一般包含 3 个组成部分：类名、属性和操作。

类之间存在着多种关系，常见的关系有依赖关系、实现关系、表示类之间一般和特殊关系的泛化关系，以及表示对象之间结构关系的关联关系。常见的关联关系有 6 种：双向关联、单向关联、聚集关联、组成关联、自身关联和关联类。

创建类图需要反复进行两个操作：确定类及其关联、确定属性和操作。

对象图描述的是参与交互的各个对象在交互过程中某一时刻的状态。对象图可以被看做是类图在某一时刻的实例。

包的设计使得开发人员能够把诸如用例或类等模型组件分组。包设计的一般原则是：把一个框架中的所有类放置在相同的包中；一般把相同继承层次的类放在相同的包中；彼此间有聚集或组成关系的类通常放在相同的包中；彼此合作频繁的类、信息能够通过 UML 顺序图和 UML 合作图反映出来的类，通常放在相同的包中。

 **项目实训**

"学生成绩管理系统"的初始类图

在上一单元中，已经根据学生成绩管理系统的需求得出学生成绩管理系统的用例模型。在本单元中，请根据所描述的用例模型画出其初始类图。

注意，现阶段只需要分析系统最基础、最核心的功能即可。请注意保存原始资料和得到的模型，将在后继任务中做进一步的分析。

单元4

系统的动态建模

学习目标

【知识目标】

- 理解动态建模在软件开发中的作用，掌握动态模型与静态模型的关系
- 掌握动态建模的方法

【能力目标】

- 能使用适当的动态模型，建模对象间的交互
- 能准确识别对象的不同状态，建模对象的状态转移过程

【素质目标】

- 辩证看待动态模型和静态模型的相互映射
- 从"发展观"的角度看待动态建模的反复迭代

文本
单元4教学设计

PPT
系统的动态建模

引例描述

在初步完成了书店借书系统的静态建模以后，需要了解系统的执行过程。例如，某个功能的具体流程；完成某个特定功能时，对象间的交互过程；某些特定对象的状态转移过程等。

在书店借书系统中，最为关心的是"借还书"流程，"借还书"过程中对象间的交互，以及"书"对象的状态描述等。

任务 1 建模对象间的交互过程

 【任务陈述】

根据书店借书系统的"借还书"用例文档中的事件路径，建模"借还书"流程的活动图；针对"系统分析"阶段的类图，建模"借还书"的交互过程；针对"系统设计"阶段的类图，建模"借还书"的交互过程。

1．资料一："借还书"用例事件路径（简化版）

事件路径：

1．借书管理员扫描借书卡。

2．借书管理员消除已还书的信息。

　　2a．不还书。

　　　　2a1．返回3。

　　2b．上次借书时有补收的押金。

　　　　2b1．执行"退还押金"用例。

　　　　2b2．返回3。

　　2c．所还书损坏或丢失。

　　　　2c1．执行"照价购买"用例。

　　　　2c2．返回3。

3．借书管理员输入所借书的条形码。

　　3a．不借书。

　　　　3a1．返回4。

　　3b．所借书超出限额部分少于50元。

　　　　3b1．执行"补收押金"用例。

　　　　3b2．返回4。

　　3c．所借书超出限额部分多于50元。

　　　　3c1．用例终止。

　　3d．借书卡距离有效期不足30天。

　　　　3d1．执行"即将到期提醒"用例。

　　　　3d2．返回4。

　　3e．借书卡超期。

　　　　3e1．用例终止。

4．系统显示该卡当前所借的所有书籍的信息（书名、价格和借书日期）。

5．借阅管理员打印借书单。

补充说明：

① 需要借书或还书时才会执行该用例。

② 系统会根据图书条形码自动检索到该书的详细信息。

③ "借书单"是读者拿书出门的依据。

2．资料二："借还书"用例事件路径（完整版）

基本路径：

1．借书管理员扫描借书卡。

2．系统读卡。

3．系统显示在借书籍信息。

4．借书管理员清除所还书籍。

5．系统记录下还书信息。

6．借书管理员登记借书信息。

7．系统验证借书信息。

8．借书管理员确认借书。

9．系统记录并显示借书信息（书名、价格和借书日期）。

10．借书管理员打印借书单。

扩展路径：

2a．卡即将到期。

　2a1．系统提示卡到期的日期。

　2a2．借书管理员确认继续。

　2a3．返回 3。

2b．卡已到期。

　2b1．系统提示卡已到期。

　　2b1a．借书管理员确认续卡。

　　　2b1a1．执行"续卡"用例。

　　　2b1a2．返回 3。

　　2b1b．借书管理员确认退卡。

　　　2b1b1．执行"退卡"用例。

　　　2b1b2．用例结束。

4a．不还书。

　4a1．返回 6。

5a．上次借书时有补交的押金。

　5a1．系统显示需退还押金的金额。

　5a2．借书管理员执行"退还押金"用例。

　5a3．返回 6。

5b．所还书损坏或丢失。

　5b1．执行"照价购买"用例。

5b2．返回 6。

6a．不借书。

6a1．系统显示在借书籍信息。

6a2．用例结束。

7a．所借书超出限额 10 元以内。

7a1．系统提示补收押金，计算出补交金额。

7a2．借书管理员确认补交押金。

7a3．返回 8。

7b．所借书超出限额 10 元以上。

7b1．系统提示金额超出，无法完成借书。

7b2．借书管理员删除部分书籍。

7b3．返回 7。

7c．所借书超出限定的册数。

7c1．系统提示超出册数，无法录入。

7c2．返回 7。

补充说明：

① 100 元会费每次可借书 2 本，总额不超过 100 元；200 元会费每次可借书 4 本，总额不超过 200 元；400 元会费每次可借书 7 本，总额不超过 400 元。

② 若所借书超出最高金额在 50 元以内，可补交超出部分作为押金，下次还书时退还押金。

③ 系统会根据图书条形码动检索到该书的详细信息。

④ "借书单"是读者拿书出门的依据。

 【知识准备】

UML 的动态模型包括活动图、顺序图、协作图和状态图 4 种。顺序图和协作图用于建模系统的交互过程，其中，顺序图着重体现对象间消息传递的时间顺序，协作图着重体现对象间的静态关联关系；状态图用于建模某一特定对象所有可能的状态及状态间的转移，是对类图的补充；活动图主要用于描述用例内部的工作流程。

由于活动图主要建模的是事件流，与用例文档中的"事件路径"描述直接相关，已在 2.5 节中做了介绍，这里主要学习另外 3 种动态模型。

4.1　顺序图

4.1.1　定义顺序图

软件系统中的任务是通过对象之间的合作来完成的，这种合作称为交互。交互模型可以用来描述软件系统中的类、接口、组件和结点的实例的动态行为。交互模型包括顺序图和协作图。

顺序图用来建模对象间的交互，强调按时间顺序展开的信息的传递。它与活动图的相似之处是可以表示流程，但顺序图能进一步地将活动分配给对象。通常，

动画 4-1
动态建模与静态建模
的关系

微课 4-1
定义顺序图

一个顺序图只显示一个控制流，如图 4-1 所示。

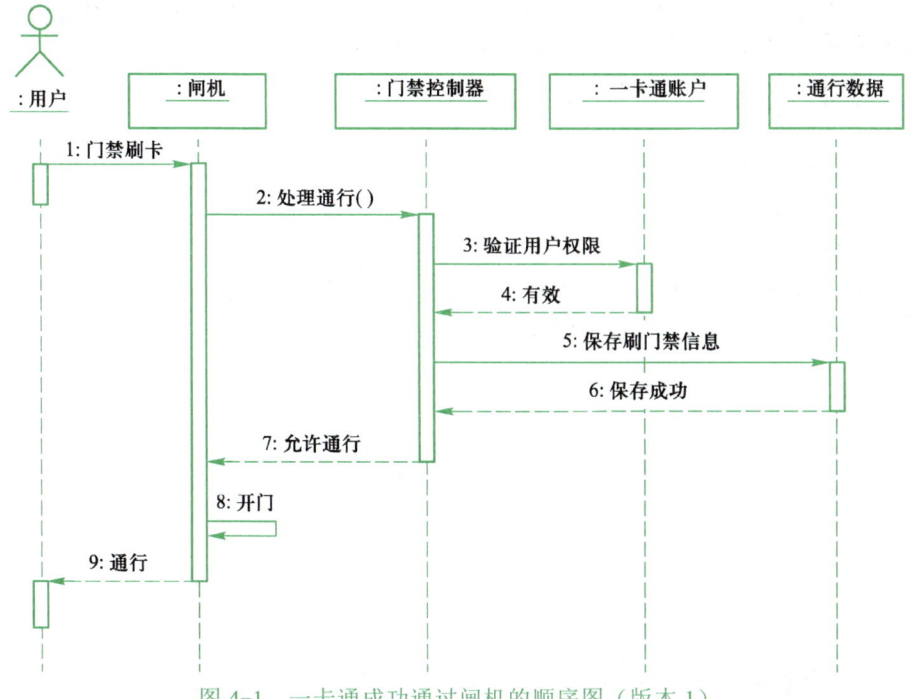

图 4-1　一卡通成功通过闸机的顺序图（版本 1）

顺序图中对象拖出的长虚线称为生命线，代表整个交互过程中对象的生命期；生命线之间的箭头连线代表消息；生命线上的长条矩形表示激活期，即执行过程。绘制时，从左至右布置对象，从上往下阅读消息。

图 4-1 表示了如下过程：某校园一卡通用户在闸机上刷卡；门禁控制器向账户验证用户权限；若权限有效，则向通行数据记录此次刷门禁的信息，并发出允许通行的指令，控制闸机开门。

试将该图与 2.5.2 节图 2-20 所示的活动图中"成功通行"的路径进行比较。

第 3 单元中已介绍过，对象是类的实例。对象的表示方法如图 4-2 所示。

图 4-2　对象的表示方法

4.1.2　关于消息

1. 消息的类型

消息通常分为 4 种类型，如图 4-3 所示。

① 同步消息（Synchronous）：表示该消息完成之前，同一个对象不能再发送下一条消息。

② 返回消息（Return）：表示控制流返回到调用的活动对象。

③ 异步消息（Asynchronous）：表示不必等待来自该消息的响应，同一个对象即可发出下一条消息。

④ 简单消息（Flat）：表示不区分同步或异步。

微课 4-2
顺序图中消息的
主要类型

图 4-3　消息的 4 种类型

微课 4-3
顺序图中消息传入传出的意义

2. 消息的传入和传出

消息传入某个对象，表示该对象是消息的承担者；消息由某个对象传出，表示该对象是消息的发起者和调用者，如图 4-4 所示。

有 4 条消息传入"订单"对象，说明"订单"类有以下几种方法。

- 结账()
- 合计总价钱()
- 付款()
- 校验信用卡()

在"订单"对象执行"结账"方法的过程中传出了 5 条消息，说明这个方法体中进行了 5 处方法调用，代码如下。

```
订单 . 结账()
{
    ...
    订单项. 计算价钱();
    订单项. 计算税金();
    订单项. 寻找最近的供应商();
    订单项. 计算税金();
    ...
    (订单) . 合计总价();
}
```

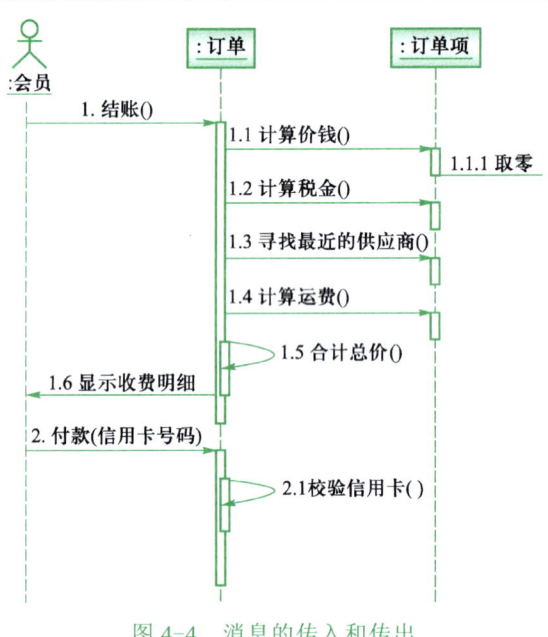

图 4-4　消息的传入和传出

4.1.3　对象的创建和销毁

如图 4-5 所示，将 create 消息发送给对象实例，从而即时创建对象，对象创建好之后才具有生命线。新创建的对象可以和图中的其他对象一样发送和接收消息。destroys 消息用于销毁对象，给需要销毁的对象发送这个消息，同时在该对象的生命线上放一个"×"符号，表示对象的生命终止。

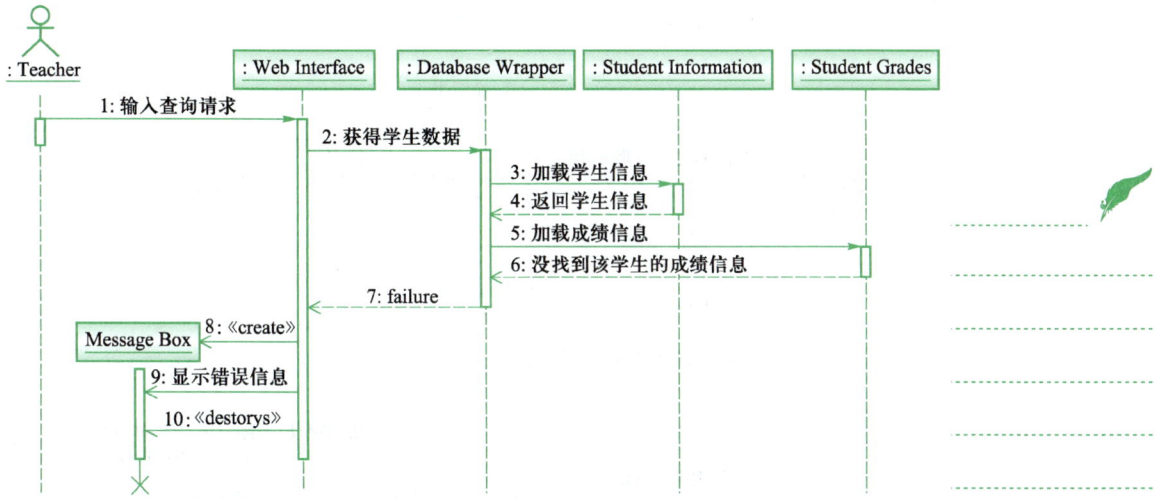

图 4-5　教师试图修改学生的成绩，但该学生的成绩信息在系统中不存在

4.1.4　顺序图的主要用途

顺序图可以用来描述场景，它的主要用途之一是表示用例中的行为顺序。当执行一个用例时，顺序图中的每条消息对应了一个对象的操作，或对应引起对象状态转换的一个触发事件。

在系统开发的早期阶段，顺序图可以应用在高层场景的表达上；在后续阶段，则可以确切地表示对象间的消息传递过程。

【任务实施】

步骤 1：书店借书系统在需求分析阶段的"借还书"流程

下面针对"借还书"用例事件路径的"简化版"进行建模，其"完整版"留给读者练习。

① 建模基本事件流，如图 4-6 所示。

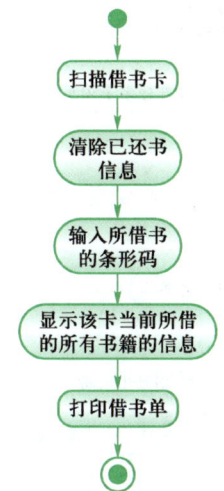

图 4-6　"借还书"基本事件流活动图

② 建模完整的事件流，如图 4-7 所示。

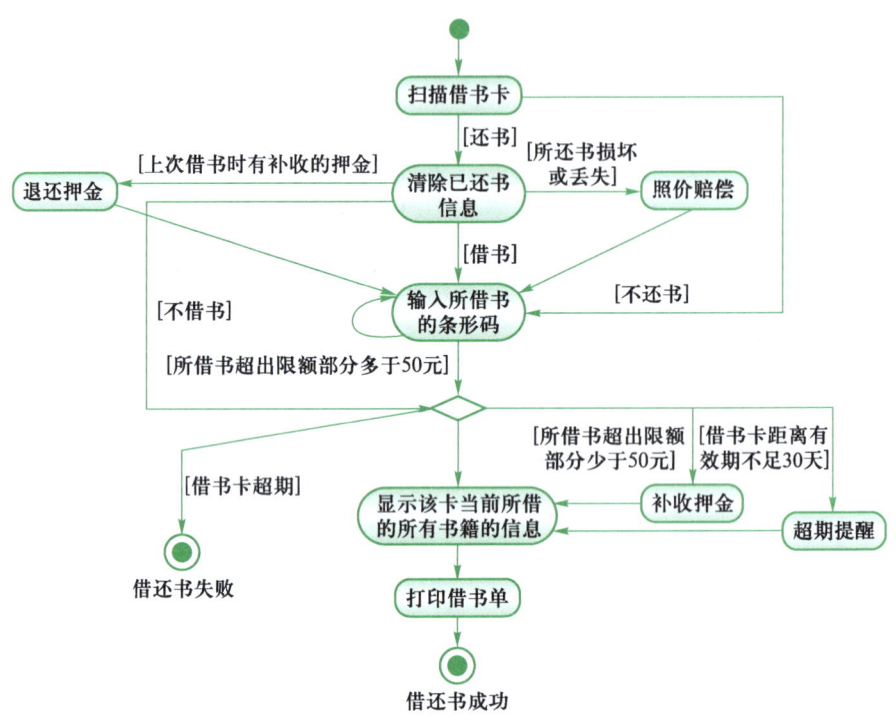

图 4-7 "借还书"完整事件流活动图

③ 划分"游泳道"，如图 4-8 所示。

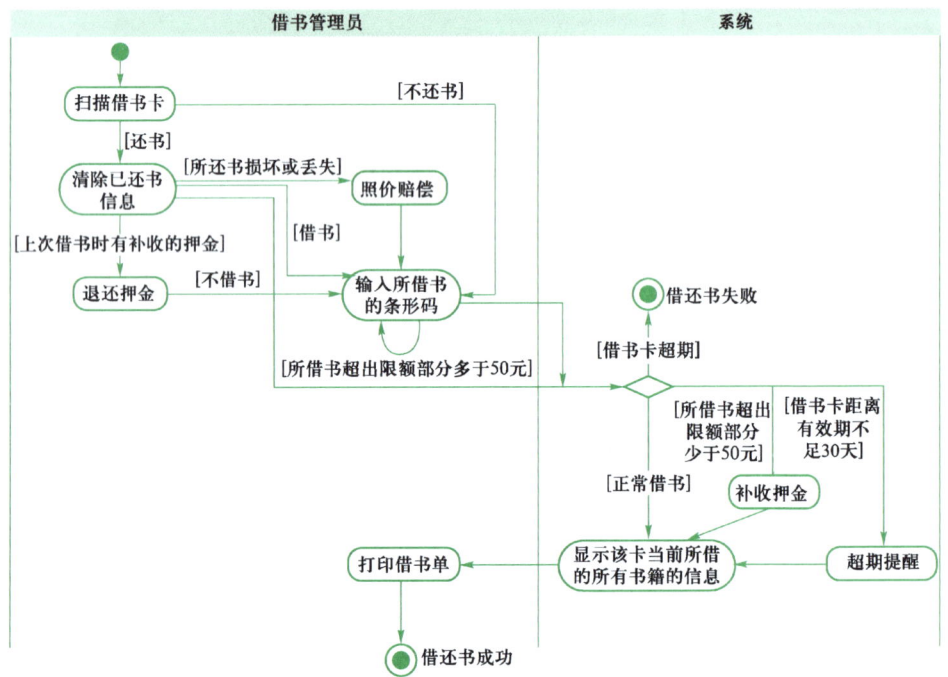

图 4-8 "借还书"划分"游泳道"的活动图

步骤 2：书店借书系统在系统分析阶段的"借还书"过程

根据书店借书系统的"借还书"功能的描述，以及在逻辑设计阶段的类图分析，从业务的角度进行建模，以表达"借还书成功"的过程中各个业务对象间的交互，如图 4-9 所示。

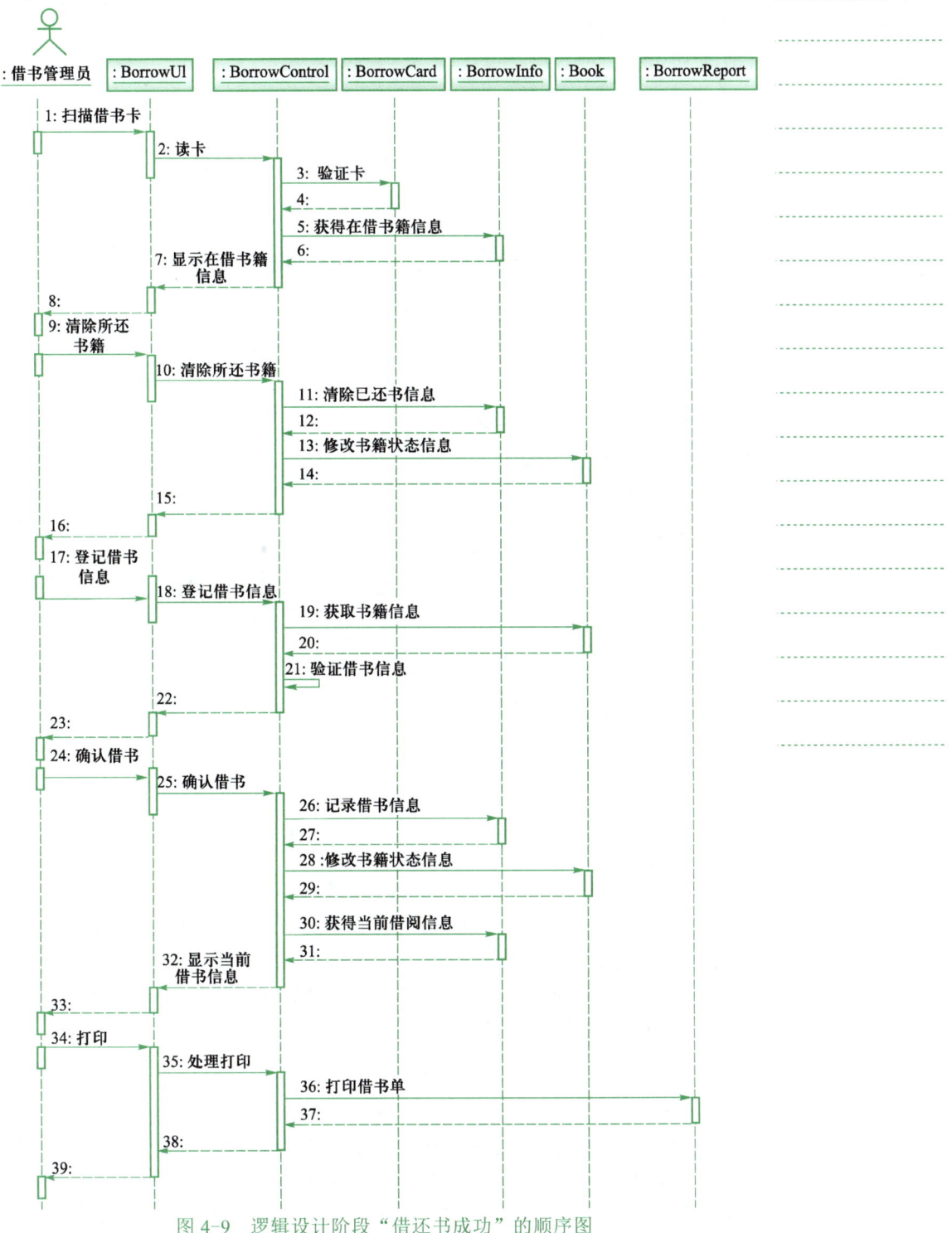

图 4-9 逻辑设计阶段"借还书成功"的顺序图

【拓展训练】

拓展训练 1：试描述顺序图的含义

微课 4-4
顺序图建模实例

观察顺序图 4-10 与图 4-1 的区别，将该图与 2.5.2 节图 2-21 所示的活动图中“成功通行”的路径比较。若将闸机对象分解为读卡器、闸门和门锁对象，试完成该顺序图。

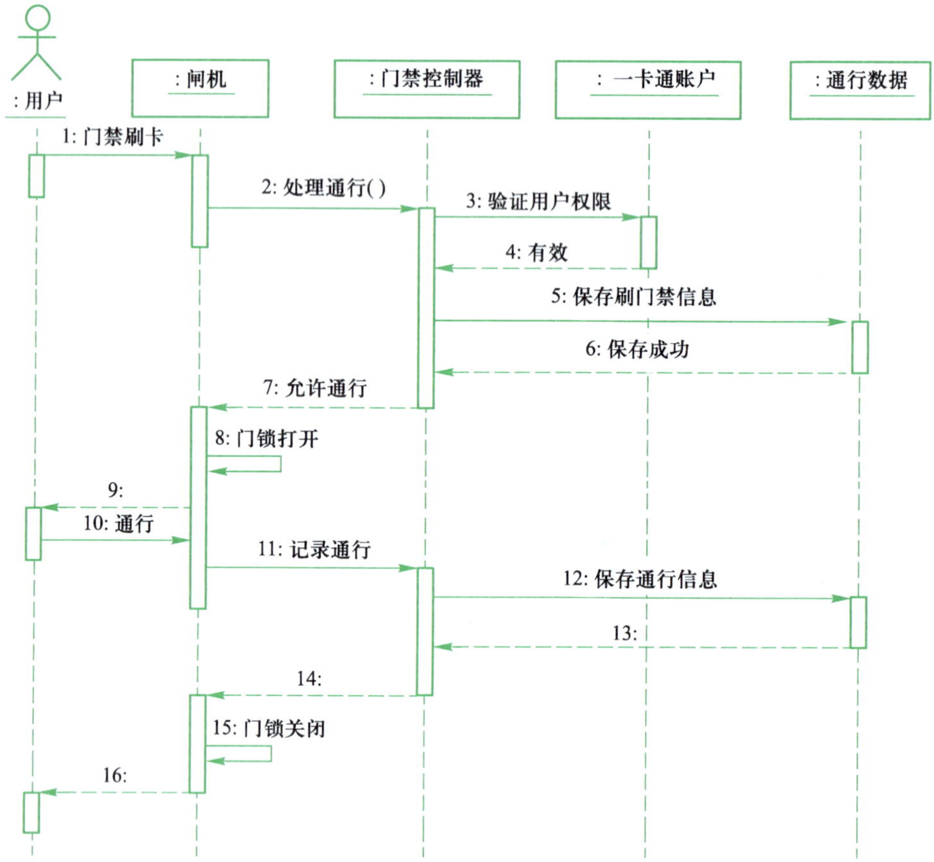

图 4-10　一卡通成功通行闸机的顺序图（版本 2）

拓展训练 2：建模网上报销系统中“报销成功”的顺序图

一家民营企业希望开发一套网上报销系统，在系统设计要求中规定：员工出差时必须填写出差申请单，每张出差申请单上都标注了报销限额。因而填写报销单时需填写出差申请单号，以便检查是否超过限额。该系统的类图如图 4-11 所示，试分析报销流程，建模“报销成功”的顺序图。

拓展训练 3：建模某用户在自动售饮料机上成功购买到一瓶饮料的顺序图

用户在自动售货机上成功购买到一瓶饮料的情景如下：

系统显示当前可购买的饮料种类；顾客选择要购买的饮料及数量（默认数量为 1）；顾客确认选项；如果机器无法送出饮料，则系统提示顾客想购买的饮料缺货，要求顾客重新选择，否则系统输出饮料总金额，提示顾客扫码支付，显示支付码；顾客扫码支付；若支付成功，系统送出饮料，提示顾客取走饮料，否则系统提示支付不成功，取消此次交易；最后（若支付成功），顾客得到饮料。

请利用 UML 的动态视图中的顺序图对该场景进行建模。

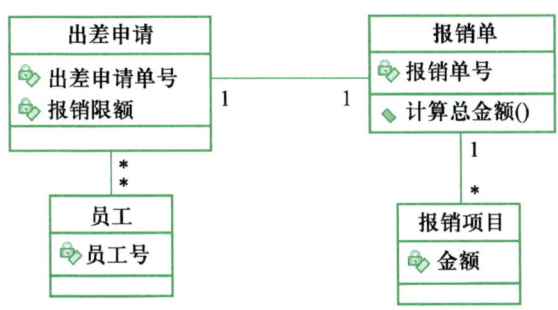

图 4-11 报销系统的类图

任务 2 建模对象间的交互及关联关系

 【任务陈述】

上一节中，对书店借书系统建模了"借还书"的交互过程，分析了这一过程中参与的对象，以及它们之间按照时间顺序展开的消息的传递。本任务将进一步明确对象间的关联关系，并将对象间的关联映射到类图中，从而得到更完善的类模型。

 【知识准备】

4.2 协作图

4.2.1 定义协作图

协作图是用来建模对象间的交互过程的另一种图形。协作图可以看做是对象图和顺序图的结合，它能表达对象间的交互过程及对象间的关联关系。协作图的主要组件是对象及其角色、关联和消息。

教师修改学生成绩的协作图如图 4-12 所示，试将这个图与前面表达相同过程的顺序图（见图 4-5）进行比较。

4.2.2 协作图与顺序图的联系和区别

可以看出，协作图和顺序图类似一对孪生兄弟，它们都对对象间的交互过程进行准确的描述，几乎可以表达完全相同的信息。但是它们的侧重点不同：顺序图清楚地表示了交互作用中的时间顺序，但没有明确表示对象间的关系；协作图清楚地表示了对象间的关联关系，但时间顺序必须从顺序号获得。

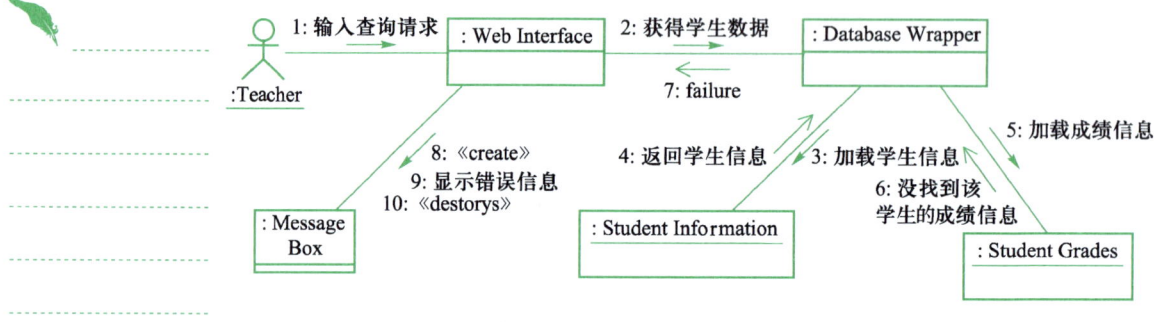

图 4-12　教师修改学生成绩的协作图

因此，如果强调交互过程的时间和顺序，则使用顺序图；如果强调对象间的关系，则选择协作图。

4.2.3　协作图、顺序图与代码的映射

建模系统的交互过程时，往往需要首先设计类，然后在具体的交互过程中，各个对象的职责得到进一步的明确。这个过程表现为类图和顺序图或协作图的反复迭代：首先完成类图的结构性设计；然后针对具体的各个流程，进行交互图的建模，将交互过程中的各个行为分配到具体的对象；最后，将这些对象的职责映射到类中，从而使类图得到完善。

以某订购系统为例，现已有 4 个类：客户、订单、订单行和零件目录，分别画出下列工作流的顺序图。

① 创建订单行。客户对象向订单发送一个消息，说明要订购的零件和数量，创建一个新的订单行对象，订单行对象向零件目录对象获得零件价格。

② 删除订单行。客户对象向订单发送一个消息，说明要删除的订单行对象，订单行对象被删除。

分析得到系统的类模型，如图 4-13 所示；根据这个类图，进行创建订单行和删除订单行的动态建模，如图 4-14 和图 4-15 所示。

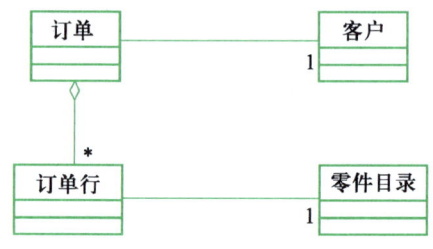

图 4-13　某订购系统的分析类图

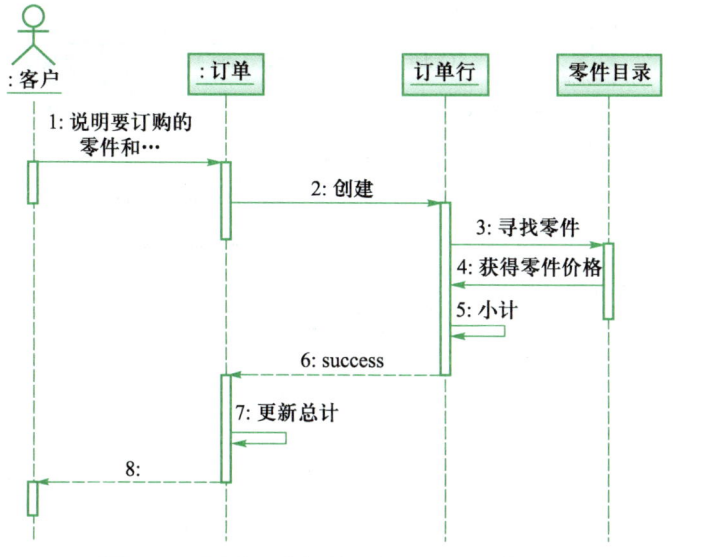

图 4-14　创建订单行的顺序图（分析模型）

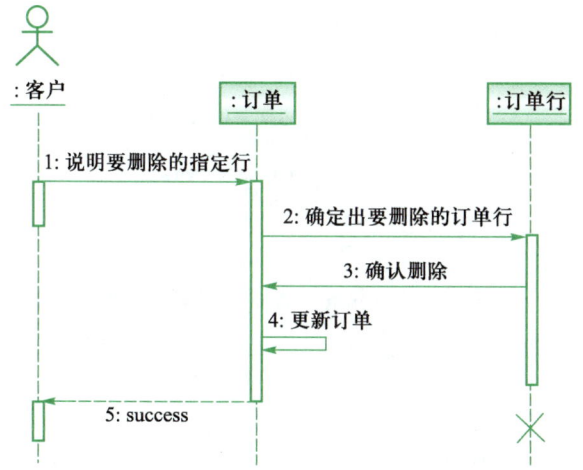

图 4-15　删除订单行的顺序图（分析模型）

根据分析，得到相应的设计类，如图 4-16 所示。

根据设计类图，进行创建订单行和删除订单行的动态建模，如图 4-17 和图 4-18 所示，进而得到完善的设计类图，如图 4-19 所示。

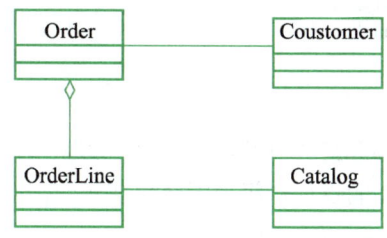

图 4-16　某订购系统的设计类图

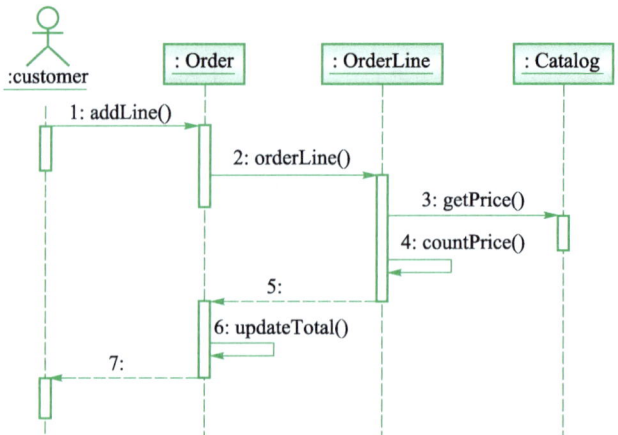

图 4-17 创建订单行的顺序图（设计模型）

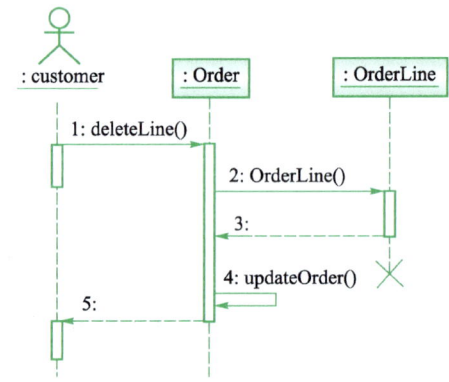

图 4-18 删除订单行的顺序图（设计模型）

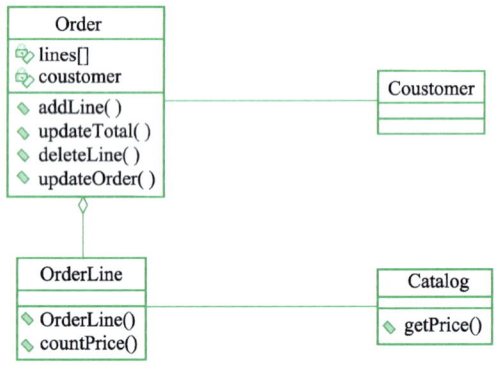

图 4-19 完善后的设计类图

进行了上述动态建模和静态建模的反复迭代以后，得到了相对完善的类图，请读者尝试根据这个类图的设计，将模型转化成代码。

 【任务实施】

建模对象间的交互及关联关系

"借还书成功"的过程中各个业务对象间的交互用协作图如图 4-20 所示，完善后的类模型如图 4-21 所示。

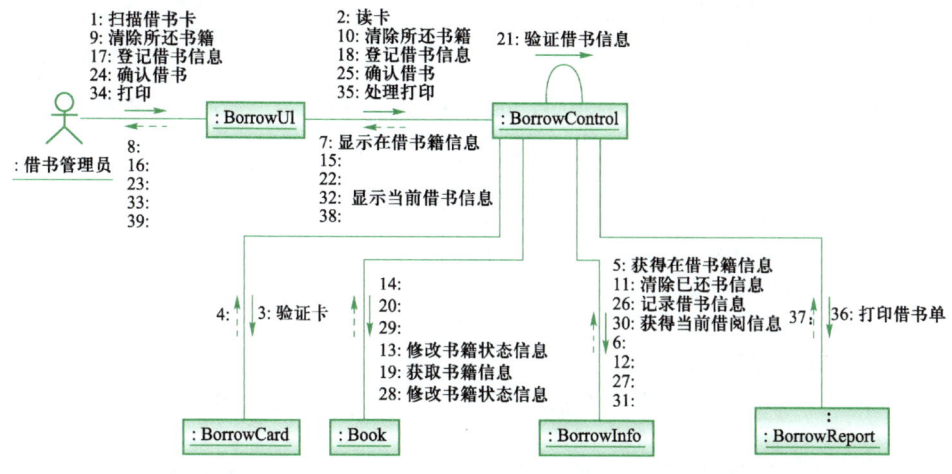

图 4-20　逻辑设计阶段"借还书成功"的协作图

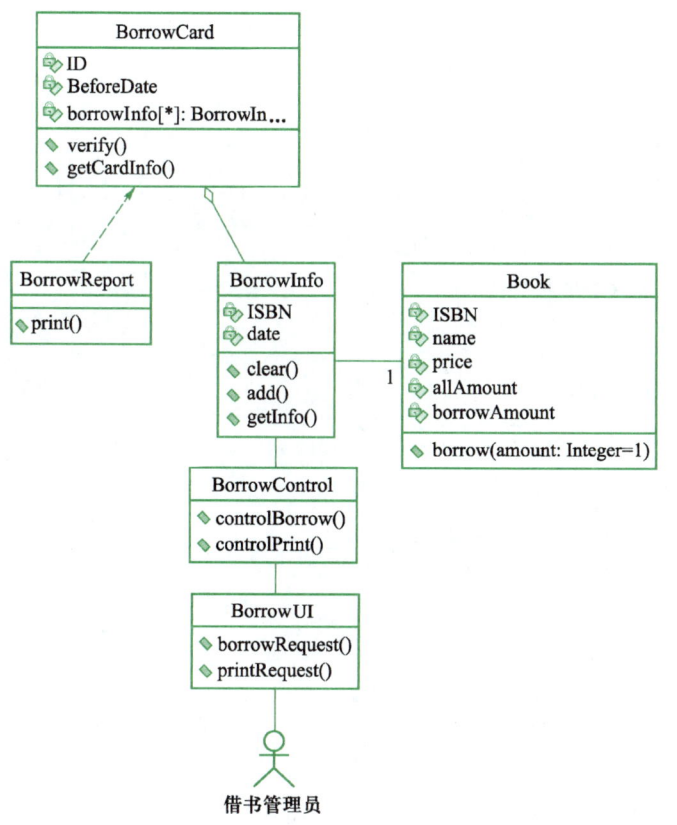

图 4-21　逻辑设计阶段"借还书成功"的类图

 【拓展训练】

拓展训练 1：银行"转账"过程的建模

假如在银行系统中以下面的方式进行转账：创建一个转账对象控制交互，然后将两个账户和转账的总额作为参数传递给转账对象中的一个 doTransfer 方法。

根据已给图，画出一个协作图说明这个交互。画出一个顺序图表示相同的交互，并讨论在这种情况下哪个更适合。

拓展训练 2：某订购系统的交互过程建模

下面是某订购系统的部分源码，试根据程序绘制类图，表示尽可能完整的信息；并绘制顺序图和协作图，表示 main 方法执行时的交互过程。

```java
import java.util.Enumeration;
import java.util.Vector;
class Client
{
    private String name;

    public Client(String n) { name=n;}
    public String getName() {return name;}
}

abstract class Line
{
    protected String description;

    public Line (String d) { description=d; }
    public String getDescription() {return description;}
    public abstract double getCost();
}

class Material extends Line
{
    private double cost;

    public Material (String d, double c){
        super(d);
        cost=c;
    }

    public double getCost() {return cost;}
}

class Labour extends Line
{
    private double rate;
    private double time;

    public Labour(String d, double r,double t)
    {
        super(d);
```

```
        rate=r;
        time=t;
    }

    public double getCost(){return time*rate;}
}

class Invoice
{
    private static int nInvoice=0;

    private int invoiceNumber;
    private Client client;
    private Vector lines=new Vector();

    public Invoice(Client c){
        invoiceNumber=++nInvoice;
        client=c;
    }
    public void add(Line l){lines.addElement(l);}
    public void print(){
        double total=0;
        System.out.println(invoiceNumber+client.getName());
        Enumeration enum1=lines.elements();
        while(enum1.hasMoreElements()){
            Line l=(Line)enum1.nextElement();
            System.out.println(l.getDescription()+l.getCost());
            total+=l.getCost();
        }
        System.out.println("Total:"+total);
    }
}
public class Sell{

    public static void main(String[] args)
    {
        Client smith=new Client("John Smith");
        Invoice inv=new Invoice(smith);
        inv.add(new Material("new engine",500.0));
        inv.add(new Labour("labour",35,2));
        inv.print();
    }

}
```

任务 3 建模单个对象的状态转移过程

【任务陈述】

在书店里，同样一种书会有许多册，它们有着完全相同的信息，有相同的 ISBN 号作为标识。由于它们都是新书，书店没有必要去区别具体的每一本书，但是需要知道目前店中该书的总数，以及外借的数量。因此，书店借书系统只设计了一个 book 类，它拥有书名、ISBN 号等基本信息，还有书的总数及外借数量等属性。

然而在图书馆管理系统中，不仅需要保存同样一种书的共同信息（书名、ISBN 号等），还需要区别每一本不同的书，因为这些相同的书通常会被不同的读者借走。可以看到，图书馆的书通常都贴了专用的"条码"，这就是图书馆每一本藏书的唯一标识。因此，在图书馆管理系统中需要有两个类来分别存储上述信息。一般地，设计一个 Book 类，对应每一本具体的书；设计一个 BookInfo 类，对应每一个 ISBN 号（即存储相同书的共同信息）。

在处理借书和还书的过程中，对 BookInfo 类通常都是只读的，但需要修改 Book 类的状态信息，以标识出当前书是处于外借还是在架状态。这样做的好处，一方面可以方便系统进行统计、查询和预订等处理；另一方面可以根据书当前的状态，确定对它允许进行哪些操作。

比如，一位粗心的读者将要借的书和准备还的书混在一起了，管理员扫描条码就可以区分哪些是"外借"（要还）的，哪些是"在架"（可借）的。

试对图书馆管理系统中的 Book 对象进行建模，描述其所有可能的状态及状态间的转移过程。

 【知识准备】

4.3 状态图

4.3.1 定义状态图

状态图是对单个对象建模，描述某个对象所处的各种可能状态及这些状态之间的转移。在系统中，一些特定的对象可能会有多种不同的状态，而某些行为依赖于这些状态的取值。例如，按下开关按钮时，电灯将根据当前所处的状态进行切换，由关变开或由开变关。对于这类对象，有必要研究它依赖于状态的行为过程，对它进行状态建模。

图 4-22 所示是地铁十字转门的状态图，它表示了以下几点内容。

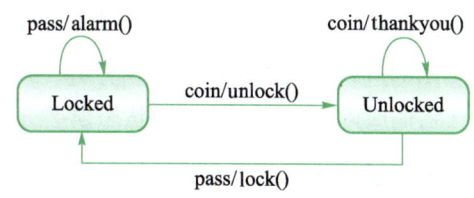

图 4-22　地铁十字转门的状态图

- 当前处于 Locked 状态，若发生 coin 事件，则变迁到 Unlocked 状态，调用 unlock 方法。
- 当前处于 Unlocked 状态，若发生 pass 事件，则变迁到 Locked 状态，调用 lock 方法。
- 当前处于 Unlocked 状态，若发生 coin 事件，则变迁到 Unlocked 状态，调用 thankyou 方法。
- 当前处于 Locked 状态，若发生 pass 事件，则继续停留在 Locked 状态，调用 alarm 方法。

状态图的基本符号如表 4-1 所示。

表 4-1　状态图的基本符号

符号	描述	表示法
简单状态	没有子状态的状态	
合成状态	包括一个或多个子状态	
初始状态	对象被创建时所处的状态	●
终止状态	不再发生转移的状态	◉
历史状态	进入某状态之前，该对象所保持的状态	Ⓗ
转移	状态之间的变迁	→
转移条件	事件(参数)[条件]/行为^目标对象.操作(参数)	

4.3.2　状态图的建模过程

状态图通常作为类图的补充，完善类中依赖于状态的各种行为。然而，在使用上并不需要为所有的类画状态图，而仅需要针对那些有多个状态，以及行为会受状态取值影响而发生改变的类画状态图。

微课 4-6
状态图的建模过程

状态图中需要着重表示以下信息。

① 对象当前的状态。

② 发生了某种事件才会引起状态间的转移。

③ 由一个状态转到另一个状态的实现过程（通常通过方法调用实现）。

因此，状态图的建模过程通常如下。

① 识别出对象所有可能的状态。

② 识别引起对象转移的所有触发因素（事件或条件）。

③ 表示状态转移的实现过程（方法或行为）。

④ 完善类模型。在完成了上述步骤以后，还需要把状态图映射到类，从而

完善类中相关的属性和操作。

另外，在建模状态图的过程中可以进行必要的分组，即将具有共性的简单状态置于合成状态中，让它们成为子状态，从而对状态模型进行简化。

4.3.3 状态图与代码的映射

状态图是对单个对象的建模，因此状态图向代码的映射往往只需要在该对象对应的类中实现。常规方法如下。

① 将不同状态作为常数枚举，把当前状态存储在适当的数据成员中。

② 依赖于状态的操作可以用开关语句对每个状态分别设一个 case 实现。每个 case 表示来自特定状态，用相应的消息表示转换。

③ 需要用专门的数据成员存储对象的历史状态。

例如，如图 4-23 所示，为一个触摸式台灯，对于"按下触摸开关"这一事件，会产生多种不同的效果，具体哪种效果取决于灯当前的状态。该过程的状态图如图 4-24 所示。

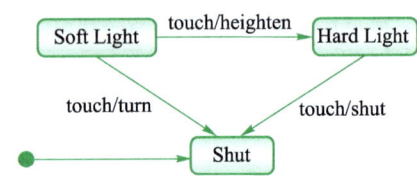

图 4-23　触摸式台灯　　　　图 4-24　触摸式台灯的状态图

根据状态模型，触摸式台灯的代码如下。

```
public class Lamp{

    private final int Shut=0;
    private final int SoftLight =1;
    private final int HardLight =2;

    int state= Shut;
    Button lamButton;
    public void init()  {
        add(lampButton);
        lampButton.addActionListener(this);
    }

    public void turnOnOff( ActionEvent e)     {
        switch (state){
         case Shut:
             state= SoftLight;     break;
         case SoftLight:
```

```
            state= HardLight;        break;
        case HardLight:
            state= Shut;             break;
        }
    }
}
```

4.3.4 状态图实例

微课 4-7
状态图建模实例

银行账户有借记（InCredit）和透支（Overdraw）两种基本状态，仅有的两个操作是存款和取款，监视条件根据在交易中涉及的存取款金额 amt 和该账户的当前余额 bal 的关系来确定执行哪种行为。例如，如果当前是透支状态，发生了存款事件，如果存款金额大于或等于该账户当前透支的金额（amt≥-bal），则执行 bal -= amt 的行为，并且当前状态转移为借记状态。

该账户透支时，不能取款。

可以冻结账户，冻结时不能存款或取款；解冻后，账户将由冻结状态转移到冻结前的某个活动状态（即历史状态）。

账户对象的状态图如图 4-25 所示，显然需要将借记和透支两种状态组合成一个合成状态。

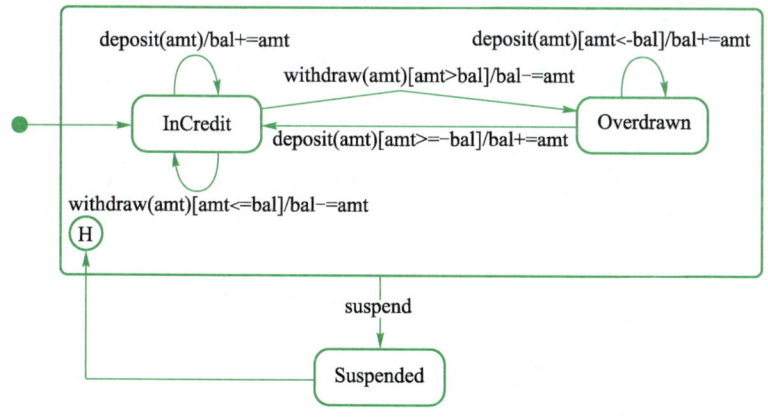

图 4-25　银行账户对象的状态图

对应的代码如下。

```
public class Account{
    private final int InCredit=0;
    private final int Overdrawn=1;
    private final int Suspended=2;

    private int historyState=0;
    private int state;

    public Account(){
        state=InCredit;
    }
```

```
public void withdraw(double amt){
    switch (state){
        case InCredit:
            if(amt>bal)
                {state=Overdrawn; }
            bal -= amt;
            break;
        case Overdrawn:
        case Suspended;
            break;
    }
}

public void deposit(double amt){
    switch (state){
        case InCredit:
            bal+=amt;
            break;
        case Overdrawn:
            if(amt>=-bal)
                {state= InCredit; }
            bal+=amt;
            break;
        case Suspended;
            break;
    }
}

public void suspend(){
    switch (state){
        case InCredit:
        case Overdrawn:
            historyState =state;
            state=Suspended;
            break;
        case Suspended;
            break;
    }
}

public void unsuspend(){
    switch(state){
        case Suspended:
            state=historyState;
        break;
```

```
            \\other cases
        }
    }

}
```

【任务实施】

建模图书馆管理系统中 Book 对象的状态转移过程

（1）分析状态转移过程

图书馆管理系统中的 Book 对象有"外借"（Lending）和"在架"（OnShelf）两个简单状态。当处于"在架"状态时，如果发生 borrow 事件，将引起状态转移到"外借"；当处于"外借"状态时，如果发生 return 事件，将引起状态转移到"在架"。初始时，Book 对象处于"在架"状态；任何时候如果发生了 destory 事件，Book 对象将转移到 destoryed 状态，此后再也不会发生状态转移，因此该状态为结束状态。

动画 4-2
建模状态的意义

（2）状态建模

该过程的状态图建模如图 4-26 所示。

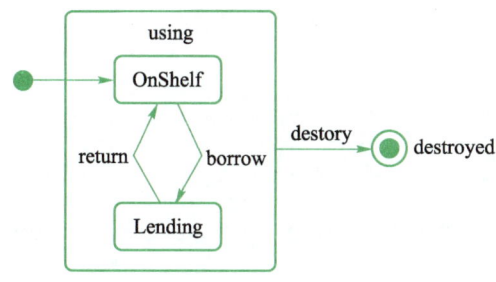

图 4-26　"Book"对象的状态图

【拓展训练】

拓展训练 1：建立"用户使用手机拨打电话"过程的状态模型

对用户使用手机拨打电话的过程建立状态模型。手机开机时，处于空闲状态，当用户开始使用电话呼叫某人时，手机进入拨号状态。如果呼叫成功，即电话接通，手机就处于通话状态；如果呼叫不成功，如对方线路问题、关机或拒接等，这时手机停止呼叫，重新进入空闲状态。手机在空闲状态被呼叫。如果用户接听电话，用户处于通话状态；如果用户未做出任何反应，可能他没有听见铃声，手机一直处于空闲状态。

拓展训练 2：建立电梯的状态模型

① 根据以下电梯运行过程的描述，建模电梯的状态图。

电梯开始处于空闲状态（idle），当有人按下按钮要求使用电梯时（事件 is required 发生），电梯进入运行状态（run）。如果电梯的当前楼层比想要的楼层高时（护卫条件[currentFloor>desiredFloor]成立），电梯进入下降状态（moving down）；反之，如果电梯的当前楼层比想要的楼层低时（护卫条件[currentFloor<desiredFloor 成立]），电梯进入上升状态（moving up）；当电梯的当前楼层与想要的楼层相同时（护卫条件[else]成立），电梯门打开（door open）。在电梯上升或下降期间，每经过一个楼层就判断护卫条件（currentFloor=desiredFloor）是否成立，若不成立，继续移动；若成立，就进入停止状态（stop），15 秒后，电梯门自动打开（door open），2 分钟后，电梯门自动关上（door close），如果有更多的电梯使用请求，进入运行状态（run），反之，则进入空闲状态（idle）。

请按以上描述绘制出电梯系统的状态图。

② 获取需求，建模某酒店电梯状态图。

在前面的基础上，建模实际中运营的酒店电梯的状态图，在建模时需要考虑以下几个因素。

- 电梯有哪几种不同的状态？
- 电梯内的控制面板和各楼层的控制面板有什么差异？
- 怎样处理楼层的请求？如用户在 11 楼按下楼的按钮。
- 是否任何时候有新的请求电梯都会立马响应？怎样处理多个请求。
- 电梯内控制面板的楼层请求和各楼层控制面板的楼层请求有无差异？
- 各楼层的面板有无差异？是否会影响状态建模。
- 酒店电梯和小区家居楼的电梯有无差异？

文本
单元 4 其他资源

单元小结

统一建模语言 UML 由各种不同的、彼此关联的图组成，共同描述系统的静态结构和动态行为。

采用面向对象的方法进行软件开发时，通常首先描述需求；其次根据需求建立系统的静态模型（用例图）和表示系统工作流的动态模型（活动图、顺序图等）；最后根据需求模型构造系统结构的静态模型（类图、包图、组件图和部署图等），并描述系统的行为（顺序图、协作图和状态图等）。

一个完整的模型必然描述系统的静态和动态两个方面。静态模型重在描绘系统的组成结构；动态模型描述系统的行为，即所建立的静态模型是否能够执行，以及执行时的时序状态、交互关系等。UML 提供了 4 种动态模型：交互图（顺序图和协作图）、状态图和活动图。

其中，状态图用来描述某一特定对象所有可能的状态及状态间的转移，是对类图的补充；顺序图用来描述对象间的动态交互关系，着重体现对象间消息传递的时间顺序；协作图用来描述相互协作的对象的交互关系和关联关系，着重体现对象间的静态关联关系；活动图主要用于描述用例内部的工作流程。

静态建模和动态建模是紧密联系在一起的两个建模过程，它们互相补充，相互利用，这种互补对保证系统的完整性具有重要意义。

项目实训

"学生成绩管理系统"的动态建模

试对学生成绩管理系统的主要用例进行动态建模。

1．"登录"用例

① 登录成功的顺序图。

② 验证码不正确，登录失败的顺序图。

③ 密码错误，登录失败的顺序图。

2．学生"查询成绩"用例

① "学生成功查询成绩"的顺序图。

② "学生查询成绩，该成绩还没有打分"的顺序图。

3．教师"打分"用例

① "教师成功打分并提交成绩"的顺序图。

② "教师选择打分，该课程还没有开放打分权限"的顺序图。

4．管理员"开放打分权限"用例，"管理员成功开放打分权限"的顺序图。

5．绘制"教师权限"的状态图。

6．将上述动态建模映射到类模型。

单元 5

系统的实现方式建模

 学习目标

【知识目标】

- 了解为什么建模实现方式图
- 了解组件图和部署图的主要组件
- 掌握如何建模实现方式图

【能力目标】

- 能通过模型表达系统各组件之间的关系
- 能通过模型表达系统的硬件部署

【素质目标】

- 培养良好的沟通能力
- 遵循软件行业的标准和规范
- 认识现代软件工程中软件、硬件的"相对性"

 引例描述

实现方式图由组件图和部署图组成。它可以帮助开发人员设计系统的整体物理架构。本章将完成两个任务，分别是书店借书系统组件图、部署图建模及客户通过 Web 对检索的产品进行扫描的实现方式图建模。

任务 1　建模系统的软件构成

 【任务陈述】

根据前面单元中所得到的书店借书系统的用例模型及分析模型，进行系统设计，并建立其设计模型。

 **【知识准备】**

5.1　组件图

微课 5-1
定义实现方式图

5.1.1　什么是系统的实现方式图

在软件建模的过程中，使用用例图可以描述系统的功能；使用类图可以表示系统中的类；使用顺序图、状态图、协作图及活动图可以说明这些类中的事物如何相互作用才能完成系统的行为。

在完成系统的逻辑设计之后，即可开始进行系统的物理设计及实现，如可执行文件、库、表、文件和文档等。因为建模的系统属于软件系统，所以可以通过实现方式图来帮助设计系统的整体物理架构。

实现方式图由组件图与部署图组成。其中，组件图用来帮助用户了解系统各项功能位于软件包的位置以及它们之间的关系；部署图用来帮助用户了解软件中的各个组件驻留的硬件位置以及这些硬件之间的交互关系。

5.1.2　组件图的概念

微课 5-2
组件图

组件图中通常包含 3 种元素：组件、接口和依赖关系。组件图通过这些元素描述软件的各个组件以及它们之间的依赖关系、组件的接口与调用关系。图 5-1 所示是一个简单的用 Java 语言编写的画图程序项目的组件图。

在这个画图程序项目中，main.java 中实现了 Main 类（主程序类），Shape 类（基类）放在 Shape.java 中，而由它派生的画线类（Line 类）放在 Line.java 中，画三角形类（Triangle 类）放在 Triangle.java 中，画矩形类（Rectangle 类）放在 Rectangle.java 中，画正方形类（Square 类）放在 Square.java 中。从图 5-1 中可以看出，main.java 的成功编译运行依赖于 Shape.java、Line.java、Triangle.java、Rectangle.java 和 Square.java。

在 UML 中，组件图是系统实现视图的图形表示，与其他图类似，组件中可以包含注释和约束，也可以包含包或子系统，将系统中的组件组合起来就能表示完整的系统实现视图。

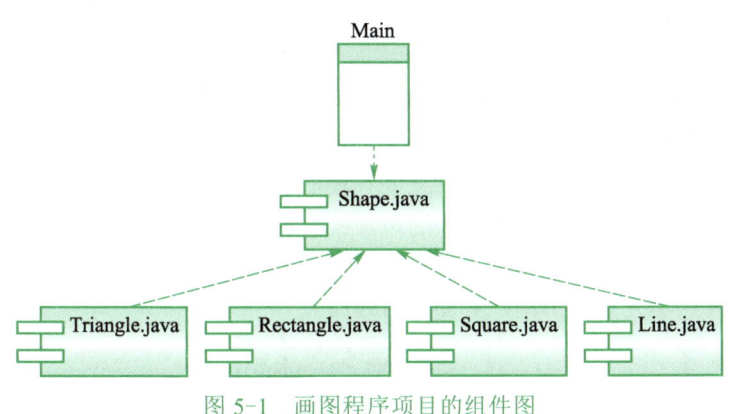

图 5-1　画图程序项目的组件图

5.1.3　组件图的关键技术

1. 组件

在 UML 中，组件是指系统中可替换的物理部分。它封装了实现体并提供了一组接口的实现方法，是软件的单个组成部分，包括源代码文件、可执行文件、库和数据库等。

在组件图中，组件表示为一个矩形，且一侧有凸出的两个小矩形，组件名称标在矩形中，如图 5-2 所示。

根据定义，图 5-3 所示的某个信息系统模型中的 Database、BusinessLogic 和 UserInterface 是否分别为一个组件呢？

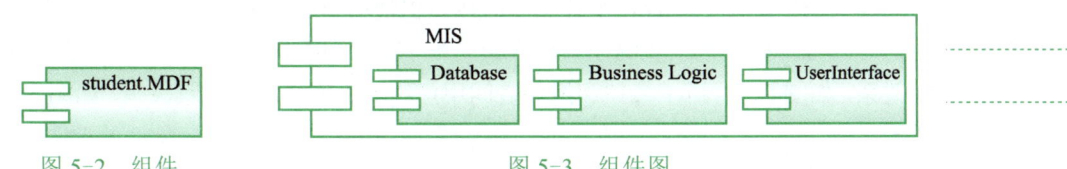

图 5-2　组件　　　　　　　　　　　　　图 5-3　组件图

图 5-3 表示，MIS 组件包含 Database 组件、BusinessLogic 组件和 UserInterface 组件，即 Database、BusinessLogic 和 UserInterface 确实分别为一个组件。因为在 UML 规范中并没有严格地声明组件是什么，组件只被认为是在一个系统或子系统中的独立的封装单位，提供一个或多个接口。

举例说明：当需要升级一台计算机的显卡时，可能会买来新品牌的元件替换原来的。之所以能够这样做，是因为新的元件恰好能适合接口，同时又能与其他部件协同工作。

同理，在软件项目中，组件也是呈现事物的更大的设计单元，它有严格的逻辑，并且封装了行为，实现了特定接口，能够完成一定的功能，也能很容易地在设计中重用或替换它。

在软件系统建模中，一般归类出 3 种类型的组件：配置组件、工作产品组件和执行组件。

① 配置组件：运行系统需要配置的组件，如操作系统、Java 虚拟机和数据

库管理系统等。

　　② 工作产品组件：模型、源代码和用于创建配置组件的数据库文件，如 UML 图、Java 类、JAR 文件、动态链接库和数据库表等。

　　③ 执行组件：运行时创建的组件，是最终可运行的系统产生的允许结果，如 Enterprise Java Beans、Servlet、HTML 和 XML 文档等。

2. 依赖关系

　　组件图用依赖关系表示各组件之间存在的关系类型。在 UML 中，组件图中的依赖关系使用在一端有开放箭头的短画线表示。箭头从依赖的对象指向被依赖的对象。

　　图 5-4 所示为某图形用户界面的组件图。

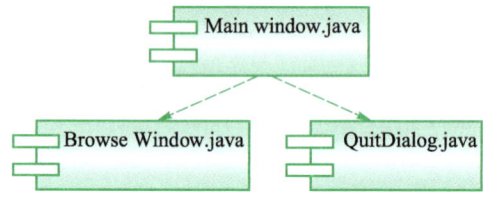

图 5-4　某图形用户界面的组件图

　　图 5-4 所示的示例演示了 MainWindow.java 文件同时依赖于 BrowseWindow.java 文件和 QuitDialog.java 文件。

3. 接口

　　在组件图中，组件可以通过其他组件的接口来使用其他组件中定义的操作。通过使用命名的接口，可以避免系统中的各个组件之间直接发生依赖关系，有利于组件的替换。

　　与类图中的接口一样，组件图中的接口也使用小圆圈来表示。另外，接口和组件之间有两种关系：实现关系和依赖关系。接口和组件之间用实线连接表示实现关系，如图 5-5 所示；接口和组件之间用虚线箭头连接表示依赖关系，如图 5-6 所示。

　　组件的接口分为两种：导入接口和导出接口。其中，导入接口供访问操作的组件使用；导出接口由提供操作的组件提供。如图 5-6 所示，MyFrame.java 实现了 Frame 接口，对于组件 MyFrame.java 来说，Frame 是导出接口；对于组件 MyWindow.java 来说，Frame 是导入接口。

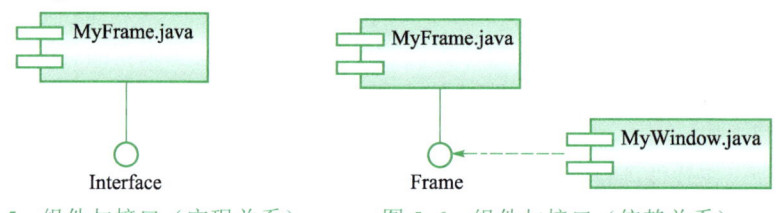

图 5-5　组件与接口（实现关系）　　　　图 5-6　组件与接口（依赖关系）

5.1.4　组件图与类图、包图的关系

　　程序员一般在谈到类和实现类的代码时，总认为它们是相同的东西。其实，这二者之间是有区别的。如果开发的程序要在多个环境中运行，也许是在不同的

操作系统平台上,那么同样的类可能需要以多种方式,甚至用不同的编程语言来实现。为了明确这个区别,在 UML 中才定义了组件这个概念。

组件在很多方面与类相同:二者都有名称和依赖关系,可以被嵌套,可以参与交互,可以实现一组接口。但是组件和类之间也存在着区别。

- 组件可以是一个或几个类在文件中的存在。
- 组件表示物理上的模块。
- 类是逻辑上的抽象,组件是客观上存在的物理抽象,所以组件可以存在于结点上,而类不能。
- 类可以直接拥有属性和操作,而组件通常只拥有必须通过接口访问的操作。

基于类与组件之间的区别,也可以看到,类图侧重于系统的逻辑设计,而组件图更侧重于系统的物理设计及实现。

包的设计主要是为了创建方便他人重用的包,因为人们通常不重用一个类,一般总是重用一组类。绝大多数系统都是由许多个包建立的,这些包相互依赖,建立了一个庞大的依赖关系图,根据发生变化的敏感度将类分组,基于同一个原因发生变化的类放在同一个包中。因此,当某个特定的改变发生时,整个依赖关系结构中只有极少数包不得不做出相应的改变。

在实际开发中,往往在组件图中保留包结构,以便清楚地描述系统的物理设计及实现。

图 5-7 显示了一个 B/S 结构的图书查询系统的部分组件图,这个图表达了类和源文件之间的一一对应关系。

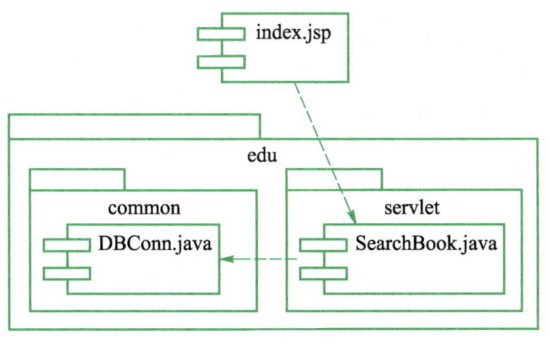

图 5-7　图书查询系统的组件图

5.1.5　购物车的组件图实现

通常,组件图展示了对将要被建立的整个系统的早期理解,同时也为架构师提供了一个开始为解决方案建模的自然形式。组件图可以呈现给关键项目发起人及实现人员,对于不同的项目小组成员也是有用的交流工具。

另外,组件图也可以描述软件设计的物理实现,即每个组件体现了系统设计中特定类的实现。例如图 5-8 所示的购物车的组件图,就能较为容易地映射为代码结构。

① Item.java 组件的代码如下。

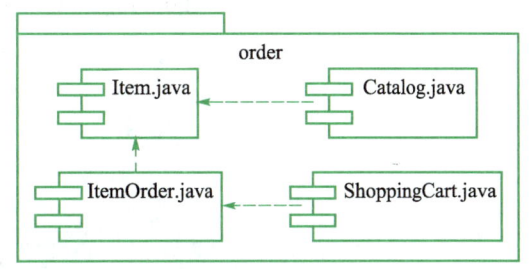

图 5-8　购物车的组件图

```
public class Item {
    private String itemID;                                      //商品的 ID 号
    private String shortDescription;                            //商品的简短描述
    private String longDescription;                             //商品的详细描述
    private double cost;                                        //商品价格
    //商品的构造方法，通过调用方法构造实际的商品
    public Item(String itemID, String shortDescription, String longDescription, double cost)
    { … }
    public String getItemID() { … }                            //获取商品的 ID 号
    protected void setItemID(String itemID) { … }    //设置商品的 ID 号
    public String getShortDescription() { … }
    protected void setShortDescription(String shortDescription) { … }
    public String getLongDescription() { … }
    protected void setLongDescription(String longDescription) { … }
    public double getCost() { … }
    protected void setCost(double cost) { … }
}
```

② ItemOrder.java 组件的代码如下。

```
public class ItemOrder
{
    private Item item;
    private int numItems;
    public ItemOrder(Item item) { …   }         //构造商品订单
    public Item getItem() { … }                  //获取商品
    protected void setItem(Item item) { … }      //设置商品
    public String getItemID() { … }              //获取商品的 ID 号
    public String getShortDescription() { … }    //获取商品的简短描述
    public String getLongDescription() { … }     //获取商品的详细描述
    public double getUnitCost() { … }            //获取商品的单价
    public int getNumItems() { … }               //获取商品的数量
    public void setNumItems(int n) { … }         //设置商品的数量
    public void incrementNumItems() { … }        //设置商品的增量
    public void cancelOrder() { … }              //取消订单
    public double getTotalCost() { … }           //获取商品价格总数
}
```

③ ShoppingCart.java 组件的代码如下。

```
public class ShoppingCart
{
    private Vector itemsOrdered;
    public ShoppingCart()     { … }
    public Vector getItemsOrdered()   { … }
    public synchronized void addItem(String itemID) { …; }
    public synchronized void setNumOrdered(String itemID, int numOrdered) { … }
```

```
}
```

④ Catalog.java 组件的代码如下。

```
public class Catalog {
    private static Item[] items =   { ... };              //定义商品对象的数组
    public static Item getItem(String itemID) { ... }    //通过商品 ID 获取 Item 对象
}
```

 ## 【任务实施】

方案 1：采用 C/S 模式

首先根据书店借书系统的 *N* 层分布式系统的逻辑划分包，如图 5-9 所示。

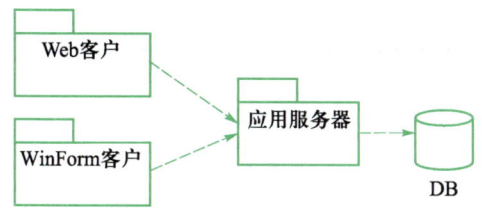

图 5-9　书店借书系统架构设计

接下来可以沿着这个思路，分别设计服务器端和客户端，如图 5-10 和图 5-11 所示。

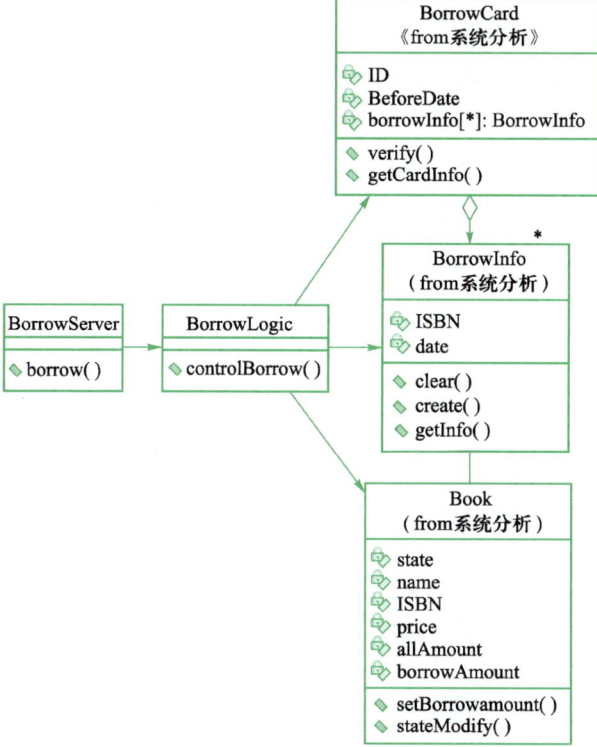

图 5-10　书店借书系统服务器类图

图 5-11　书店借书系统客户端类图

　　类模型发生了变化，动态模型也需要相应地更新，这个过程读者可以尝试自己完成。根据前面理解的业务流程，以及当前已经识别出来的设计类及其属性、操作，来建立该解决方案下的动态模型。

方案 2：采用单机模式

作为与前面方案的对照，下面简要给出一个单机模式的设计方案。

1. 系统架构设计

单机模式的书店借书系统架构设计如图 5-12 所示。

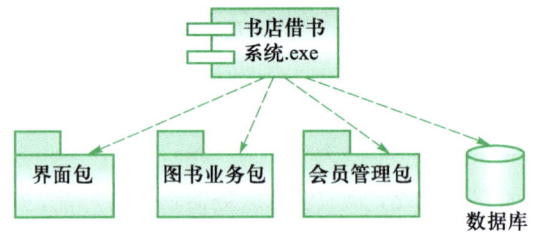

图 5-12　单机模式的书店借书系统架构设计

2. 设计模型

"会员注册成功"顺序图如图 5-13 所示。

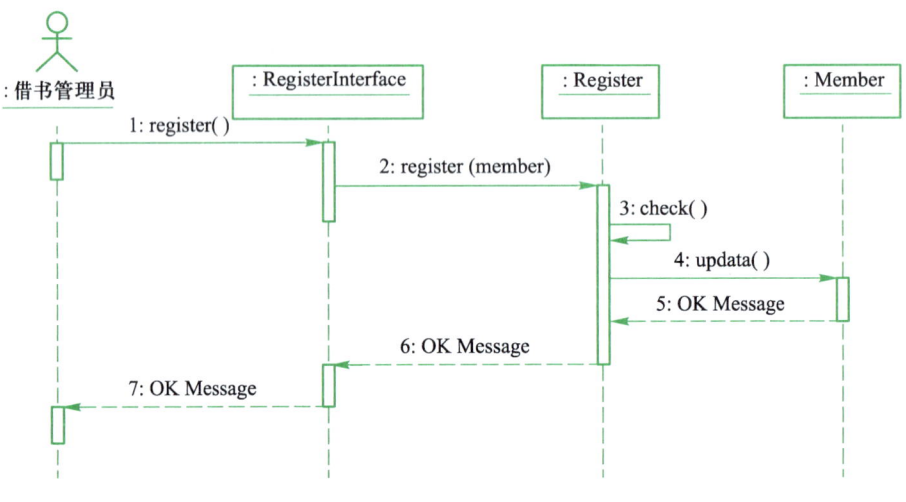

图 5-13　"会员注册成功"顺序图

　　"借书成功"顺序图如图 5-14 所示。

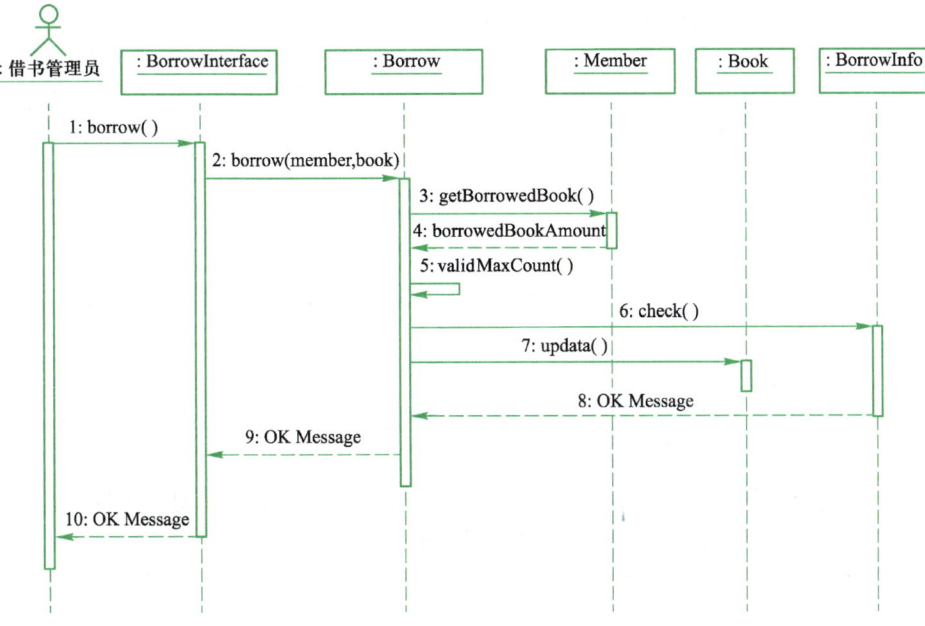

图 5-14 "借书成功"顺序图

3 个包划分之下的类图如图 5-15 所示。

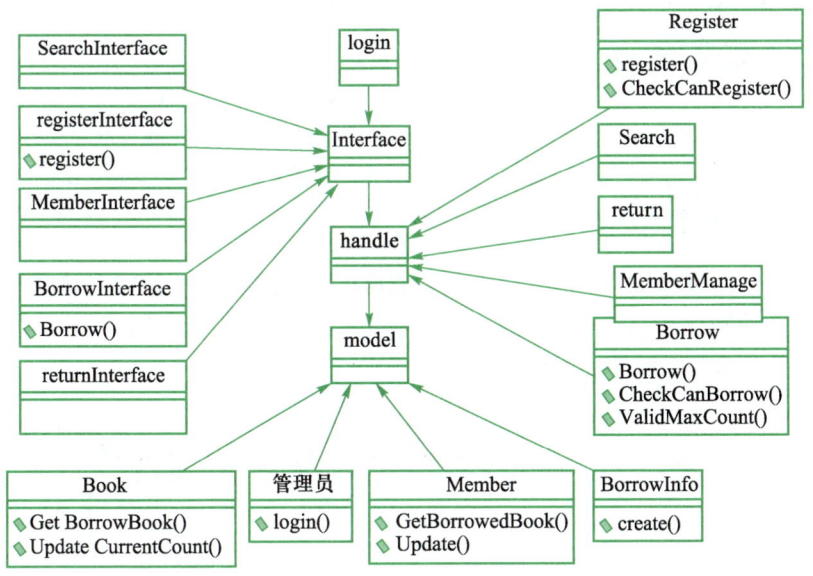

图 5-15 3 个包划分之下的类图

 【拓展训练】

拓展训练 1：利用组件图描述 IBM Rational 各组件之间的关系

IBM Rational 是一种常见的建模软件，请用组件图来描述 IBM Rational 各组件之间的关系。

拓展训练 2：利用组件图描述 WPS Office 各组件之间的关系

WPS Office 是常用的办公软件，请用组件图来描述 WPS Office 各组件之间的关系，注意模型与所选的软件版本一致。

任务 2 建模系统的硬件部署

【任务陈述】

总的需求是为一个系统构架建模实现方式图。该系统用于让客户通过 Web 对检索的产品进行扫描。

详细的需求如下。

- 扫描仪可用来扫描产品信息。扫描仪通过内部的 PCI 总线连接到网卡。需要编写代码来控制扫描仪，代码驻留在扫描仪内部。
- 扫描仪的网卡通过无线电波与插入到 Web 服务器 KONG 的无线 Hub 通信，服务器通过 HTTP 向客户机提供 Web 页。
- Web 服务器安装定制的 Web 服务器软件，通过专用的数据访问组件与产品数据库交互。
- 在客户机上将提供专用的浏览器软件，它运行产品查询插件，只与定制的 Web 服务器通信。

 【知识准备】

5.2 部署图

5.2.1 部署图的概念

微课 5-3
部署图

组件图用来建模软件组件，而部署图可以用来建模部署用 UML 建模的系统时所涉及的硬件。部署图只有两个主要的标记符，即结点和通信关联。图 5-16 所示是某个 B/S 系统中的系统部署图。

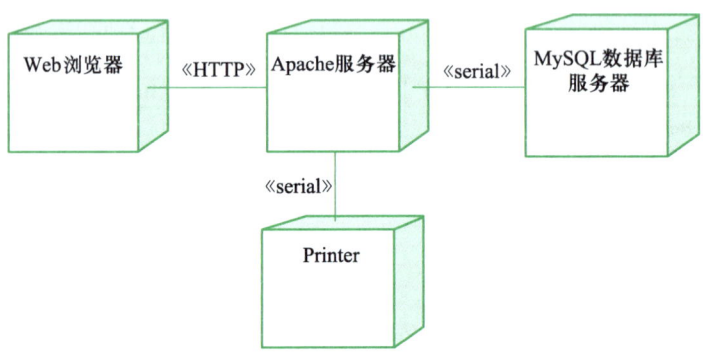

图 5-16 某个 B/S 系统的部署图

5.2.2 建模部署图的关键技术

1. 结点

结点用来表示一种硬件，如计算机、扫描仪、手机和路由器等。在 UML 中，结点的标记符是一个立方体，在框的上方包含了结点的名称，如图 5-17 所示。

结点可以建模为某种硬件的通用形式，如图 5-17 所示的 Router，也可以通过修改结点名称标记符建模为某种硬件的特定实例，如图 5-18 所示。

图 5-17　结点 A　　　　　　　　图 5-18　结点 B

这个示例中，通过在名称和冒号下面加下画线，表示一个没有指定名称的实例化的结点，它的类型是 Computer。类似地，还表示了一个名为 one 的 Router 实例。

2. 通信关联

部署图用关联关系表示各结点之间的通信路径。在 UML 中，部署图中的关联关系为一条实线。另外，在连接硬件时通常都会关心结点之间的连接方式，如红外、蓝牙、以太网、令牌、并行、USB 和 TCP 等。因此，关联关系一般不使用名称，而是使用构造型（如<<TCP>>、<<USB>>及<<parallel>>等）表示。图 5-19 所示的部署图表述了计算机与无线扫描仪之间通过蓝牙连接。

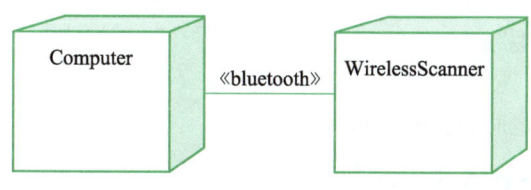

图 5-19　通信关联

3. 部署图的建模

在实际的开发中，如果遇到所开发的软件系统需要使用较多的设备（如路由器、打印机和服务器等），或者系统中的设备分布在多个处理器上，这时需要绘制部署图，以帮助开发人员理解系统中的硬件分布。

5.2.3　部署图与组件图的关系

组件图可以帮助用户了解每个功能位于软件包的位置以及它们之间的关系。部署图用来帮助用户了解软件中的各个组件驻留的硬件位置，以及这些硬件之间的交互关系。可以将两种图组合在一起来演示如何在硬件上部署软件，这就是通常所说的实现方式图，即用来帮助设计系统的整体物理架构。

一个完整的实现方式图描述了一个运行时的硬件结点，以及在这些结点上运行的软件组件的静态视图。换句话说，实现方式图显示了系统的硬件、安装在硬件上的软件，以及用于连接异构的机器之间的中间件。

图 5-20 所示是一个学生管理系统的实现方式图。该图描述了那些包含单一应用程序的主要软件组件是如何配置到硬件中的。此图明确地表明了系统的部署策略。

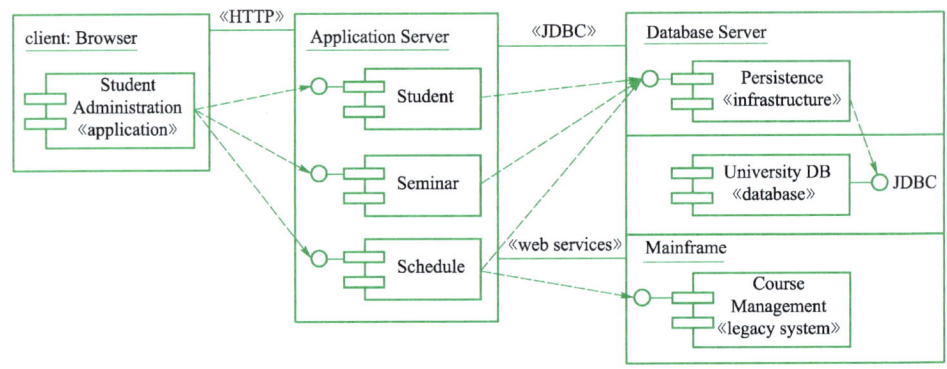

图 5-20 学生管理系统的实现方式图

虽然在实现方式图的有限范围内注明组件的部署情况是可以的，但同时图也很快就变得笨重起来。所以，当只关注企业的那些高阶部署时，配置在硬件结点之上的软件组件的细节就不需要显示出来，可以在 CASE 工具中处理这些信息，但并不需要在图中显示它们。

5.3 建模实现方式图

微课 5-4
实现方式建模实例一

建模实现方式图包括以下 4 个步骤。
① 添加结点。
② 添加通信关联。
③ 添加组件。
④ 添加组件之间的依赖关系。

 【任务实施】

微课 5-5
实现方式建模实例二

建模系统实现方式图

1. 确定结点

第一项任务是确定系统的结点。为此，需要检查结点以便满足所有能够发现的硬件列表，如图 5-21 所示。

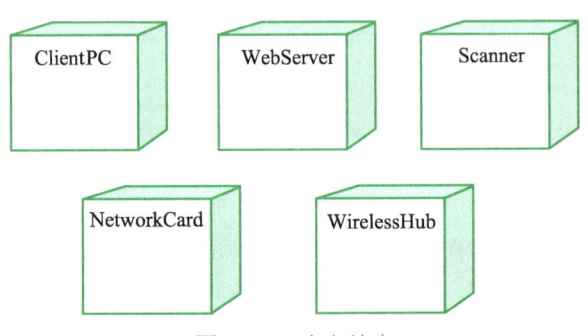

图 5-21 确定结点

2. 添加结点之间的关系

- 扫描仪通过内部的 PCI 总线连接到网卡。
- 网卡通过无线电波与无线 hub 通信。
- 无线 hub 通过 USB 连接到名为 KONG 的服务器实例。

- KONG Web 服务器通过 HTTP 与客户组件通信。

为结点之间添加关系，如图 5-22 所示。

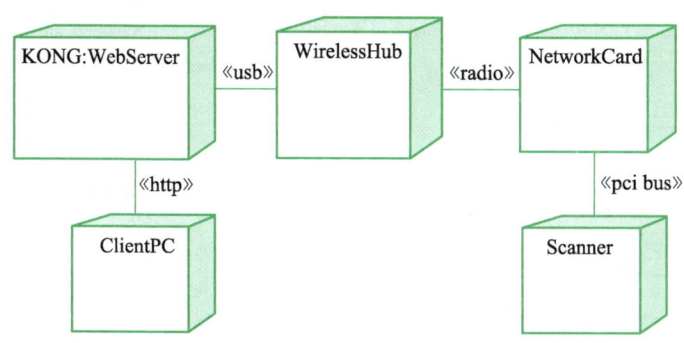

图 5-22　添加结点之间的关系

3. 添加组件、类和对象

- 编写的控制扫描仪的代码（名为 ScanEngine 的组件）。
- 定制的 Web 服务器软件（名为 WebServerSoft 的组件）。
- 专用的数据访问组件（名为 DataAccess 的组件）。
- 产品查询插件（名为 ProductLookupAddIn 的组件）。

添加组件、类和对象，如图 5-23 所示。

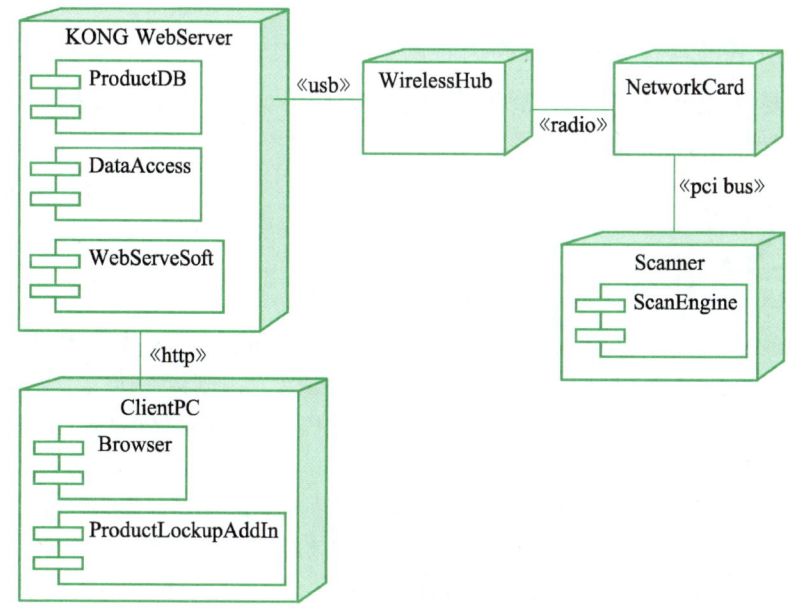

图 5-23　添加组件、类和对象

4. 添加依赖关系

- WebServerSoft 组件依赖于 DataAccess 组件。
- DataAccess 组件依赖于 ProductDB 对象。
- 专用浏览器软件只通过运行查询插件与定制的 Web 服务器交互。
- Browser 组件依赖于 WebServerSoft 组件。
- ProductLookupAddIn 组件依赖于 Browser 组件。

添加依赖关系，如图 5-24 所示。

图 5-24　添加依赖关系

 【拓展训练】

画出笔记本式计算机接连因特网的实现方式图

若要用一台笔记本式计算机接连因特网，请用实现方式图来描述其软件组件及硬件之间的分布部署关系。

文本
单元 5 其他资源

　　组件图用来反映代码的物理结构，而一个组件表现了实施项目，如文件和可运行的程序。用一个左侧边上有两个凸出的小矩形的大矩形来表示组件；用带箭头的虚线表示依赖关系，箭头从用户组件指向它所依赖的服务组件。从组件图中，可以了解各软件组件（如源代码文件或动态链接库）之间的编译器和运行时的依赖关系。

　　部署图描述了系统运行时的硬件结点，以及在这些结点上运行的软件组件的静态视图。部署图显示了系统的硬件、安装在硬件上的软件，以及用于连接异构的机器之间的中间件。UML 部署图通常被认为是一个网络图或技术架构图。

　　组件图与部署图组成了实现方式图，可以帮助设计系统的整体物理架构。

 项目实训

"学生成绩管理系统"的实现方式图

根据之前项目实训中所得到的学生成绩管理系统的用例模型及分析模型，进行系统设计，并采用单机模式和 B/S 模式建模其组件图及部署图。

单元6 需求分析

 **学习目标**

【知识目标】

- 了解信息收集的方法策略
- 理解需求分析在软件开发中的地位和作用
- 掌握需求整理的方法及需求建模的方法和步骤

【能力目标】

- 能在指导下实施需求分析
- 能准确进行需求分析及建模

【素质目标】

- 关注软件产品的技术可行性、经济可行性和社会可行性
- 养成"全局观"，综合考虑风险、安全、成本等因素，认识其相互间的制约关系
- 培养良好的沟通能力、统筹资源的能力、逻辑分析能力
- 培养恪守诚信、追求卓越的精神

文本
单元 6 教学设计

PPT
需求分析

引例描述

新闻发布系统（News Release System）又称内容管理系统（Content Management System），是一个基于新闻和内容管理的全站管理系统。它是一种将网站上需要经常变动的信息（如学校动态、新闻、活动和行业动态等更新信息）进行集中管理，并对信息按某些共性进行分类，最后系统化、标准化地发布到网站上的网站应用程序。

任务 1　需求捕获

【任务陈述】

某学校的软件学院院长把小张找去，请他利用学校自己的服务器，为本院开发一套基于 B/S 模式的 Web 应用软件，用于学院自身使用的新闻发布平台，委托单位为本校的软件学院。

显然，这项任务需要考虑的具体技术问题很多，但是在这样的早期阶段就考虑这么具体的技术问题，却很可能迷失前进的方向。软件学院（用户）并没有要求小张在学校自己的计算机上立刻实现新闻发布系统，仅仅要求他研究这种可能性。

预期将获得的经济效益能超过开发这个系统的成本吗？换句话说，这项工作值得做吗？

目前，软件学院所采用的信息发布方式是电话逐个通知、每周例会宣布，以及即时聊天工具通知等，需要专门聘请一个办公秘书完成此事，而一名秘书每个月的工资和岗位津贴共约 2000 元，因此每年为此项工作花费的人工费约为 2.4 万元。显然，任何新系统的运行费用也不可能减少到小于零。因此，新系统每年最多可能获得的经济效益是 2.4 万元。另外，新系统还有一些附加效应，例如扩大学校院部的知名度、给师生一个展示平台，以及改变传统的发布交流方式等。

最后，为了每年节省 2.4 万元，投资多少钱是可以接受的呢？绝大多数单位都希望在 3 年内收回投资。因此，对于这个项目来说，2 万元开发成本可能是一个合理的上限值。

在对其进行可行性分析得知可行之后，本任务中将对此新闻发布系统进行需求捕获及整理，确定此系统的问题域和系统边界，并整理出系统的有效需求。

【知识准备】

6.1　需求分析概述

动画 6-1
为什么需求总在变

6.1.1　什么是软件需求

软件需求是业务领域的需求中可用软件实现的部分，它是业务系统的一个子集，如图 6-1 所示。其包含的内容通常是用户任务的自动化，或者由软件来完成一个组织的业务处理，或者控制一个设备等。

图 6-1　软件需求与业务系统的关系

优秀的软件需求具有以下几个主要属性。

① 可验证性。这是软件需求的基本属性，具有这种属性才可能对软件进行评审和测试。只有系统的所有需求是可以被测试的，才能够保证软件始终围绕着用户的需要，保证软件系统是成功的。

② 可行性。可行性是指需求在当前是可以用软件实现的。

③ 优先级。软件需求具有优先级，可以在有限的资源（资金、人员、技术）和有限的时间的情况下进行取舍。

④ 唯一性。软件需求应被唯一地标识出来，以便在软件配置管理和整个软件生命周期中进行跟踪和管理。

⑤ 完整性。完整性是软件需求的重要属性，具备了这一属性是软件项目开发获得成功的根本保证。试想，如果在临近交付时发现遗漏了某些需求，以致需要返工甚至推翻先前的设计框架，将会是一件非常头疼的事情。需求的完整性涉及需求分析过程的各方各面，贯穿于最初的计划制订到最后的需求评审整个过程。

⑥ 确定性。即无二义性。

6.1.2　需求分析的目的

通俗地说，需求分析的过程就是捕获需求、整理需求、确定软件需求和完善需求的过程。需求分析的目的是用于说明软件产品或软件项目需要满足的条件和限制，准确界定软件系统的边界，并在开发者和用户之间达成一致。

需求分析的过程是从业务领域的系统需求中提取出软件需求的过程。为什么不直接从用户那里得到软件需求呢？这是因为用户描述的软件需求往往具有模糊性和动态性。"软件开发是一个专业领域的人在为另一个专业领域的人服务"，一方面，用户尽管对自己的专业领域很熟悉，但对软件需求的表述却可能不够准确，对软件能够实现的需求可能了解尚不全面，对希望软件实现的需求可能尚不明确；另一方面，开发人员在没有完全了解用户的专业领域时，对用户表述的理解可能会有较大的偏差，对软件可以实现的需求不能做出准确判断。因此，这里强调需求分析的起点是进行业务需求分析，即了解用户的专业领域，进行业务系统的分析和建模，再从中提取出软件需求。

软件需求分析既是一项技术，又是一项艺术。开发人员要善于引导和帮助用户明确需求，准确地表达需求。

① 需求分析是一个项目的开始。通过对软件需求的提取、分析、文档化和验证，为进一步的设计和实现提供依据。

② 需求分析将贯穿软件的整个生命周期。它与其他软件项目活动（如软件测试、配置管理和质量管理等）密切相关。

考虑到需求分析的重要性和复杂性，往往由开发团队中实力最强的人担当需求分析师。通常，作为需求分析师的人员既是行业专家，又是软件专家。

需求分析师与其他开发人员间的关系如图 6-2 所示。

产品经理

项目经理　　　　　　　页面制作人员
　　　　　需求分析师

架构师　设计师　开发人员　部门经理　测试经理

图 6-2　需求分析师与其他开发人员间的关系

微课 6-3
需求分析的特点

6.1.3　需求的类型

系统需求分为功能性需求和非功能性需求两个方面，具体又划分为以下几种类型。

（1）功能性

功能性需求包括特性集、功能和安全性。

（2）可用性

可用性需求包含以下几个子类别：人员因素、美观、用户界面的一致性、联机帮助和环境相关帮助、向导和代理，以及用户文档和培训材料。

（3）可靠性

需要考虑的可靠性需求有故障的频率/严重性、可恢复性、可预见性、准确性和平均故障间隔时间。

（4）性能

性能需求可对功能性需求强加条件。例如，对于一个给定行为，它可以对以下各项规定性能参数：速度、效率、可用性、准确性、吞吐量、响应时间、恢复时间或资源用途。

（5）可支持性

可支持性需求包括可测试性、可扩展性、可适应性、可维护性、兼容性、可配置性、可服务性、可安装性，或是否可本地化（国际化）。

（6）设计需求

设计需求通常又称为设计约束，它规定或约束了系统的设计。

（7）实施需求

实施需求规定或约束了系统的编码或构建，如所需标准、实施语言、数据库完整性策略、资源限制和操作环境。

（8）接口需求

接口需求规定了系统必须与之交互操作的外部项，或对这种交互操作所使用的格式、时间或其他因素的约束。

（9）物理需求

物理需求规定了系统必须具备的物理特征，如材质、形状、尺寸和重量。这

种需求类型可用来代表硬件要求，如物理网络配置需求。

6.1.4 需求验证

微课 6-4
需求验证

需求分析进行到一定程度，就需要加以"冻结"，得到一个相对稳定的"规约"，供开发人员使用。但需求也不是一成不变的，如果在开发过程中有变更的需求，可以按照事先制定的变更管理办法进行处理，如图 6-3 所示。需求的验证需要从以下几方面进行：正确性、无二义性、完整性、可验证性、一致性、可理解性、可修改性、可被跟踪性、可跟踪性、设计无关性和注释。

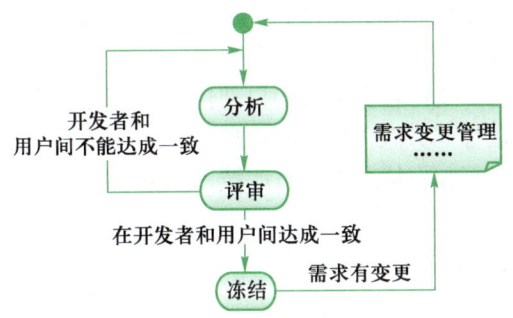

图 6-3 需求分析的稳定性

示例——需求验证。

"**A**：产品必须在固定的时间间隔内提供状态消息，并且每次时间间隔不得小于 60 s。"

这是一段需求文档的片断。下面将对其进行分析验证，发现其中存在的问题，并提出改进方案。

问题：需求不完整，导致需求不可验证。

改进方案：需求明确是什么"产品""固定的时间间隔"确切是指多少，怎样显示"状态消息"，显示什么"状态信息"。

请大家再对照看一看下面的描述。

"**B**：后台任务管理器（BTM）应该在用户界面的指定区域显示状态消息。

a. 在后台任务进程启动之后，消息必须每隔（60±10）s 更新一次，并且保持连续的可见性。

b. 如果正在正常处理后台任务进程，那么后台任务管理器（BTM）必须显示后台任务进程已完成的百分比。

c. 当完成后台任务时，后台任务管理器（BTM）必须显示一个"已完成"的消息。

d. 如果后台任务中止执行，那么后台任务管理器（BTM）必须显示一个出错信息。

可以看出，B 就是将原始需求 A 明确之后的结果，在当前这个阶段，B 的描述已经相当完整，可以通过需求验证了。

需求分析阶段的两个任务可概括为捕获需求和分析整理需求。下面介绍这两个任务所涉及的主要方法。

6.2 捕获及整理需求

6.2.1 信息收集的方法及策略

捕获需求的过程即是与需求相关的信息的获取过程。为了获得完整、准确的需求，需要了解信息收集方法及策略。

1. 信息的分类

系统信息可以分为业务信息、应用程序信息、运营信息和技术信息 4 类。

- 业务信息。系统的目标和目的、产品和服务、财务结构和主要组织结构之间的相互作用。
- 应用程序信息。支持业务流程的自动化和非自动化服务。
- 运营信息。运行业务流程所需的信息。
- 技术信息。执行和支持业务任务的技术服务。

2. 信息收集的方法

信息收集的方法归纳见表 6-1。

表 6-1 信息收集的方法

技巧	描述
实地操作	直接观察个人工作的情况，以发现现存的实践方式和问题
访谈	从个人处收集特定信息
特定群体调查	对一组人员进行调查，以便了解他们的工作态度和共同看法
问卷调查	收集详细数据和统计意义上比较重要的数据
用户指导	让最终用户告诉你，他们是如何操作系统的
原型模拟	模拟一个无法直接测试的系统
测试版本	使用具有测试功能的应用程序来记录用户完成任务的方式

3. 信息来源

信息的来源主要是以下三个方面。

- 成品：业务环境中的实物（如培训手册、作业辅助工具等）。
- 系统：用来完成某项工作的信息系统和其他流程（如库存跟踪系统、内部网等）。
- 人：业务系统中的人能提供有价值的看法和信息。

因此，在捕获需求时，人们要善于从这 3 个方面获取信息。

4. 定义信息收集策略

早期做需求捕获往往会感觉无从下手，经常会担心收集到的信息有遗漏，然而面铺得太广又无法把握，因此有必要制定可行的信息收集策略。可以将这个策略概括为"有收有放有比较"，具体如下。

- 收——确定信息范围、信息收集的时间框架和记录信息的方法。
- 放——考虑所有的看法、信息类型和信息来源。
- 比较——对使用类似业务流程的不同工作组所收集的信息进行比较。

6.2.2 整理需求的一般方法

需求的捕获是一个反复迭代的过程，每次迭代都需要对当前捕获的需求进行一次整理，每次迭代都是对现有信息的补充和完善，每迭代一次都向最终的稳定需求逼近了一步。实际上，整理需求的过程就是不断地确定需求和完善需求的过程。

确定需求的任务主要如下。

① 在收集信息的整个过程中创建候选需求的清单。

② 扩展候选需求清单。

● 重新检查所收集的所有信息，从中寻找潜在的候选需求。

● 确定候选需求。候选需求是需要进一步收集的信息。

● 收集这些信息。

完善需求的任务主要如下。

① 分清需求和期望之间的区别。

② 确定约束和假定。

● 约束是一种已设定的边界，如预算。

● 澄清假定可以避免误解。

③ 识别隐藏的需求。一些需求可能不会马上显现。

下面给出对一条原始信息的不断整理完善的实例。

原始信息：

验证用户可以通过网上银行查询并分析当月及过往的所有收支情况。

由该项记录所引发的问题：

● 怎样成为验证用户？

● 怎样进行当月及过往收支情况的查询和分析？

完善后的信息：

● 用户必须经过网上银行验证。

● 用户可通过网上银行查询当月收入和支出情况。

● 用户可通过网上银行查询过往收入和支出情况。

● 用户可通过网上银行分析当月收入和当月支出情况，进行当月收支比较。

● 用户可通过网上银行分析过往收入和过往支出情况，进行过往收支比较。

● 用户可通过网上银行进行过往收入和当月收入、过往支出和当月支出比较。

进一步引发的问题：

分析当月及过往收支情况指的是做哪方面的分析？

借助表 6-2 和表 6-3 的形式可以清晰地列出所有信息的完善过程。

表 6-2 原始需求的整理

原始信息编号	需求描述（业务层面）	由该项记录所引发的问题	来源	问题答案
⋮				
15	验证用户可以通过网上银行查询并分析当月及过往的所有收支情况	怎样成为验证用户？怎样进行当月及过往收支情况的查询和分析？	银行经理	用户必须经过网上银行验证。用户可通过网上银行查询当月收入、支出情况。用户可通过网上银行查询过往收入、支出情况。用户可通过网上银行分析当月收入、当月支出情况，进行当月收支比较。用户可通过网上银行分析过往收入、过往支出情况，进行过往收支比较。用户可通过网上银行进行过往收入和当月收入、过往支出和当月支出比较
⋮				

表 6-3 完善需求

原始信息编号	需求信息编号	需求描述（业务层面）	优先级	参与者	由该记录引发的问题	用例号	当前功能（系统层面）
⋮							
15	24	用户可通过网上银行分析当月收入和当月支出情况，进行当月收支比较		用户	分析当月及过往收支情况指的是做哪方面的分析？		
⋮							

6.2.3 示例——借书管理系统的需求整理

在单元2的任务中,利用整理出的有效需求完成了借书管理系统的需求建模,那么如何从访谈记录中整理出有效需求呢？可以分为以下几个步骤。

① 通过访谈记录归纳出原始需求，见表 6-4。

表 6-4 原始需求

原始信息编号	需求描述（业务层面）	由该项记录所引发的问题	来源	问题答案
1	[销售人员]加快资金周转	通过什么方式？	书店经理	及时更新书籍以吸引读者
2	[业务员]更新书籍	谁更新书籍、什么情况下需要更新、系统是否负责统计书籍订货信息	书店经理	与系统无关
3	[借书管理员]注册会员		书店经理	
4	[借书管理员]补收押金		书店经理	
5	[会员]出示借书卡		客户	
6	[会员]还书		客户	
7	[借书管理员]清除上次借书信息		客户	
8	[借书管理员]退还[补收的]押金		客户	
9	[借书管理员]登记会员本次借书信息		客户	
10	[系统]验证[此次借书]是否符合借书规定	需要验证哪些信息？	客户	册数、总金额、卡的有效期
11	[借书管理员]修改书店书籍的状态信息（架上、售出，还是外借）		客户	
12	[借书管理员]查看所借书是否有读者卡、纪念卡、资料册等附件	如果有附件该如何处理？	客户	附件一律不外借，人工取出附件，书归还以后再放进去
13	[借书管理员]借书完成后打印借书凭条	读者持外借书怎么出门？	客户	凭借书管理员打印的借书单据
14	打印照价赔偿单	如何赔偿	客户	所借书遗失，按原书价赔偿
15	[借书管理员]通过系统提示，给会员办理注销或续卡业务	何时提示会员续卡	客户	有效期少于一个月（30天),给出卡即将到期的提醒
16	[售书员]给会员打相应的折扣	借书系统是否为书店销售系统提供会员信息？	客户	不需要，凭会员卡打折
17	[售书员]把所卖图书消磁	什么时候消磁？	客户	付款卖出以后

② 通过对上述原始需求的分析和整理，得到如表 6-5 所示的修改需求。

表6-5 修 改 需 求

原始信息编号	需求信息编号	需求描述（业务层面）	优先级	参与者	由该记录引发的问题	用例号	当前功能（系统层面）
1		[销售人员]加快资金周转					
2		[业务员]更新书籍					
3	1	注册会员		借书管理员	如何办理会员	UC-1	办理会员卡
4	2	补收押金		借书管理员		UC-2	查看图书状态信息
5		[会员]出示借书卡					
6	3	[会员]还书		借书管理员		UC-2	处理还书信息
7	4	更新书籍状态，更新借书信息		借书管理员		UC-2	将书籍状态改为已还
8	5	退还[补收的]押金		借书管理员		UC-2	系统提示已补收押金的金额
9	6	登记会员本次借书信息		借书管理员		UC-2	借书信息写入借书卡
10	7	[系统]验证[此次借书]是否符合借书规定		借书管理员	需要验证哪些信息	UC-2	验证可借册数、总金额、卡的有效期
11	8	修改书店书籍的状态信息（架上、售出，还是外借）		借书管理员		UC-2	修改所借书的状态
12		查看所借读书是否有附件		借书管理员	如何完成		
13	9	借书完成后打印借书凭条		借书管理员		UC-3	打印本次借书信息
14	10	打印照价赔偿单		借书管理员		UC-4	所借书遗失，打印书价等信息
15	11	通过系统提示，给会员办理注销或续卡业务		借书管理员		UC-5 UC-6	续卡 注销会员
16		给会员打相应的折扣					
17		把所卖图书消磁					

③ 再次整理，得到最终的有效需求，见表 6-6。

表6-6 有 效 需 求

原始信息编号	需求信息编号	需求描述	优先级	参与者	用例号	当前功能	下一个版本
	1	注册会员		借书管理员	UC-1	办理会员卡	
	2	补收押金		借书管理员	UC-2	按具体情况补交相应押金	
	3	[会员]还书		借书管理员	UC-2	处理还书信息	
	4	更新书籍状态，更新借书信息			UC-2	将书籍状态改为已还	
	5	退还[补收的]押金			UC-2	系统提示已补收押金的金额	
	6	登记会员本次借书信息			UC-2	借书信息写入借书卡	
	7	[系统]验证[此次借书]是否符合借书规定			UC-2	验证可借册数、总金额、卡的有效期	

续表

原始信息编号	需求信息编号	需求描述	优先级	参与者	用例号	当前功能	下一个版本
	8	修改书店书籍的状态信息（架上、售出，还是外借）			UC-2	修改所借书的状态	
	9	借书完成后打印借书凭条			UC-3	打印本次借书信息	
	10	打印照价赔偿单			UC-4	所借书遗失，打印书价等信息	
	11	通过系统提示，给会员办理注销或续卡业务			UC-5 UC-6	续卡 注销会员	

 【任务实施】

步骤 1：关于系统规模和目标的报告书

为了清晰地表达出自己对问题的认识并请用户和领导审查、纠正自己的认识，需要书写《关于系统规模和目标的报告书》，如图 6-4 所示。

关于新闻发布系统规模和目标的报告书

> 关于系统规模和目标的报告书　　　　　2022.05.10
> 项目名称：信息发布平台
> 问题：目前信息交流发布不畅通、便利。
> 项目目标：研究开发费用较低的新闻发布系统的可能性。
> 项目规模：开发成本应该不超过2万元。
> 初步设想：用学校自己的服务器。
> 可行性研究：为了全面地研究项目的可能性，建议进行
> 历时约2周的可能性研究。这个研究的成本不超过1 000元。

图 6-4　新闻发布系统规模和目标报告书

最后通过讨论确定：此项目可行且新闻发布系统在项目开发中，一般会要求与原有的其他系统集成，如教学管理系统、人事管理系统等。为简化项目开发的复杂度，节省成本，本系统为一个独立管理信息系统，与其他系统无关。

步骤 2：捕获及整理需求

新闻发布系统是一个基于新闻和内容管理的全站管理系统。它是一种将网站上需要经常变动的信息，如学校动态、新闻、活动和行业动态等更新信息集中管理，并通过信息的某些共性进行分类，最后系统化、标准化发布到网站上的网站应用程序。

由于市面上同类产品较多，需要结合新闻发布系统的一般形式，可能需要经过两个星期的访谈、开会和调查，最后得到以下初步信息：用户希望所完成的新闻发布系统具备如图 6-5 所示的功能，其业务功能描述如表 6-7 所示。

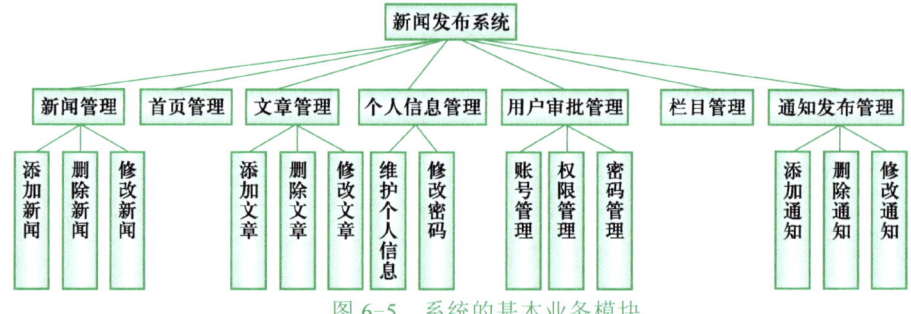

图 6-5　系统的基本业务模块

表 6-7 业务功能描述

业务模块		描述
新闻管理	添加新闻	主要用于发布新闻
	修改新闻	对已发布的新闻进行修改操作
	删除新闻	对已过期无用的新闻进行删除
用户审批管理	账号管理	增加、删除和锁定账号
	权限管理	对所添加的用户分配其权限级别
	密码管理	对用户进行密码管理
通知发布管理	添加通知	主要用于发布通知
	删除通知	对已发布的通知进行修改操作
	修改通知	对已过期无用的通知进行删除
文章管理	添加文章	主要用于发布文章
	修改文章	对已发布的文章进行修改操作
	删除文章	对已过期无用的文章进行删除
个人信息管理	维护个人信息	维护个人信息
	修改密码	对个人密码进行修改
首页管理	首页管理	通过调用 JS 修改首页样式
栏目管理	栏目管理	对首页显示的栏目进行修改

步骤 3：系统的功能与要求

与此同时，用户提出新闻发布系统是基于 B/S 模式的 WebMIS，它需要将杂乱无章的各类信息（包括文字、图片和影音）加以组织，合理有序地呈现在大家面前，同时也需要有一些系统的功能和要求。

① 对功能的规定如下。
- 新闻管理。
- 文章管理。
- 用户管理。
- 系统管理。

② 对性能的规定如下。
- 操作应该方便、灵活。
- 系统应有较高的稳定性。
- 系统应有较高的安全性。
- 系统应有较高的容错性。
- 速度上要求前台要能够很快地响应用户，后台操作不能出现超时现象。

③ 数据管理能力要求如下。
- 能处理大量的新闻数据。
- 安全指数高，防止黑客攻击。
- 负荷能力强，防止因数据量过大而影响速度。
- 采用日志备份，追查非法用户。
- 遵循数据完整性规则，保证数据实际有效。

- 保证发送到数据库引擎的数据得以可靠存储。
- 数据备份功能，保证数据在丢失之后可以得到及时的补救。
- 数据恢复功能，当数据遭到破坏时，可以随时恢复过去备份的数据。
- 密码管理，系统对用户登录进行了加密限定（MD5）。

【拓展训练】

根据描述整理出"扫码点餐系统"的有效需求

① 顾客上座后可以发出"扫码点餐请求"，"扫码点餐请求"可以查询"菜单信息文件"中的"菜单信息"，"菜单信息"包括菜的编号、名字、类别、图片、价格、口味、推荐等级等。

② 顾客浏览"菜单信息"后，"选择"或"取消选择"对点菜进行取舍和修改。最后点"提交"键，确定所点的菜。"确定点菜信息"将包括桌号、已点菜单、已上菜单、未上菜单、时间及服务员编号一同发送给系统，同时存入"点菜信息文件"，再自动向厨师发出"更新点菜信息"。

③ 顾客可以重新扫码向系统发出"调整点菜信息请求"，此请求包括催菜、缓菜、加菜和退菜等，提交后系统自动做出调整并更新"点菜信息文件"，再自动向厨师发出"更新点菜信息"。

④ 厨师根据顾客"点菜信息"开始做菜。

⑤ 厨师做完每道菜后，向系统发出"完成通知"，系统更新"点菜信息文件"后，再自动向厨师发出"更新点菜信息"。系统向服务员发出"送菜信息"。服务员收到"送菜信息"后到厨房取菜给顾客送上。"送菜信息"包括菜的名字、桌号。

⑥ 顾客向系统发出"结账请求"，系统结算消费金额，生成"消费清单"，并存入"消费清单文件"，再反馈给顾客、收银员及服务员。消费清单包括桌号、时间、已点菜单及金额。顾客可选择自助结账或人工结账，自助结账通过关联微信或支付宝等第三方支付。

⑦ 服务员收到人工结账发起的"消费清单"后，到顾客处结账，把结账金额交到收银员处。收银员收账后，核对金额后向系统发出"确定金额信息"。系统收到"确定金额信息"后自动将"消费清单"存入"账目文件"中。

⑧ 系统管理员可以登录系统，系统将验证登录请求。如果是非法登录将发出"非法登录信息"。登录系统后可以向系统发出"查询请求"，"查询请求"包括查询"菜谱信息"和"账目信息"。还可以执行"修改菜谱信息"，"修改菜谱信息"包括增加、修改、删除菜谱信息。

任务2 需求建模

【任务陈述】

在上一任务中，已完成了新闻发布系统的问题域及系统边界界定，整理出了有效需求，本任务将对此系统进行需求建模，确定其用例模型。

【**知识准备**】

6.3　需求建模

6.3.1　需求建模的意义

需求建模可以清楚地阐明复杂的问题，它往往是与需求的捕获和整理同步进行的。对于当前的状态，建模可以识别出当前需求、问题和风险，以及缺少的信息。这种形象直观的手段有助于在开发人员和用户之间更好地进行沟通。

需求建模不关心系统从内部看起来像什么，而只关心对于"用户"来说它能做什么。

6.3.2　需求建模的内容

需求建模的主要内容是：通过用例模型（用例图+用例文档）捕获并表示系统的功能性需求；结合活动图、顺序图等动态模型建模用例的行为；用领域类图描述系统的一些重要的业务概念之间的关系。需求模型的主体是建立用例模型。

需求建模是一个反复迭代的过程，随着需求分析的不断完善，需求模型也最终趋于稳定。

6.3.3　建模用例模型的步骤

整个用例模型的创建过程是一个迭代过程，步骤如下。
① 确定系统边界。
② 识别参与者。
③ 识别用例。
④ 区分用例的优先次序。
⑤ 书写用例文档。
⑥ 通过关系整理用例（确定泛化、包含或扩展关系）。

 【**任务实施**】

步骤 1：识别参与者和用例

在进行系统开发之前，首先需要构建用例，通常要做的第一件事情是识别参与者。列出了以下几个问题并做出了回答。
● 谁使用系统的主要功能？——新闻发布人员。
● 谁改变系统的数据？——新闻发布人员和部门负责人。
● 谁从系统中获取信息？——教师和学生（普通用户）。
● 谁需要系统的支持以完成日常工作任务？——新闻发布人员。
● 谁负责维护、管理并保持系统正常运行？——超级管理员。
● 系统需要处理哪些硬设备？——没有特殊的硬设施。
● 系统需要和哪些外部系统交互？——无。
● 谁对系统运行产生的结果感兴趣？——教师和学生（普通用户）。

● 是否需要时间、气温等内部、外部条件？——时间。

在整个新闻发布系统中，系统并不需要给教师和学生提供任何功能，新闻发布的操作由新闻发布人员和部门负责人完成，所以这个系统中只有 3 个参与者——新闻发布人员、部门负责人和超级管理员。

然后需要识别系统为参与者提供的服务，或者说参与者的行为，也就是用例，列出了一些问题并做出了回答。

● 特定参与者希望系统提供什么功能？——新闻头条管理、文章管理、通知发布管理、首页管理、个人信息管理、栏目管理和用户审批管理。
● 系统是否存储和检索信息，如果是，由哪个参与者触发？——超级管理员。
● 当系统改变状态时，是否通知参与者？——是。
● 是否存在影响系统的外部事件？——否。

经过分析，在整个新闻发布系统中，用例有以下几个：新闻头条管理、文章管理、通知发布管理、首页管理、个人信息管理、栏目管理和用户审批管理。

步骤 2：建立用例图

通过分析，可能会提出以下基本用例的优先次序。

① 通知发布管理。
② 新闻头条管理。
③ 文章管理。
④ 个人信息管理。
⑤ 用户审批管理。
⑥ 栏目管理。
⑦ 首页管理。

构建的初始用例模型如图 6-6 所示。

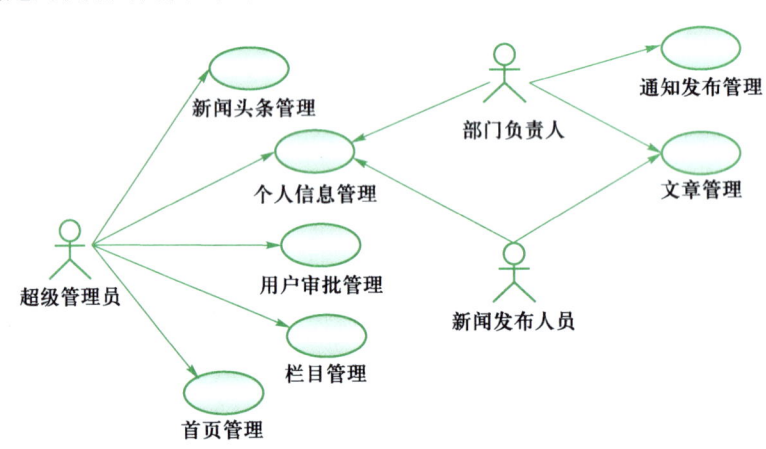

图 6-6　初始用例模型

步骤 3：书写用例文档

需要为每个基本用例书写用例文档。本书仅列出"新闻头条管理"和"文章管理"用例的用例文档。

用例编号：001。

用例名：新闻头条管理。

参与者：超级管理员。

前置条件：超级管理员已登录。

后置条件：系统中头条新闻被更新。

事件路径：

1．超级管理员选择管理头条新闻。

2．系统更新显示。

3．超级管理员编辑新闻。

4．超级管理员发布新闻。

5．系统更新数据。

补充说明：已发布的头条新闻不能直接被修改，每次发布都将覆盖先前的内容。

用例编号：002

用例名：文章管理。

参与者：新闻发布人员。

前置条件：新闻发布人员已登录。

后置条件：系统在相应栏目中更新文章，更新显示。

事件路径：

1．新闻发布人员选择管理文章。

2．系统提示选择栏目。

3．新闻发布人员选择发表文章。

　　3a．新闻发布人员选择修改文章。

　　　　3a1．系统列出该作者所有已发表的文章。

　　　　3a2．新闻发布人员选择要修改的文章。

　　　　3a3．返回 4。

　　3b．新闻发布人员选择删除文章。

　　　　3b1．系统列出该作者所有已发表的文章。

　　　　3b2．新闻发布人员选择要删除的文章。

　　　　3b3．系统提醒读者确认要删除的文章。

　　　　3b4．读者确定删除。

　　　　　　　3b4a．读者取消删除操作。

　　　　　　　　　3b4a1．返回 3b1。

　　　　3b5．系统删除文章，更新显示。

　　　　3b6．返回 3b1。

4．系统提供文章编辑界面。

5．新闻发布人员编辑文章。

6．系统提示选择栏目。

7．新闻发布人员选择栏目。

8．新闻发布人员发表文章。

9．系统更新显示。

补充说明：只允许修改或删除自己发表的文章。

步骤 4：通过关系整理用例

通过整理关系，发现还有许多用例与基本用例相关，举例如下。

- 添加文章（包含关系）。
- 删除文章（包含关系）。

另外，用户说明不设专门的新闻发布人员，系部的各位教师（系统用户）均有账户可管理自己的文章及个人信息，最后，得到如图 6-7 所示的最终用例模型。

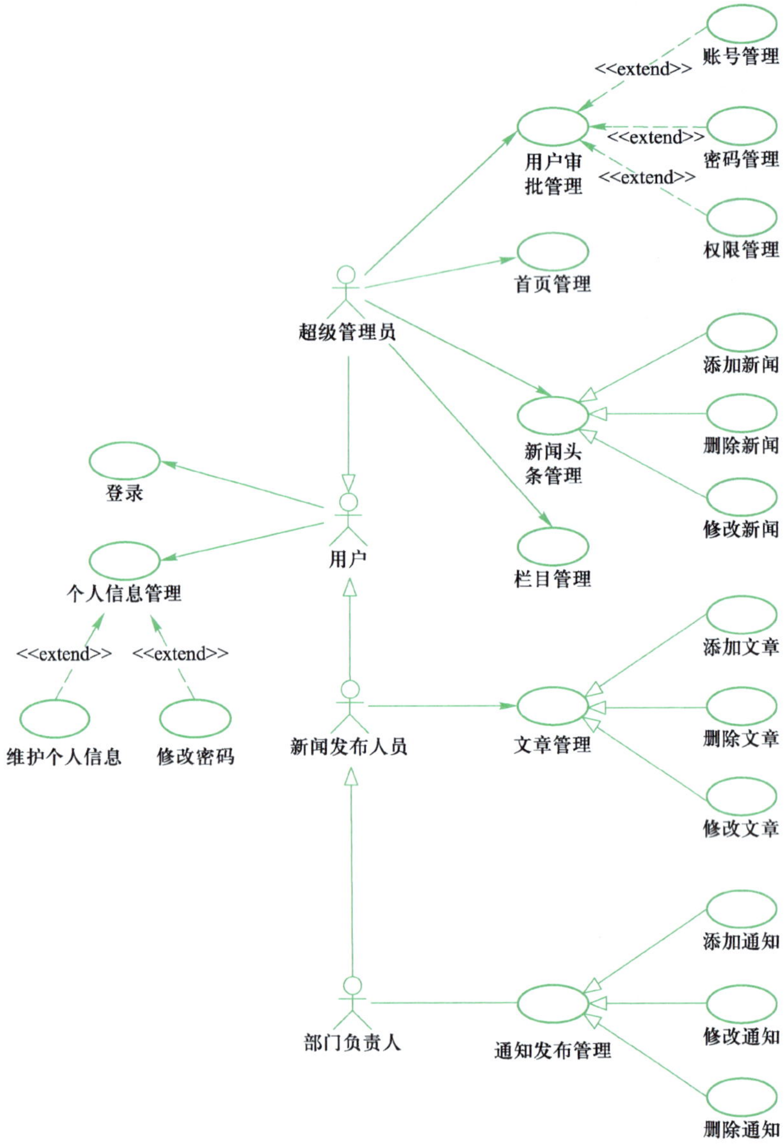

图 6-7　完成的用例模型

【拓展训练】

编写《客户会籍管理系统需求规格说明书》

选择一个能够办理会员卡的理发店，假设需要为他们的员工完成一个客户会

籍管理系统，选择合适的需求调查方式和理发店员工进行交流，编写一份《客户
会籍管理系统需求规格说明书》。

文本
单元 6 其他资源

单元小结

　　需求分析是从用户的角度看问题，描述系统需要"做什么"。可以将需求分析分为需求
捕获和需求分析两个阶段，它的目标是得到一个稳定的需求，在用户和开发人员之间达成一
致。需求建模主要是对功能性需求的建模，用例模型是需求建模的主要内容，用例模型由用
例图和用例文档两部分组成，没有用例文档的用例图不具有任何可操作性。为了表达业务流
程，也会辅以活动图或高层顺序图。为了表达业务领域的主要概念及其相互关系，可以绘制
领域类图，这个阶段的类图由于使用的是业务领域的概念，得到的是用户都很容易理解的类。

项目实训

1. 超市收银系统的系统分析及建模

开发背景：某超市想建立一套超市收银系统，系统分析人员整理得到初步需求如下。

① 项目相关人员及其兴趣。

- 收银员：希望能够准确、快速地输入，而且没有支付错误，因为收银员如果少收了
  钱，就要从他的薪水中扣除相应的金额。
- 售货员：希望自动更新销售提成。
- 顾客：希望购买过程能够省力，并得到快速的服务；希望得到发票，以便退货。
- 公司：希望准确地记录交易，能够自动更新账目和库存信息。

② 项目相关人员希望能够提供的基本功能：扫入或输入商品的条形码，记录单件商品，
并显示该商品的描述、价格和累加值，处理支付，记录支付，打印收据，记录完整的销售信
息，并将销售和付款信息发送到外部的记账系统和库存系统。

③ 项目相关人员希望能够提供的特殊功能如下。

- 当购买多个具有相同商品类别的商品（如 5 瓶水）时，希望能提供批量处理。
- 收银员发生误操作或顾客购买错误时，能撤销当前的单件物品交易或整次交易。
- 系统能够提供会员打折服务。
- 系统能够提供商品某时段的优惠服务（如早 8:00—11:00，鸡蛋的价格为 0.8 元/只）。
- 顾客可以办理购物卡，使用购物卡购买无须支付现金。

根据上面所提出的基本需求，加以设计，建立超市收银系统的用例模型。

2. 校园门禁系统的二次开发

开发背景：某校园门禁系统已得到广泛应用，其现有功能及详细设计见单元 1 的任务 2。
现有如下新增的需求。

① 在每个门禁处增加一个人工开关，供楼宇管理员在特殊情况下使用，该开关通过指
纹开启。

② 在每个门禁处增加一个醒目标识的紧急开关，借紧急情况下使用，该开关将触
发报警。

③ 对教学楼的门禁设置高峰时间段"不落锁"的刷卡通行，即保持门锁为持续打开的状态，用户刷卡后可"随刷随走"，减少排队等候，确保通行顺畅。

④ 增加远程开锁功能，供特殊情况下门禁管理员远程开锁用。

⑤ 要求将楼宇管理员细分为宿管和栋管两类角色。他们都可以对所管辖的门禁进行通行授权、查询进出、处理异常进出；宿管可以查询归寝、处理未正常归寝；栋管可以进行访客登记。

试分析以上需求，可以选取其中的部分，结合单元1，进行二次开发。要求：选择合适的软件过程模型；对需求进行完善和确认；进行需求建模。

单元 7
系统分析

 学习目标

【知识目标】

- 掌握建立分析模型的方法和步骤
- 理解分析模型在软件开发过程中的地位和作用
- 了解实体对象与数据模型之间的关系

【能力目标】

- 能准确识别系统的实体类，建模系统的实体类图
- 能运用分层的思想，建模系统的系统分析模型
- 能将实体类模型映射成数据库模型

【素质目标】

- 思考"是什么""怎么做""为什么"，理解系统分析的核心任务
- 培养团队协作精神

引例描述

如果说需求分析是从"用户"的角度说明系统即将"做什么",而系统分析则是从"开发者"的角度来描述系统需要"做什么"。面向对象的系统分析可产生分析模型。

本单元将完成两个任务,在任务 1 中将分析"电子办公桌"网络系统,并对其进行实体类图建模;在任务 2 中将根据新闻发布系统的用例模型推导出其分析类模型,包括分析类图及初始顺序图。

任务 1 建模系统的实体类图

【任务陈述】

一家公司决定通过一个"电子办公桌(electronic desks)"网络,实现文档在各个办公室间的传递,每个办公桌提供下列服务:

- 记事簿(blotting pad),能够保存用户当前处理的文档,提供基本的字处理设施。
- 文件柜(filing cabinet),模拟现实的文件柜,分成多个抽屉,每个抽屉分为多个文件夹。文档可以存储在抽屉中,或者存储在抽屉的文件夹中。
- 邮件服务(mail service),允许用户和网络上的其他用户通信。每个办公桌配有 3 个托盘(tray),对应于传统办公室中的 IN(收)、OUT(发)和 PENDING(未决)文件盘。网络会自动将新邮件放入 IN 托盘,并定时从 OUT 托盘取走文档邮寄给接收者。

文件可以在邮件托盘和记事簿之间 OUT,在记事簿和文件柜之间移动,但不能直接在托盘和文件柜之间移动。任何时间记事簿上只能有一个文档。

【知识准备】

7.1 系统分析的内容及方法

7.1.1 系统分析与分析模型

业务建模的主要工作是从"用户"的角度描述现实世界的功能及业务流程,需求建模从"用户"的角度进一步地描述软件系统的功能及业务流程,但依然很少会涉及系统的概念;系统分析建模则是从"开发者"的角度来看待软件应该为用户提供的服务。同系统设计不同的是,系统分析仍然停留在"做什么"的层次,而系统设计则需要解决"怎么做"的问题。

分析模型的典型输入是用例模型和领域类图。它最重要的作用是用例的"实化"(即针对系统内部提出一组交互的对象,并构造模型来说明这些交互对象如何实现用例中规定的行为),并以此为基础,使领域类图进化为一个更全面的类图。分析阶段的典型输出是以类图的形式表现的分析对象模型和表现分析对象之间交互过程的动态模型。

开发语言等技术选择通常不会在分析模型中考虑。分析模型是独立于实现的，这样可以防止开发人员过早地陷入技术的细节中去。技术服务于需要，分析阶段仅以用户的需求作为依据，这种思路有助于得到更贴近用户的产品，它的另一个好处是在后期进行设计时可以实现最大限度的软件复用。

然而，在实际的分析过程中完全不受与实现有关的影响也是不现实的。虽然分析的目的是用分析模型取代需求陈述，并把分析模型作为设计的基础，但事实上，在分析与设计之间并不存在绝对的界限。

7.1.2　建立分析模型的方法

面向对象分析方法使得软件工程师能够通过对象、属性和操作（作为主要的建模成分）的表示来对问题建模。建立分析模型的 5 个基本原则如下。

- 建模信息域。
- 描述模块功能。
- 表示模型行为。
- 分解，以模型显示更多细节。
- 早期模型表示问题的本质，而后期模型提供实现细节。

1.　系统分析过程中的静态模型

分析建模的第一步是以用例模型为输入，对用例模型进行分析，把系统分解为相互协作的分析类。这一过程中所做的主要工作是识别对象，提取出类。

2.　系统分析过程中的动态模型

建立起对象模型之后，就需要考察对象的动态行为。动态模型表示瞬时的、行为化的系统的"控制"性质，它规定了对象模型中的对象的行为特征、状态特征等。分析阶段可以借助以下 4 种图进行动态建模。

- 顺序图：描述对象间的动态交互关系。
- 协作图：描述相互协作的对象的交互关系和关联关系。
- 状态图：描述某一特定对象所有可能的状态及状态间的转移。
- 活动图：描述用例内部的工作流程。

综上所述，将面向对象分析方法的步骤归纳如下。

① 识别对象，提取类。
② 为对象标识属性和操作。
③ 定义组织类的结构和层次。
④ 构造对象-关系模型。
⑤ 构造对象-行为模型。

大多数分析模型都不是一次完成的，为了理解问题域的全部含义，必须反复多次地进行分析。因此，分析工作不可能严格地按照预定顺序进行；分析工作也不是机械地把需求陈述转变为分析模型的过程。分析员必须与用户及领域专家反复沟通，及时纠正错误认识并补充所缺少的信息。

7.1.3 如何识别对象

面向对象分析的关键是识别出问题域内的对象，并分析确定它们相互之间的关系，最终建立起问题域的简洁、精确、可理解的正确模型。下面来探讨一下识别对象的一般方法。

建立对象模型的工作大体上按照下列顺序进行：寻找问题域内的对象，识别出对象间的关系，定义属性，定义服务。

1. 确定问题域内的对象

对象是在问题域中客观存在的。系统分析员的主要任务就是通过分析找出这些对象。首先，找出所有候选的对象，然后从候选对象中筛选掉不正确的或不必要的，从而得出问题域内应有的对象。

（1）找出候选的对象

对象是对问题域中有意义的事物的抽象，它们既可能是物理实体，也可能是抽象概念。具体地说，大多数客观事物可分为下列 5 类。

① 可感知的物理实体，如飞机、汽车、书和房屋等。

② 人或组织的角色，如医生、教师、雇主、雇员、计算机系和财务处等。

③ 应该记忆的事件，如飞行、演出、访问和交通事故等。

④ 两个或多个对象的相互作用，通常具有交易或接触的性质，如购买、纳税等。

⑤ 需要说明的概念，如验证规则、保险政策和版权法等。

在分析所要解决的问题时，可以参照上述 5 类常见事物，找出在当前问题域内的候选对象。

另一种更简单的分析方法——"名词-动词分析法"，是所谓的非正式分析。这种分析方法以需求陈述为依据，把陈述中的名词作为对象的候选者，用形容词作为确定属性的线索，把动词作为服务（操作）的候选者。当然，用这种简单方法确定的候选者是非常不准确的，其中往往包含大量不正确的或不必要的事物，还必须经过更进一步的严格筛选。

通常，在需求陈述中不会一个不落地写出问题域内所有有关的对象，因此分析员应该根据领域知识或常识进一步把隐含的对象找出来。

（2）筛选出正确的对象

筛选时主要依据下列标准，删除不正确的或不必要的对象。

① 冗余的对象。如果两个类表达了同样的信息，则应该保留在此问题域中最富有描述力的名称。

② 与系统无关的对象。现实世界中存在许多对象，有些与本系统无关，有些与当前要解决的问题无关，也应该把它们删掉。

③ 笼统。在需求陈述中常常使用一些笼统的、泛指的名词，要么系统无须记忆有关它们的信息，要么在需求陈述中有更明确、更具体的名词对应它们所暗示的事务，因此通常把这些笼统的或模糊的类去掉。

④ 误把属性当对象。在需求陈述中有些名词实际上描述的是其他对象的属性，应该把这些名词从候选类和对象中去掉。当然，如果某个性质具有很强的独立性，则应把它作为类而不是作为属性。

⑤ 误把操作当对象。在需求陈述中有时可能使用一些既可作为名词，又可

作为动词的词，应该慎重考虑它们在本问题中的含义，以便正确地决定把它们作为类还是作为类中定义的操作。

⑥ 和实现有关的对象。在分析阶段不应该过早地考虑怎样实现目标系统。因此，应该去掉仅和实现有关的候选的类与对象。在设计和实现阶段，这些类与对象可能很重要，但在分析阶段过早地考虑它们反而会分散注意力。

2. 确定对象间的关联关系

通常，初步分析确定了问题域内的对象之后，接下来就分析确定对象之间存在的关联关系。两个或多个对象之间的相互依赖、相互作用的关系就是关联。分析确定关联，能促使分析员考虑问题域的边缘情况，有助于发现那些尚未被发现的对象。

在分析确定关联的过程中，不必花过多的精力去区分关联和聚集。事实上，聚集不过是一种特殊的关联，是关联的一个特例。

（1）初步确定关联

在需求陈述中使用的描述性动词或动词词组，通常表示关联关系。因此，在初步确定关联时，大多数关联可以通过直接提取需求陈述中的动词词组而得出。通过分析需求陈述，还能发现一些在陈述中隐含的关联。最后，分析员还应该与用户及领域专家讨论问题域实体间的相互依赖、相互作用关系，根据领域知识再进一步补充一些关联。

（2）筛选

经初步分析得出的关联只能作为候选的关联，还需经过进一步筛选，以去掉不正确的或不必要的关联。筛选时主要根据下述标准删除候选的关联。

① 已删去的对象之间的关联。

② 与问题无关的或应在实现阶段考虑的关联。

③ 瞬时事件。关联应该描述问题域的静态结构，而不应该是一个瞬时事件。

④ 三元关联。3 个或 3 个以上对象之间的关联，大多可以分解为二元关联。

⑤ 派生关联。通过父类已经表示清楚的关联不用再在每个派生类中重新表示。

3. 确定对象的属性

属性是对象的性质，借助于属性就能对对象有更深入、具体的认识。注意，在分析阶段暂时不要用属性来表示对象间的关系，即不要太早地将一个对象作为另一个对象的属性，使用关联能够把两个对象间的关系表示得更清晰、更醒目。

一般来说，确定属性的过程包括分析和筛选两个步骤。

（1）分析

通常，在需求陈述中名词词组往往表示对象的属性，如"书的单价"或"借书的时间"；使用形容词的地方通常表示可枚举的具体属性的取值，如"红色的""打开的"等。但是，不可能在需求陈述中找到所有属性，分析员还必须借助于领域知识和常识才能分析得出需要的属性。在对象模型中，属性对问题域的基本结构影响很小。随着时间的推移，问题域中的类始终保持稳定，属性却可能改变了。

在分析过程中，应该首先找出最重要的属性，以后再逐渐把其余属性增添进去。在分析阶段，不要考虑那些纯粹用于实现的属性。

（2）筛选

认真考察经初步分析而确定下来的那些属性，从中删除不正确或不必要的属性。通常有以下几种常见情况。

① 误把对象当做属性。

② 误把关联类的属性当做一般对象的属性。

③ 误把限定当成属性。

④ 误把内部状态当成了属性。

⑤ 过于细化。

⑥ 存在不一致的属性。

4. 建立继承关系

确定了类中应该定义的属性之后，就可以利用继承机制共享公共性质，并对问题域中众多的类加以组织。继承关系的建立实质上是知识抽取的过程，它应该反映出一定深度的领域知识，因此通常需要有领域专家密切配合才能完成。事实上，许多继承关系都是根据客观世界现有的分类模式建立起来的，只要可能就应该使用现有的概念。

一般来说，可以使用下述两种方法建立继承（即泛化）关系。

（1）自底向上

抽象出现有类的共同性质泛化出父类，这个过程实质上模拟了人类的归纳思维过程。

（2）自顶向下

把现有类细化成更具体的子类，这模拟了人类的演绎思维过程。

5. 定义服务

对象是由描述其属性的数据，以及可以对这些数据施加的操作（即服务）封装在一起构成的独立单元。因此，为了建立完整的对象模型，既要确定类中应该定义的属性，又要确定类中应该定义的服务。通常需要等到建立了动态模型之后，才能最终确定类中应有的服务，因为动态模型明确地描述了每个类应该提供哪些服务。可以从以下 3 个方面来定义服务。

（1）常规行为

在分析阶段可以认为，类中定义的每个属性都是可以访问的。也就是说，可以在每个类中定义读、写该类每个属性的操作，但通常无须在类图中显式地表示这些常规操作。

（2）从事件导出的操作

状态图中发往对象的事件也就是该对象接收到的消息，因此该对象必须具备由传入的消息符指定的操作，这个操作修改对象状态（即属性值）并启动相应的服务；顺序图中消息传入某个对象则表示该对象是消息的承担者，即该对象必须具备由传入的消息符指定的操作。

（3）利用继承减少冗余操作

利用继承机制以减少所需定义的服务数目。只要不违背领域知识和常识，就尽量抽取出相似类的公共属性和操作，以建立这些类的新父类，并在类的不同层次中正确地定义各个服务。

7.1.4　建模系统的实体类图

建立系统分析模型，首先就是识别出实体对象。这些对象通常来说是比较明显的，如系统中的参与者，系统需要处理的资料（如图书管理系统中需要处理的图书对象）等；有些实体对象需要稍微分析一下才能得到。例如，在图书管理系统中，为了记录图书借还的信息，可能需要一个专门的对象，而这些对象对应的类就是所谓的实体类。

实体对象的来源有两个方面：系统有哪些需要分析和处理的数据；谁使用系统（参与者对象）。实体对象一般是系统中长效且持久的对象。

下面通过分析超市收银系统的用例模型来建模实体类图。图 7-1 所示为是超市收银系统的用例模型。

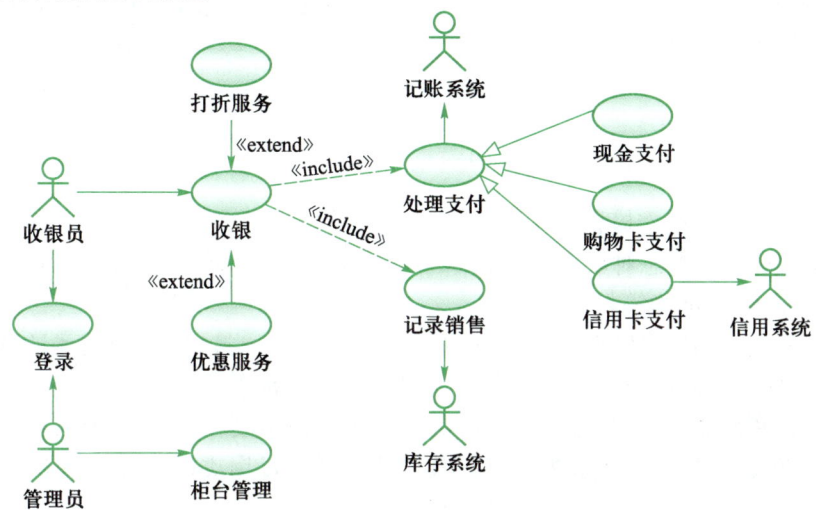

图 7-1　超市收银系统用例图

试从各用例中发现需要分析、处理和存储的数据，识别实体对象，填写表 7-1。

表 7-1　分析超市收银系统的实体对象

用例	需要分析、处理、存储的数据	实体类
收银	收银员工号、收银台号、收银时间、应付金额、实付金额、小票	小票、销售信息
打折服务	折扣率	折扣
优惠服务	优惠率、优惠时段	优惠
处理支付	支付方式	支付信息，处理支付计算器
记录销售	收银员工号、收银台号、销售明细	柜台
现金支付	应付金额、实付金额、找零	支付信息
购物卡支付	卡号、应付金额、余额	支付信息
信用卡支付	卡号、应付金额	支付信息
登录	用户名、密码	收银员
柜台管理	柜台号、柜台状态	柜台

提取类的时候要注意类的高内聚低耦合，得到该系统的实体类图，如图 7-2 所示。

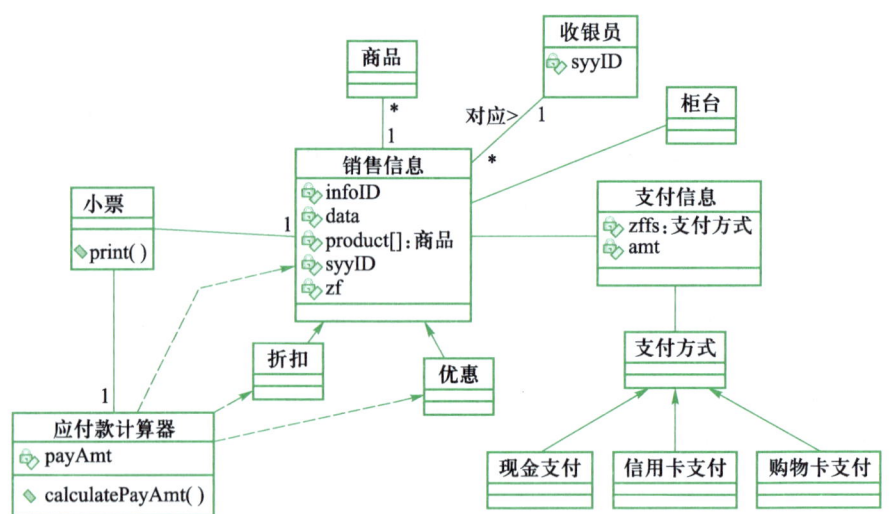

图 7-2　超市收银系统实体类图

7.1.5　实体类图与数据库的实现

当对系统的静态模型建模时，通常以下面的 3 种方式之一使用实体类图。

● 对系统的静态对象建模。如书店借书系统中的 Book 类、学生管理系统中的 Student 类等。

● 对简单的协作建模。协作是一些共同行为的类、接口和其他元素的群体，如数据库连接类、用户验证类和过滤字符串类等。

● 对逻辑数据库模式建模。在很多领域，都需要在关系数据库或面向对象数据库中存储永久信息，系统分析者可以用类图对这些需要永久化的实体建模。

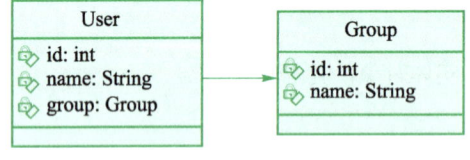

图 7-3　用户与组的单向关联关系

从上面的说明不难看出，实体类图是一种对逻辑数据库模式行之有效的建模方式，它直接可以反映表与表之间的关系，从实体类图可以推导出数据库的表设计。例如，图 7-3 所示的关联关系就可以映射成为图 7-4 所示的表结构。

t_group

group_id	name
1	0902
2	0904

t_user

id	name	group_id
1	程程	1
2	君君	1
3	明明	2

图 7-4　用户与组的表结构

这其实就是著名的对象关系映射（Object Relational Mapping，ORM 或 O/RM，或 O/R Mapping），是一种程序技术，主要实现程序对象到关系数据库数据的映射。

读者有兴趣可以自行了解。

【任务实施】

步骤 1：确定对象

问题域的候选对象有记事簿、文档、文件柜、抽屉、文件夹、邮件服务、托盘、文件盘、IN 托盘、OUT 托盘、PENDING 托盘、邮件和文件。

筛选：文档和文件指的是同一对象，当前阶段可以认为邮件就是处于发送中的文档，因此这 3 个对象可以只保留一个，即"文档"；文件盘即"托盘"。

步骤 2：确定对象间的关联关系

初步确定关联：记事簿与文档间有关联；文件柜与抽屉、抽屉与文件夹之间有关联；文件与抽屉、文件夹有关联；邮件服务与文档、托盘有关联，托盘与文件有关联；托盘和记事簿之间、记事簿和文件柜之间有关联。

筛选：邮件服务与文档之间的关联为瞬时关联，仅在发邮件时产生。

步骤 3：确定对象的属性

文件柜有多个抽屉；抽屉有若干文件夹；文档要标识出现在的位置；托盘上有若干文件，这是 3 种托盘的共性。

步骤 4：建立继承关系

记事簿、文件柜、抽屉和文件夹具有容器的共性；托盘类由 3 类不同的托盘派生。

步骤 5：定义服务

容器类可以具有容纳的服务，记事簿具有编辑、保存和移动文档的方法，IN 托盘有收文档的方法，OUT 托盘有发文档的方法，PENDING 托盘有暂存文档的方法。经过以上步骤，得到的类图如图 7-5 所示，经过进一步分析与精化，可得到如图 7-6 所示的类图。

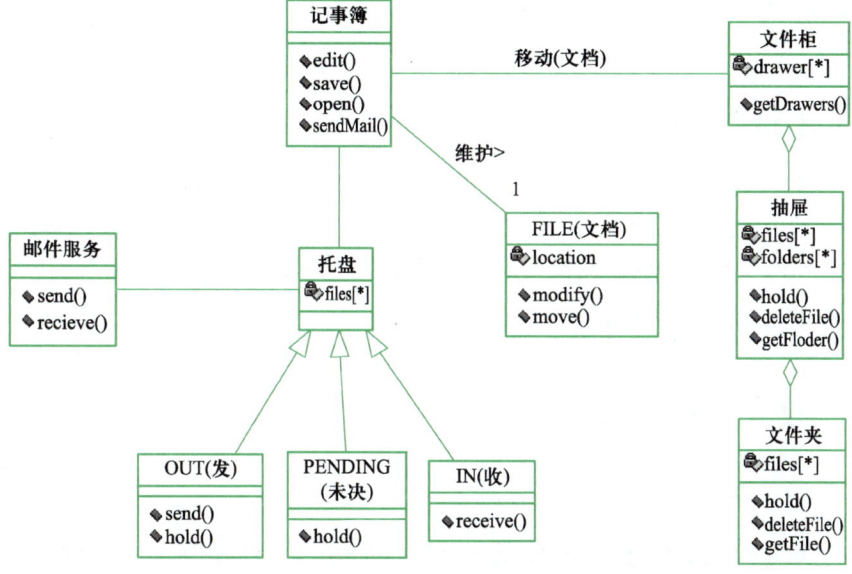

图 7-5　识别了对象、方法、属性的类图

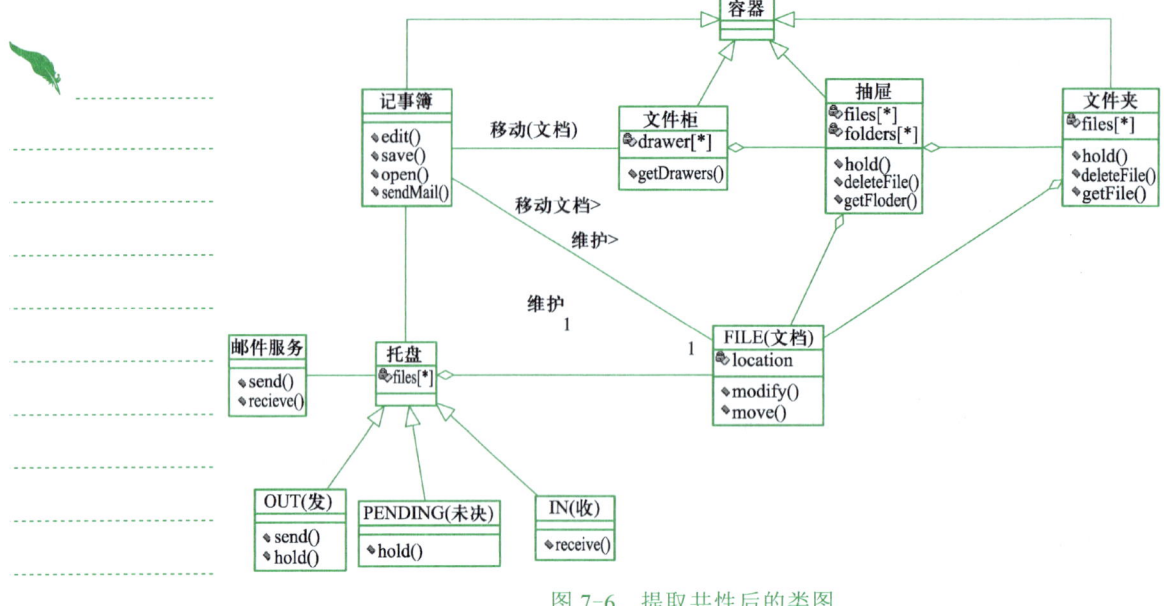

图 7-6 提取共性后的类图

 【拓展训练】

根据描述画出实体类图

假设对一个简单图形处理程序的需求描述如下：在显示器屏幕上圆心坐标为（100，100）的位置画一个半径为 40 的圆；在圆心坐标为（200，300）的位置画一个半径为 20 的圆；在圆心坐标为（400，150）的位置画一条弧，弧的起始角度为 30°，结束角度为 120°，半径为 50；将上述 3 个图形组合在一起。请画出其实体类图。

任务 2　建模系统的分析类图

 【任务陈述】

在上一单元的任务环节中，已完成了新闻发布系统的问题域及系统边界界定，整理出了有效需求，并进行了需求建模，完成了用例模型部分。在本任务中将根据新闻发布系统的用例模型推导出其分析类模型及初始顺序图。

 【知识准备】

7.2　建立系统的分析模型

7.2.1　MVC 模式的分层思想

建立分析类模型的方法通常是从用例实现出发，分析表达类的行为、关系和状态等。识别了实体对象之后，需要识别为了完成系统业务逻辑而需要的业务逻辑对象，以及同用户进行交互的界面类，这里可以利用 MVC 分层思想。

　　MVC 即 Model，View，Controller。MVC 把一个应用的输入、处理和输出流程按照 Model、View 和 Controller 的方式进行分离。这样一个应用被分为 3 层：模型层、视图层和控制层。

　　模型（Model）是业务流程/状态的处理及业务规则的制定。业务流程的处理过程对其他层来说是黑箱操作，模型接收视图请求的数据并返回最终的处理结果。业务模型的设计可以说是 MVC 最主要的核心。业务模型中还有一个很重要的模型——数据模型，主要指实体对象的数据保存（持续化），如将一张订单保存到数据库、从数据库获取订单等。可以将这个模型单独列出，所有有关数据库的操作只限制在该模型中。

　　视图（View）代表用户交互界面，对于 Web 应用程序来说，可以是 HTML 界面，也可能是 XHTML、XML 或 Applet。

　　控制（Controller）可以理解为从用户接收请求，将模型与视图匹配在一起，共同完成对用户的响应。划分控制层的作用也很明显，它清楚地告诉用户其就是一个分发器，选择什么样的模型，选择什么样的视图，可以完成什么样的用户请求。控制层并不进行任何数据处理。

　　在 MVC 模式中，它们分别对应于 Control（控制类）、View（边界类）及 Model（实体类）。在分析阶段，这些对象通常都按照比较自然的方式来组织。例如，为了完成一个业务功能，通常需要一个控制类和一个边界类，控制类执行业务逻辑，边界类同客户进行交互。当然，这不是绝对的，在进行进一步深入的分析后，这些类可能会被分解和合并。

7.2.2　如何建模系统的分析模型

　　下面通过一个案例来说明如何建模系统的分析模型。在某网上购物系统中，可以识别出的参与者有顾客、浏览者和管理员，整个用例模型包含的用例有个人信息维护、商品查询、商品订购、订单维护、商品信息维护和权限管理。其用例模型如图 7-7 所示。

　　接下来对需求进行面向对象的分析，也就是对刚建立的用例模型进行分析。一般而言，一个用例就是一个完整的子系统，所以对每个用例都需要进行以下几个步骤的操作。

　　① 识别类。
　　② 建立类之间的关系。
　　③ 描述类。

　　需要逐个地对用例进行分析，这里仅以"商品信息维护"用例为例。其他的用例可以仿照这种方式进行分析建模。

　　在"商品信息维护"用例中，首先可以识别出一些直接的对象，包括管理员和商品，然后稍加分析，会发现并没有其他的什么直接对象。至此，基本完成了实体对象的识别。然后，需要一个商品维护的控制类来执行维护方式的动作选择，以及一个用户界面来接受用户的输入。这样，初步的类模型就建立起来了，如图 7-8 所示。

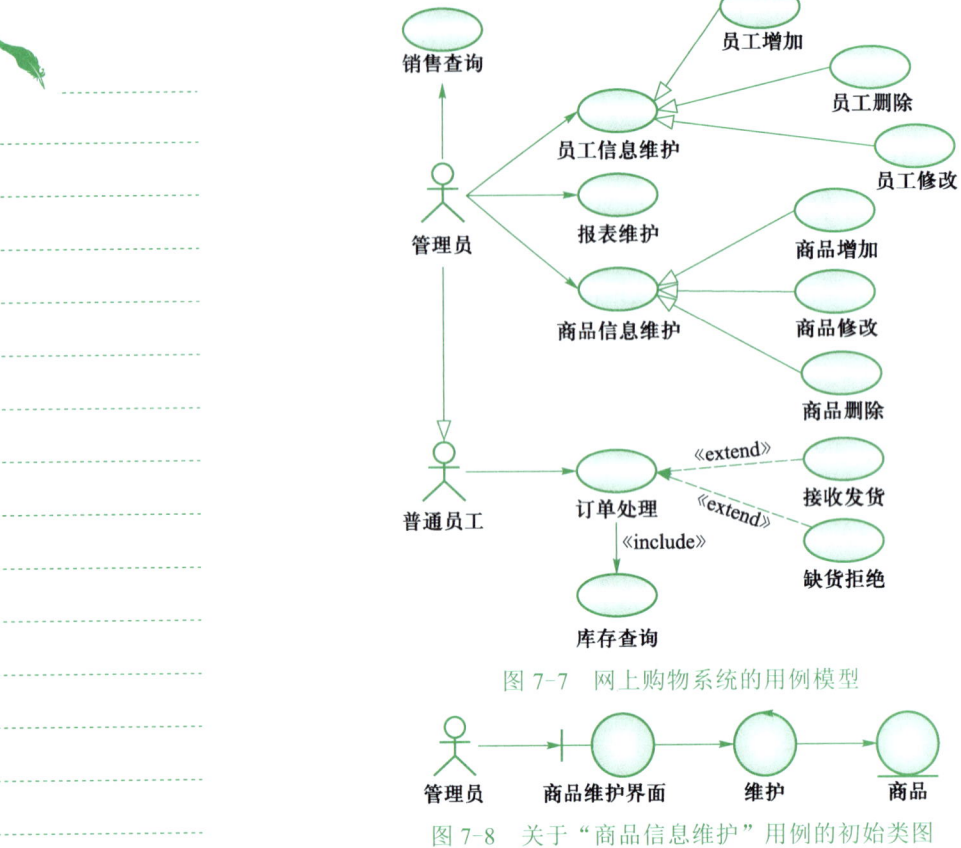

图 7-7　网上购物系统的用例模型

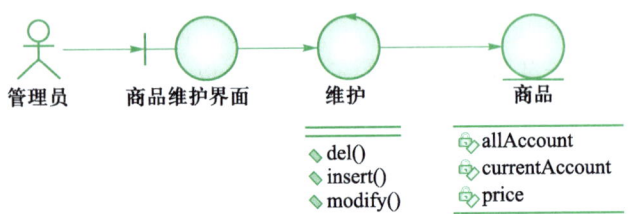

图 7-8　关于"商品信息维护"用例的初始类图

在分析模型中，也需要识别出类的一些属性和方法。同样，为了避免过早地陷入细节，以及适应将来在设计时类的变化，在分析模型中，一般只把一些主要的属性和方法标识出来。例如，对于商品，只需要 id（编号）、allAccount（商品的总数）、currentAccount（当前数量）和 price（价格）等属性。修改后的模型如图 7-9 所示。

图 7-9　关于"商品信息维护"用例修改后的类图

动画 7-1
"MVC 模式"示意

【任务实施】

步骤 1：使用的模式

本系统采用 MVC 模式设计。

MVC 模式的处理过程为：首先用户在视图提供的界面上发出请求，然后视图把请求转发给控制器，控制器调用相应的模型来处理用户请求，模型进行相应的业务逻辑处理并返回数据。最后控制器调用相应的视图来显示模型返回的数据，如图 7-10 所示。

在 MVC 设计模式中，模型响应用户请求并返回响应数据，视图负责格式化数据并把它们呈现给用户，业务逻辑和数据表示分离，同一个模型可以被不同的视图重用，所以大大提高了模型层程序代码的可重用性。另外，模型是自包含的，与控制器和视图保持相对独立，因此可以方便地改变应用程序的业务数据和业务规则。如果把数据库从 MySQL 移植到Oracle，或者把 RDBMS 数据源改变成 LDAP 数据源，则只需改变模型。一旦正确地实现了模型，不管业务

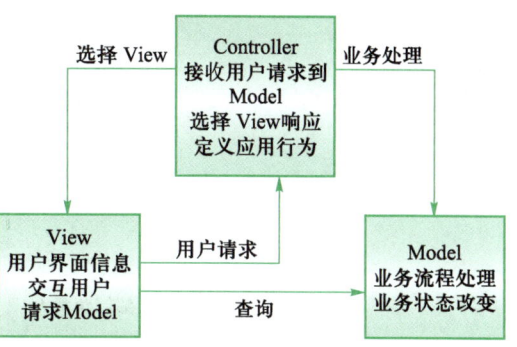

图 7-10　MVC 设计模式

数据来自数据库还是 LDAP 服务器，视图都会正确地显示它们。由于 MVC 的 3 个模块相互独立，改变其中的一个不会影响另外两个，因此依据这种设计思想能够构造良好的松耦合的组件。

最后经用户确认，本新闻发布系统采用 MVC 设计模式，JSP 页面实现视图层 V，MO 包和 DAO 包中的类实现模型层 M，Servlet 包中的类实现控制层 C。

步骤 2：建立分析模型

接下来开始进行分析建模。第一步是识别对象，然后提取出类。考虑著名的 MVC 模式，现在需要识别实体、控制和边界 3 种对象。按照 MVC 模式来为识别对象做指导，是非常好的做法，很快找到几个关键的实体对象："文章""版块""头条新闻""系部介绍"（用户所要求的）"通知"和"用户"。

然后，需要识别为了完成系统业务逻辑而需要的业务逻辑对象，以及同用户进行交互的界面类，在 MVC 模式中，它们分别对应于 Control（控制类）和 View（边界类）。画出初始分析类图，即静态模型，如图 7-11 和图 7-12 所示。

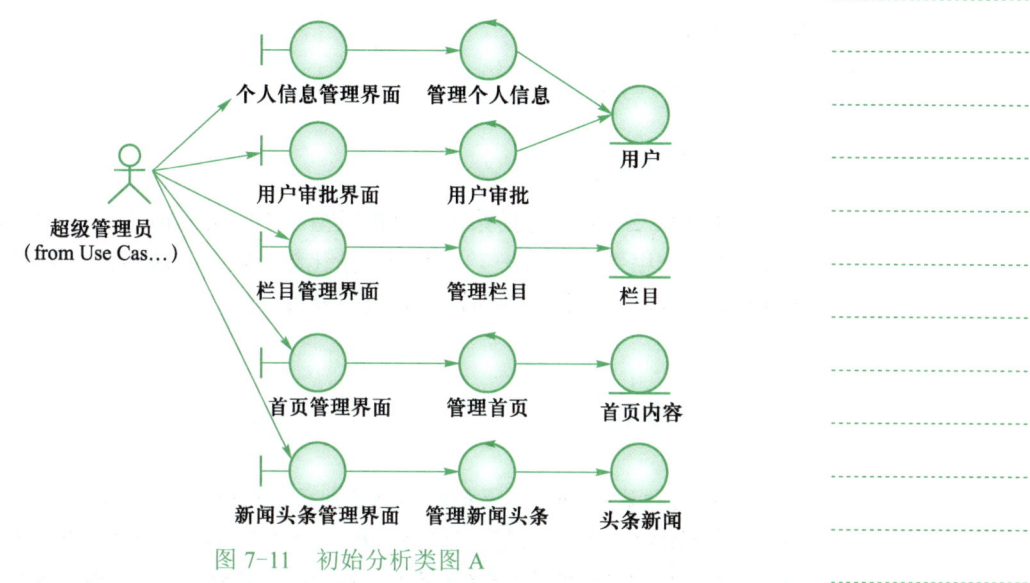

图 7-11　初始分析类图 A

一般情况下，基于 MVC 模式的程序处理过程用顺序图表示，如图 7-13 所示。

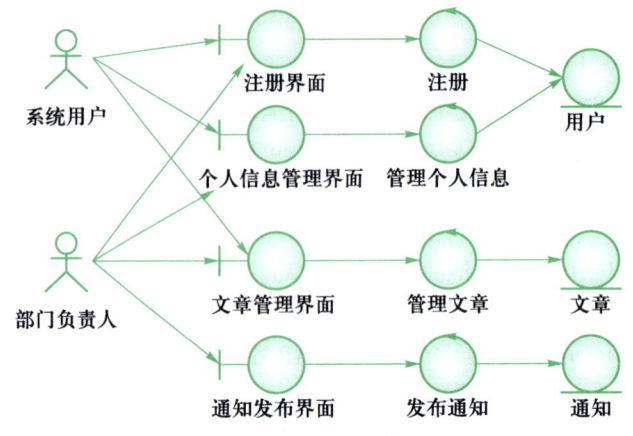

图 7-12　初始分析类图 B

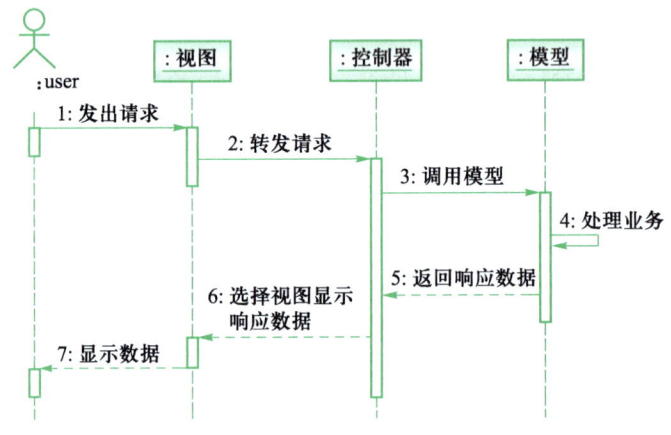

图 7-13　基于 MVC 模式的程序处理过程

最后，对这个初步的模型做进一步的整理和分析。这里将其作为拓展训练交由读者自己来实现。

 【拓展训练】

完善新闻发布系统的分析模型

根据"7.2.2　如何建模系统的分析模型"中的案例描述，针对单元 6 新闻发布系统的每个用例（见图 6-7），进一步精化新闻发布系统的分析类图，并进行动态的分析建模，完善整个新闻发布系统的分析模型。

文本
单元 7 其他资源

单元小结

　　面向对象的系统分析是从开发者的角度看问题，描述系统需要"做什么"，而不考虑如何去做。分析建模的常规步骤是：以用例为输入，识别实体对象，建模实体类图；进行逻辑分析，建立分析类图；将行为分配到逻辑对象，通过动态建模表达系统各功能的业务流程，建模对象间的交互；在静态建模和动态建模反复迭代的过程中得到完善的分析类模型。

这一阶段的主要任务是：发现构成系统的逻辑对象；描述它们的职责；确定它们之间的交互。

 项目实训

1. 建立"超市收银系统"的分析模型

试根据单元 6 超市收银系统需求分析的结果进行系统分析，并建立分析模型。

2. 建立校园门禁系统的二次开发的分析模型

试根据第 6 单元校园门禁系统需求分析的结果，结合单元 1 的现有功能及详细设计，进行系统分析，并建立分析模型。

单元8

系统设计

 **学习目标**

【知识目标】

- 理解系统设计阶段的主要任务
- 掌握系统设计类的导出
- 了解系统设计的主要内容、方法和思路

【能力目标】

- 能用模型准确表达系统的架构设计
- 能在架构设计的基础上，将分析模型细化得到设计模型

【素质目标】

- 从"发展观"的角度看待系统设计的反复迭代
- 理解由逻辑设计到物理设计的渐进过程

文本
单元 8 教学设计

PPT
系统设计

 **引例描述**

需求分析是从"用户"的角度说明系统即将"做什么";系统分析是从"开发者"的角度来描述系统需要"做什么";系统设计则是从"开发者"的角度来描述系统需要"怎么做"。面向对象的系统设计产生设计模型。

在完成了新闻发布系统的系统分析以后,需要对其进行详细的系统设计。具体包括解决方案设计和设计模型的细化。

在本单元中将完成两个任务,在"任务 1"中分析 IIS 日志分析器的架构设计;在"任务 2"中对新闻发布系统进行设计模型的细化。

任务 1 建模系统的架构设计

 【任务陈述】

IIS 日志分析器架构设计。某 IIS 日志分析器的需求为:IIS 服务器生成大量文本日志,需要对文本日志内容进行分析处理;每天处理近 100 G 左右的文本文件;每一个文件在 10 G 以上;文本中的内容分析不需要以时间为向量。试根据需求选择合理的技术方案,进行软件架构设计。

 【知识准备】

8.1 系统设计的内容及方法

系统设计是从"开发者"的角度来描述系统需要"怎么做"。面向对象的系统设计产生设计模型。

系统设计的主要内容有:选择技术方案;确定系统的架构及部署方案;进行详细的类设计;进行数据持久化设计等。

8.1.1 系统分析与系统设计

在进行系统分析时,已经对系统进行了类的设计,这些工作算不算是系统设计呢?在很多情况下,做完了需求分析后就开始考虑具体的技术方案,这算不算是开始设计了呢?如果是这样,是否意味着可以跳过系统分析,直接进入系统设计阶段?

事实上,系统分析和设计有着显著的差别,主要表现在以下几个方面。

- 从工作任务上讲,分析做的是需求对于计算机的概念化,设计做的是计算机概念实例化。
- 从抽象层次上讲,分析高于语言实现和实现方式;设计是基于特定的语言和实现方式的。因此分析的抽象层次高于设计的抽象层次。
- 从角色上讲,分析是系统分析员承担的,设计是设计师承担的。
- 从工作成果上讲,分析的典型成果是分析模型;设计的成果是设计类、程序包和程序部署模型。

通俗地说，系统分析的目的是确定系统应该做成什么样的设想；而系统设计的目的是将这些设想转化为可实施的措施和步骤。

将技术实现的考虑后置带来的好处是，不必一开始就陷入这些技术实现的细节，这有助于专注用户的需求，构造一个稳定的系统。

在经过分析以后，系统要做成什么样已经被确定了，已经完成了从需求到系统的转换。那么接下来是用 Java 还是 C#，是用 J2EE 还是.NET，是用 Factory 模式还是用 Abstract Factory 模式，就已经不是问题的重点了。不论采用什么实现方式，得到的系统都符合分析阶段的构想，因此也必然满足用户的需求。它们的区别仅仅是运行效率的高低，可扩展和可维护性的差别，以及某些性能的差别等。

8.1.2 选择技术方案

1. 技术方案主要包括的内容

在正式进行设计之前，需要先选择系统的技术实现方案。准备采用的技术会影响到设计方案的采用。技术方案的选择需要首先考虑以下几个问题。

- 准备采用什么编程语言。
- 准备采用什么框架技术。
- 准备使用什么样的客户端。
- 如果是分布式系统，准备采用什么通信机制。

2. 实例

在某图书馆管理系统中可以发现，一方面，对于借书和还书来说，总是在图书馆内部发生，并且客户端的数量是有限的个数，其使用频率比较高，因此需要注重效率和使用的方便性；另一方面，客户端软件的维护工作量相对比较少，可以不用考虑太多。因此，准备采用传统的 Windows Form 的客户端。但是，对于图书的查阅及预定来说，希望在整个校园网内提供这个功能，使得学生无论在什么地方都能够使用这个功能，所以，应考虑采用 Web 浏览器的客户端，这样会方便系统的部署。也就是说，系统需要同时支持两种不同的客户，显然，采用 N 层系统结构，把系统逻辑集中在应用服务器上是一个比较好的方案。最后，为了系统的安全，希望把 Web 服务器和应用服务器分开。这样，系统架构的拓扑结构图如图 8-1 所示。

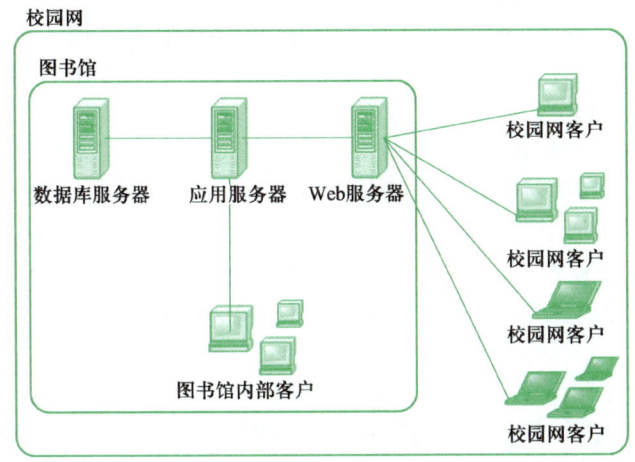

图 8-1 图书馆管理系统拓扑结构图

这是一个典型的分布式系统，在考虑了各种平台和技术之后，决定采用 Enterprise Java Beans（EJB）技术来构建这个系统，该技术已经提供了构建应用系统所需要的优秀的技术框架。同时，希望在客户端和应用服务器的调用中采用 Web Service 的方式。在 Windows Form 的客户端，使用 Java 来创建一个 Windows 应用程序；对于 Web 客户端，则采用 JSP 技术。

这样，在具体技术方面的决策基本上已经完成，可以开始进行具体设计了。当然，也可以采用其他的技术方案，如使用微软的.NET 平台及 C#语言也可以完成这个工作。

事实上，在实际项目中，可能还有很多细节的工作需要去做，如系统的约定和设计规范等。

8.1.3　进行架构设计

1.　什么是架构设计

随着软件复杂性的不断增加，在软件设计中，软件的局部和整体系统结构方面已经越来越显现出其重要性。"软件设计的目标已经不仅仅是完成某一项特定的功能，而且在完成该项功能的基础上能充分考虑到软件今后的扩展性和重用性的需要，开发出可供其他应用程序重用的部件"。可以说软件体系结构是整个软件设计成功的基础和关键所在。它的内容包括进行子系统的划分和设计解决方案等对系统宏观上的把握。

任何系统都有架构，区别在于其架构是否经过明确设计并表达。一个合理的架构无疑是经过精心设计和维护的。

在架构设计中的几点常用技巧如下。

① 分层（Layer）规则。这里的层是指逻辑上的层次（Layer），并非指物理上的层次（Tier）。目前，绝大多数的企业级应用系统中都分为 3 层，即表现层、业务层和数据层。在对各层次进行划分时，主要可以从以下几个方面来考虑：每一层是一个相对独立的部分，可以作为一个整体，无须对其他层有太多的了解；将层次间的依赖性降到最低，即降低耦合；可以从某种程度上替换掉某一层，而对其他层不会产生过多的影响；层次并不能封闭所有的东西。同时，过多的分层可能会对性能造成一定的影响。

② 包（Package）之间不要产生循环依赖。这是因为，循环依赖会使分层失去意义，也会带来许多潜在的风险。通常先按不同的逻辑层来划分包，在层的包下面再按功能来划分。

③ 设计模式的应用。设计模式是人们对于过去解决某一类问题的经验总结，这类问题往往出现的频率较高，又比较棘手。设计模式通常是比较精典的解决方案。因此，合理应用设计模式的关键是可以极大程度地提高开发效率和质量。应用这些模式的关键是事前先分析清楚问题的本质，准确对应，防止出现"驴唇不对马嘴"的现象。设计模式的选择与使用不属于本书的内容，在这里就不进行详细讨论了。

系统架构分为逻辑架构和物理架构两大类。

逻辑架构完整地描述系统的功能，把功能分配到系统的各个部分，详细说明它们是如何工作的。用于描述逻辑架构的图有类图、对象图、状态图、活动图、协作图和顺序图等。

物理架构详细地描述了系统的软件和硬件，描述了软件和硬件的分解。物理架构关心的是实现，因此，可以用实现图建模。其中，组件图显示代码本身的静态结构，部署图显示系统运行时的结构。

2. 实例

某图书馆管理系统的架构设计。由上一节某图书馆管理系统的技术选择，决定了该系统是一个 N 层的分布式系统，包含了应用服务器和客户端，而客户端又包含了 Windows Form 客户端和 Web 客户端。所以，首先应把系统分成 3 个包：应用服务器、WinForm 客户和 Web 客户。如图 8-2 所示。

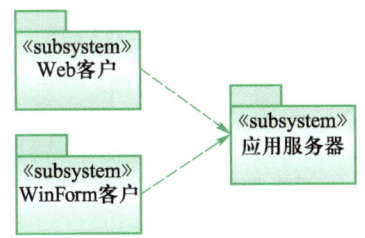

图 8-2　图书馆管理系统的系统架构

 【任务实施】

步骤 1：初始解决方案

图 8-3 所示为在 IIS 服务器上进行日志的分析处理。

问题：① 无法实现巨大文件的读取，Windows 用户态内存限制是 2 GB，无法将大文件读入到内存中进行处理；② 由于文件内容巨大，内容分析需要花费大量的时间，在时间上很有可能超过 24 小时，造成文件无法处理完成。

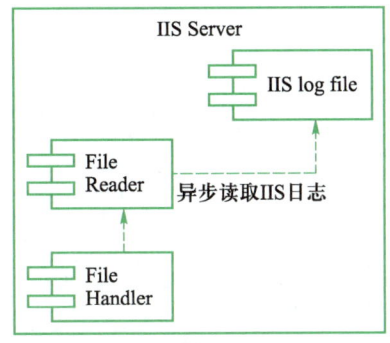

图 8-3　IIS 日志分析器架构设计初始方案

步骤 2：解决方案的第一次变更

如图 8-4 所示，为解决上述问题，将产生日志记录的 IIS 服务器与处理日志的分析服务器分开，并将巨大的日志文件拆成若干个小文件来分别处理。

问题：有待提高效率，降低成本。

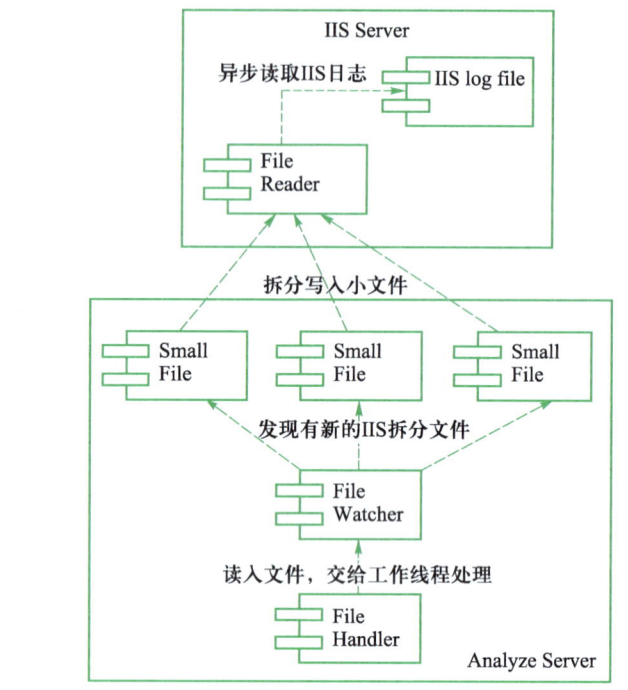

图 8-4 IIS 日志分析器架构设计变更方案 1

步骤 3：解决方案的第二次变更

如图 8-5 所示，考虑到负载平衡，用一个分析服务器可以处理多个 IIS 服务器的日志分析，进一步降低成本，提高效率。

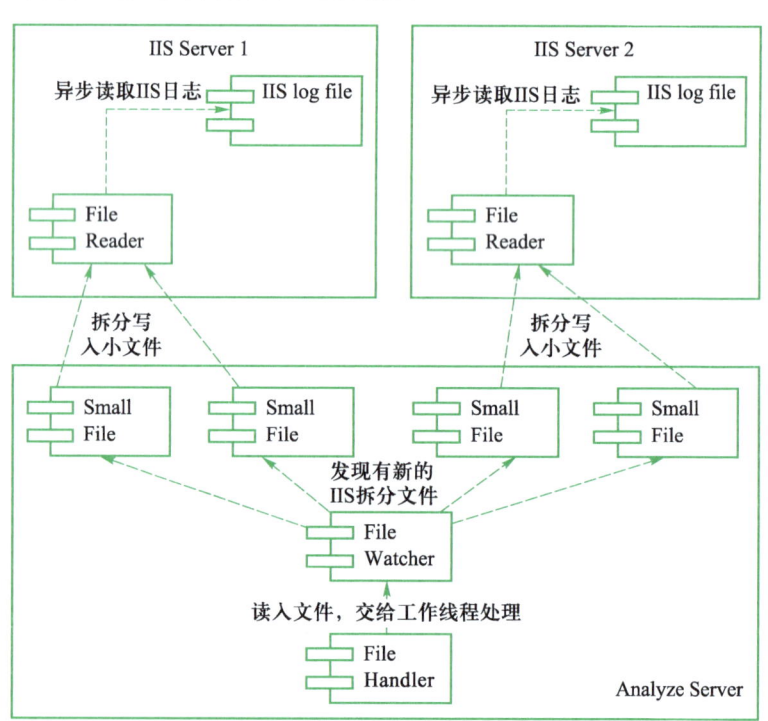

图 8-5 IIS 日志分析器架构设计变更方案 2

通过上述实施过程,可以看到:架构必须依据系统的具体要求;架构是不断演化的,随着系统的功能、负载、安全和代码复用性等要求的变化而变化;架构设计讲求平衡和取舍,是一门调整和选择的艺术;架构的变化是要付出代价的,要做到平滑变化,需要更多的思考和实践。

 【拓展训练】

解释某 Web 系统的架构设计方案

图 8-6 所示是某 Web 系统架构设计,试详细解释该设计方案。

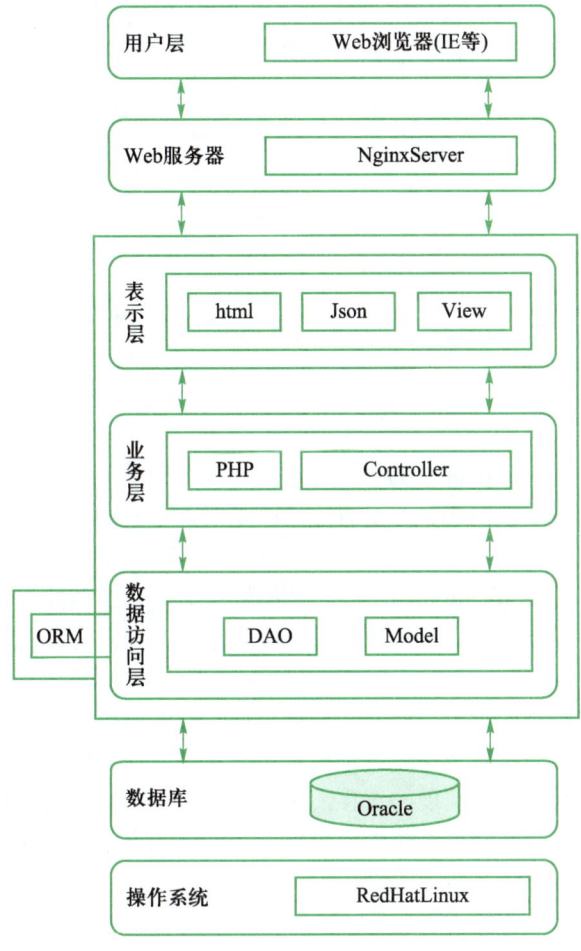

图 8-6　某 Web 系统架构设计

任务 2　由分析模型到设计模型

 【任务陈述】

根据新闻发布系统的需求及系统分析进行系统设计,并建立其设计模型。

 【知识准备】

8.2　设计模型的细化

8.2.1　软件建模过程中类图的变迁

通过前面的学习，可以看到：从需求分析中来自于现实世界的业务领域的类，到最终开发人员看到的程序实现的类，是一个逐渐精化和细化的过程，现将这一过程中类图的变迁总结如下。

在软件开发的不同阶段使用的类图具有不同的抽象层次。一般地，类图可分为 3 个层次，即概念层，说明层和实现层，如图 8-7 所示。

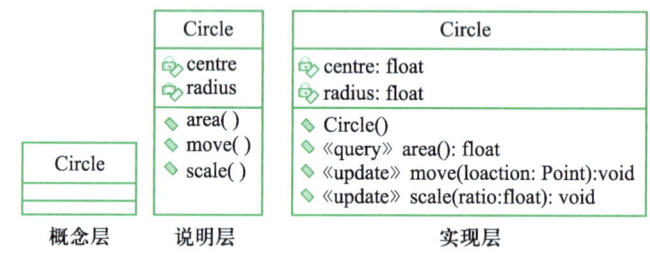

图 8-7　软件建模过程中类图的变迁

① 概念层（Conceptual）的类。描述应用领域中的概念，一般地，这些概念和类有很自然的联系，但两者并没有直接的映射关系。通常，需求分析阶段的领域类图即为概念层的类。

② 说明层（Specification）的类（或称逻辑层类）。描述软件的接口部分，而不是软件的实现部分。通常，系统分析阶段的分析类图即为说明层的类。

③ 实现层（Implementation）的类（或称物理层类）。在这一层才真正考虑类的实现问题，揭示实现细节。通常，系统设计阶段的设计类图即为实现层的类。

在对象的分析设计过程中，由于引入了"对象"这一概念，使得从现实世界到软件的分析设计，乃至实现的过程，可以使用这一相同的技术和表示法，因此软件开发的几个阶段之间已经难以界定出一个清晰的界限，往往在反复迭代的过程中就"自然过渡"到了下一阶段。

8.2.2　由分析类到设计类

分析类即前面所讲的说明层的类。分析类展示的是高层次的属性和操作的集合，它面向问题域，表示设计类可能具有的属性和操作。分析模型是设计模型的输入。

设计模型是把实现技术加入之后，对分析模型的细化。

由分析类到设计类的过渡融合了系统分析师个人的创造。在这一过程中，有以下几种常见的情况：分析类可以成为设计模型中的单个设计类；可以成为设计模型中具有聚集关系的一组设计类；可以成为设计模型中具有继承关系的一组设计类；可以成为设计模型中一组功能相关的设计类；可以成为设计模型的设计子系统、部件等；也可能成为某个设计类的一部分。

8.2.3　系统设计阶段的动态建模

在系统开发的早期阶段，顺序图可以应用在高层场景的表达上，它的主要用途之一是表示用例中的行为顺序。当执行一个用例时，顺序图中的每条消息对应了一个对象的操作，或对应引起对象状态转换的一个触发事件。

到了系统设计阶段，顺序图则用来确切地表示对象间的消息传递过程。例如，对图书管理系统"借书"功能的描述，在分析阶段，从业务的角度进行建模，如图 8-8 所示，可以用描述性的文字叙述消息的内容，表达"借书成功"的过程中各个业务对象间的交互；在设计阶段，则考虑到具体的软件部署，需要分别描绘"借书成功"时服务器端和客户端的各个对象的响应过程，对象间通过方法调用传递消息，如图 8-9 和图 8-10 所示。

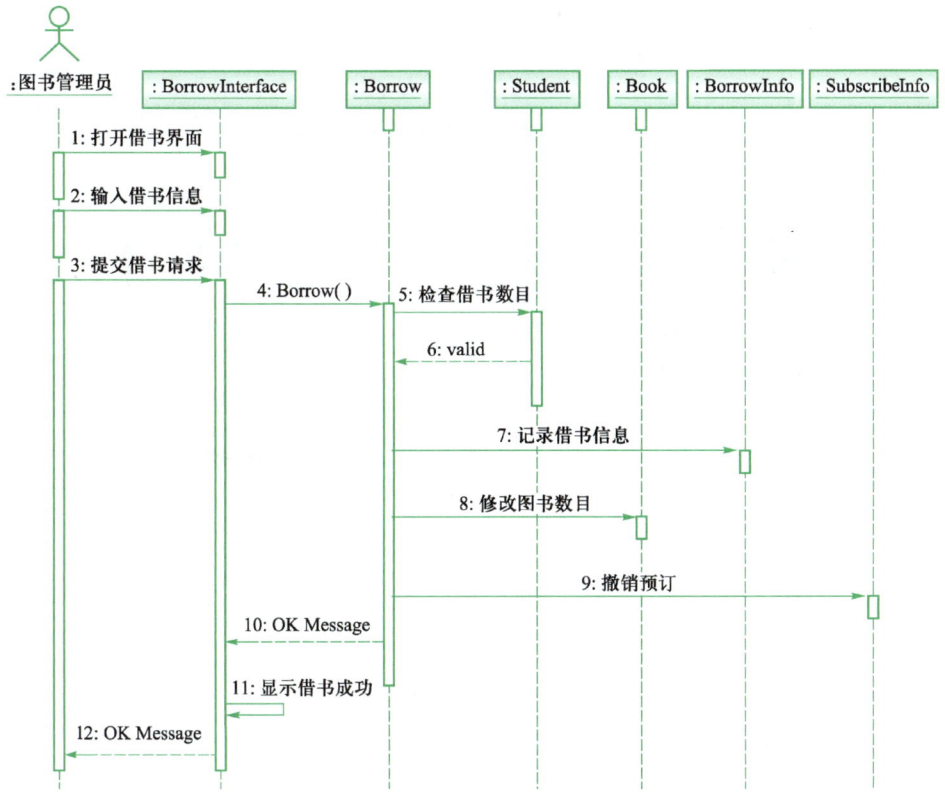

图 8-8　分析阶段"借书成功"的顺序图

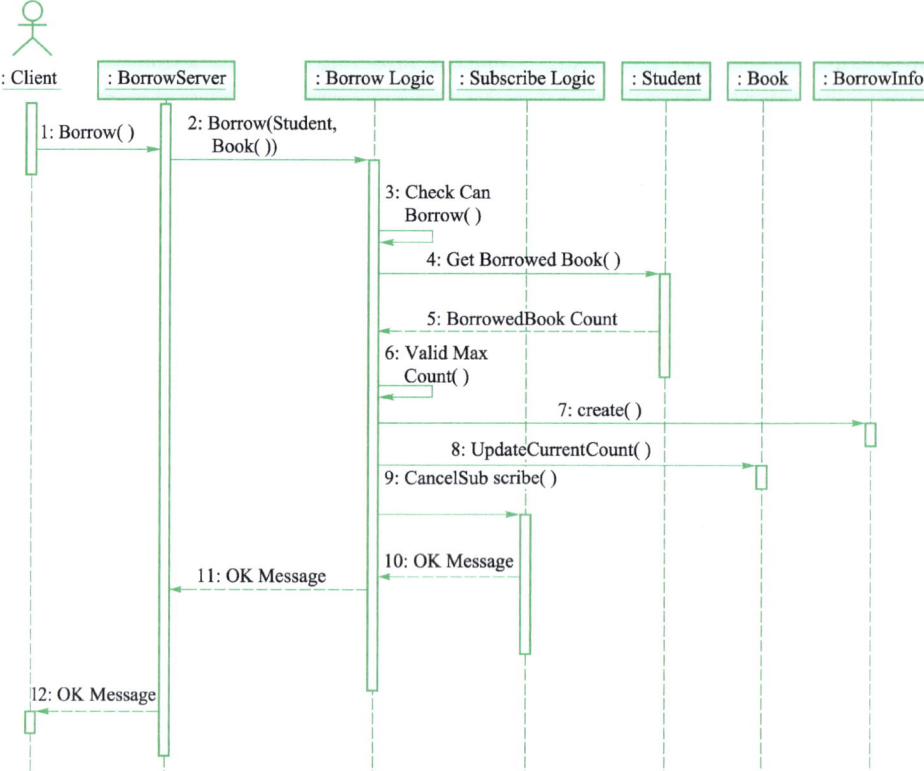

图 8-9 设计阶段服务端"借书成功"的顺序图

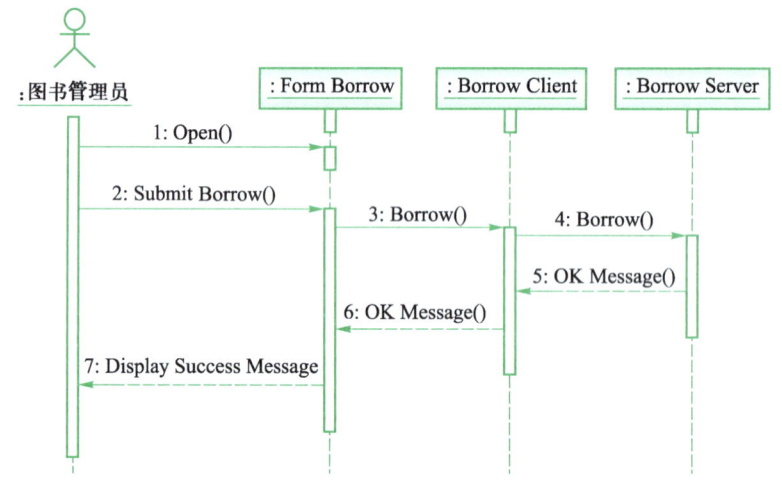

图 8-10 设计阶段客户端"借书成功"的顺序图

 【任务实施】

步骤 1：系统的体系结构

本任务提出的系统设计方案如图 8-11 所示，系统是基于 B/S 模式的 WebMIS 系统，根据后台管理员设置的栏目自动生成前台新闻主页、栏目浏览页面和新闻浏览页面，同时后台提供了栏目及新闻的编辑、修改和删除功能。

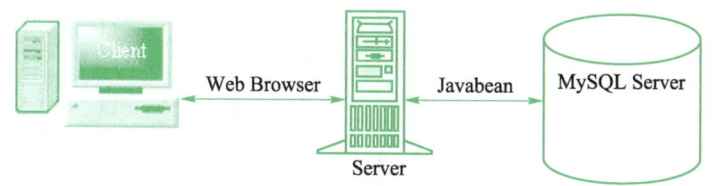

图 8-11　系统设计方案

系统的栏目管理→新闻管理→生成页面形成一个完整的新闻发布过程，主要通过相关类实现数据库的管理和静态文件的生成操作。

步骤 2：技术方案的选择

根据用户自身的资金条件和系统本身的要求，经综合考虑，决定采用 JSP 作为开发环境，MySQL 作为数据库服务器，Tomcat 作为测试服务器，实现对新闻类别分类设置，动态新闻的发布修改删除，以及后台管理员权限等一系列功能。系统需要捕获绝大多数的异常情况，具有较好的容错性，能够承受大量用户同时浏览的压力，满足大部分新闻发布的需求。

其中，JSP（Java Server Pages）是一种动态网页技术标准。JSP 技术使用 Java 编程语言编写类 XML 的 tags 和 scriptlets 来封装产生动态网页的处理逻辑。网页还能通过 tags 和 scriptlets 访问存在于服务器端的资源的应用逻辑。JSP 将网页逻辑与网页的设计和显示分离，支持可重用的基于组件的设计，使基于 Web 的应用程序的开发变得迅速和容易。

MySQL 是真正多用户、多线程的 SQL 数据库服务器。SQL 是世界上最普及的数据库语言。MySQL 是客户/服务器端机制，即包括一个后端的服务器和许多不同的客户程序和库。MySQL 数据库是众多的关系型数据库产品中的一个，相比其他系统而言，MySQL 数据库是目前运行速度最快的 SQL 语言数据库。除了具有许多其他数据库所不具备的功能和选择之外，MySQL 数据库是一种完全免费的产品，用户可以直接从网上下载来用于个人或商业用途，而不必支付任何费用。

Tomcat 服务器是一个免费的开放源代码的 Web 应用服务器，它技术先进且性能稳定，而且免费，因此深受 Java 爱好者的喜爱并得到了部分软件开发商的认可，成为目前比较流行的 Web 应用服务器。Tomcat 很受广大程序员的喜爱，因为它运行时占用的系统资源少，扩展性好，支持负载平衡与邮件服务等开发应用系统常用的功能，而且它还在不断地改进和完善中，任何一个感兴趣的程序员都可以修改它或在其中加入新的功能。

步骤 3：数据库设计

通过前面得到的几个关键的实体对象："文章""版块""头条新闻""系部介绍""通知"和"用户"分析所需的数据库表及关系。图 8-12 所示为参考数据库的主要库表，另外，还根据需求分析后的功能要求，对参考数据库进行进一步的修改，并完成数据库设计文档。

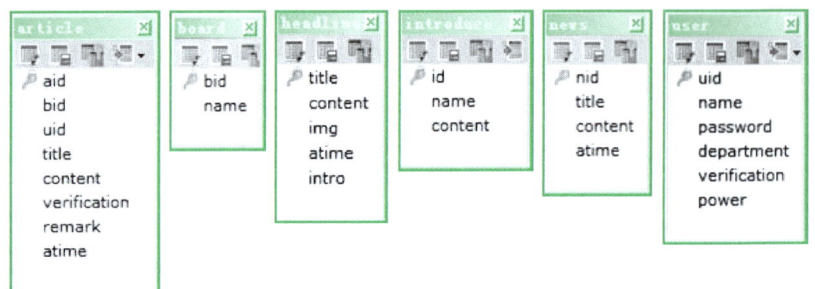

图 8-12　数据库设计

各表的结构如表 8-1～表 8-6 所示。

表 8-1　article 表的结构

名称	数据类型	长度	允许空	说明
aid	bigint	20	否	文章 ID
bid	bigint	20	否	文章分类 ID
uid	bigint	20	否	作者 ID
title	varchar	60	否	文章标题
content	text		否	文章内容
verification	varchar	20	是	文章审核状态
atime	datetime		否	发表时间
remark	text		是	备注

主键：aid

表 8-2　board 表的结构

名称	数据类型	长度	允许空	说明
bid	bigint	20	否	版块 ID
name	varchar	20	否	版块名称

主键：bid

表 8-3　headline 表的结构

名称	数据类型	长度	允许空	说明
title	varchar	50	否	头条主题
content	text		否	头条内容
img	varchar	50	否	头条图片 URL
atime	datetime		否	发布简介
intro	text		否	头条说明

主键：title

表 8-4　introduce 表的结构

名称	数据类型	长度	允许空	说明
id	varchar	10	否	introduce ID
content	text		否	introduce 内容
name	varchar	10	否	introduce 名称

主键：id

表 8-5　news 表的结构

名称	数据类型	长度	允许空	说明
nid	bigint	20	否	新闻 ID
title	varchar	40	否	新闻主题
content	text		否	新闻图片 URL
atime	datetime		否	发布时间

主键：nid

表 8-6　user 表的结构

名称	数据类型	长度	允许空	说明
uid	bigint	20	否	用户 ID
name	varchar	10	否	用户姓名
password	varchar	32	否	密码
department	varchar	20	否	所属部门
verification	varchar	12	否	审核状态
power	varchar	10	是	权限

主键：uid

步骤 4：界面设计

（1）前台界面设计

为了使整个新闻发布系统美观大方，方便客户使用。需聘请专门的广告设计公司进行界面设计，界面设计一般由美工人员完成，然后由编码人员实现代码编写。

所有页面的页面布局如图 8-13 所示，其中页眉部分、导航栏和页脚部分为各页面相同的内容，内容部分为各页面的不同部分，因此，页眉部分、导航栏和页脚部分分别设计成 3 个用户控件：header.inc、navleft.inc 及 footer.inc。

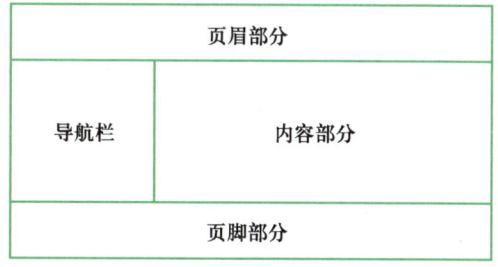

图 8-13　页面布局

前台功能页面直接放在系统根目录下，表 8-7 列出了前台功能页面的用途和说明。

表 8-7　前台页面列表

名称	用途	说明
index.jsp	主页	
introduce.jsp	系部介绍	3 个页面使用同一个页面文件，通过查询字符串来得到对应内容
introduce.jsp	教师队伍	
introduce.jsp	专业设置	
headline.jsp	系部头条	
article.jsp	所有栏目文章	包括所有各分类的栏目文章
listAll.jsp	分栏目进行文章列表	
register.jsp	用户注册	用户注册后需要管理员进行审核
404.html	404 错误页面	
500.jsp	500 错误页面	

各类文档按其作用进行分类存放，总体结构如图 8-14 所示。

公司给出了系统部署运行后的效果，图 8-15 和图 8-16 所示为其两个页面示例。

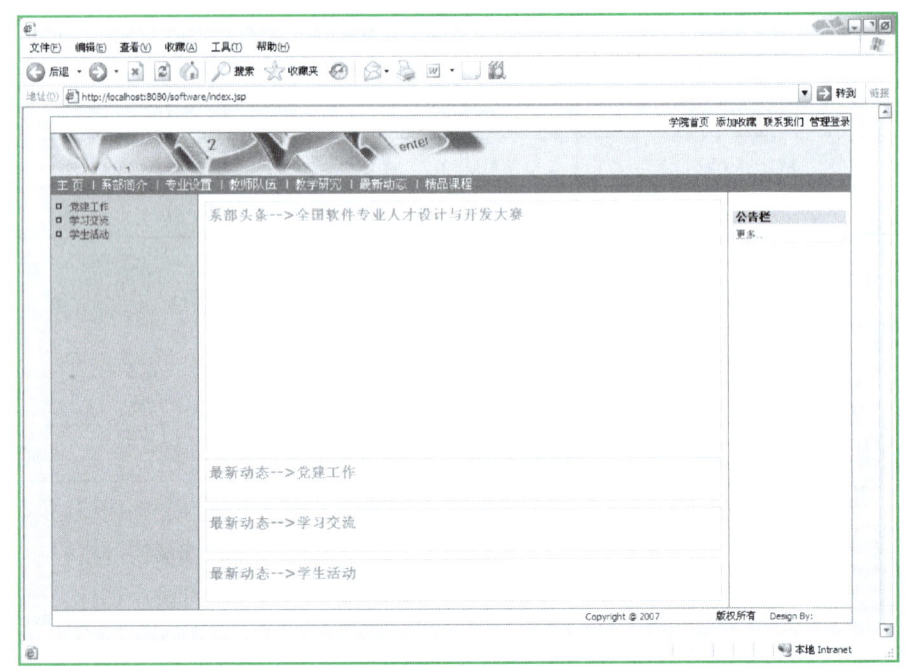

图 8-14　文档结构　　　　　　　　　　图 8-15　主页

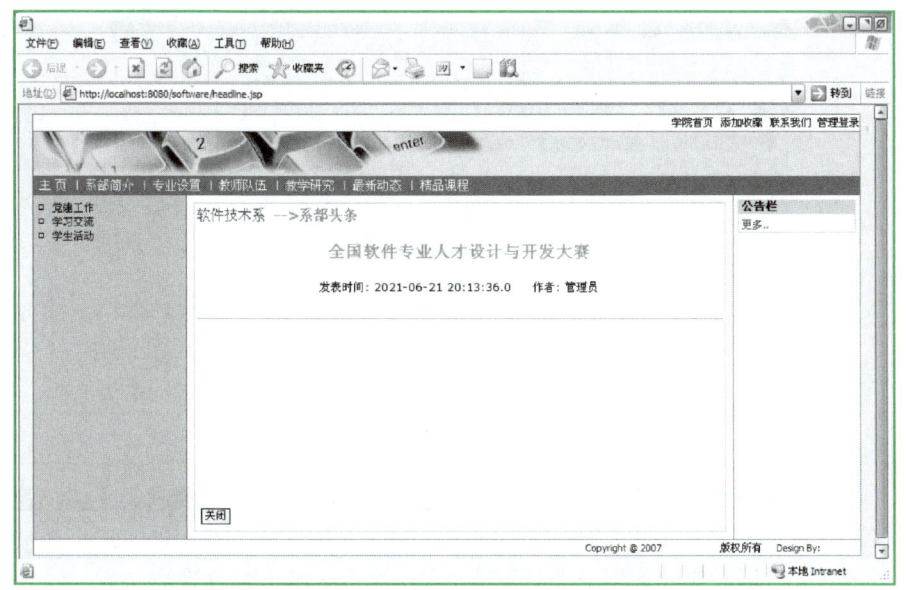

图 8-16　头条信息

（2）后台界面设计

由于后台界面是相关系统管理人员使用的人机界面，不是特别强调界面的美观性，而是要求提高工作效率，因此可以采用大量表格形式的控件来展示数据，页面切换次数应尽量少。

由于后台管理人员分为三大类：超级管理员、部门负责人和系统用户，其登录系统后的管理页面功能有所不同，但使用同一个页面。

管理页面中菜单的不同是通过菜单控件实现（menu.inc）的，在各项管理功能页面中，则通过页面中对应的内嵌表单来实现，用户的登录则由 login.jsp 页面完成。

广告公司也给出了系统部署运行后的效果，图 8-17 和图 8-18 所示为其两个页面示例。

图 8-17　"用户登录"页面

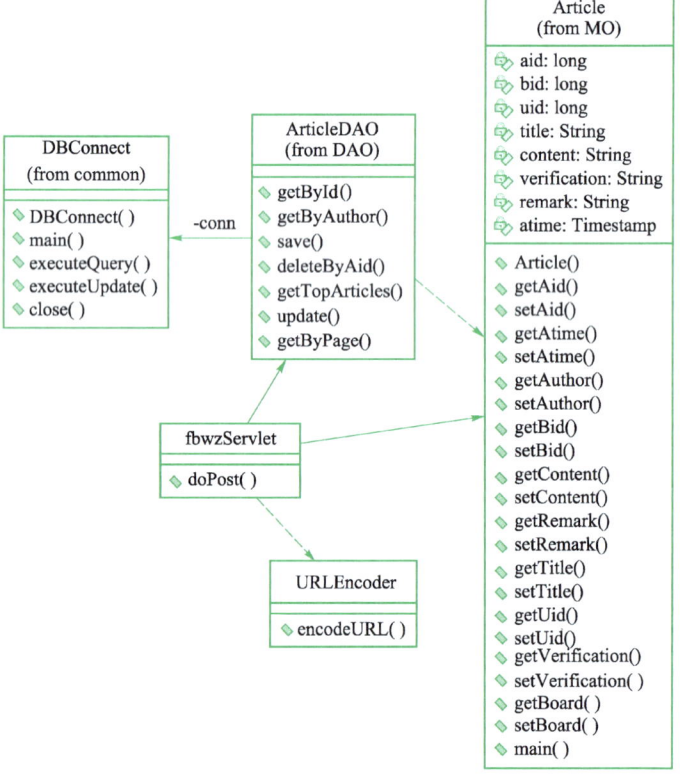

图 8-18 "用户审批"页面

步骤 5：设计模型细化

（1）设计类模型

以"文章管理"用例为例。从分析模型中可知，需要一个控制类来控制管理文章的业务逻辑，在这里设计一个 ArticleLogic 类来完成这个功能，这个类被设计成 servlet。同时需要使用一个易于理解的类名 fbwzServlet（发表文章）。

同样，需要 Article 类来记录文章的信息，用 ArticleDAO 和 DBConnect 作为模型类来完成管理文章的业务逻辑。这样，设计模型中的静态模型所需的类基本上已经齐全。当然，到了最后阶段，需要为这些类补充完整的属性和方法。这些实体类最后都被设计成 EntityBean。"文章管理"这部分类图的整个设计模型如图 8-19 和图 8-20 所示。

图 8-19 与"文章管理"相关的类图

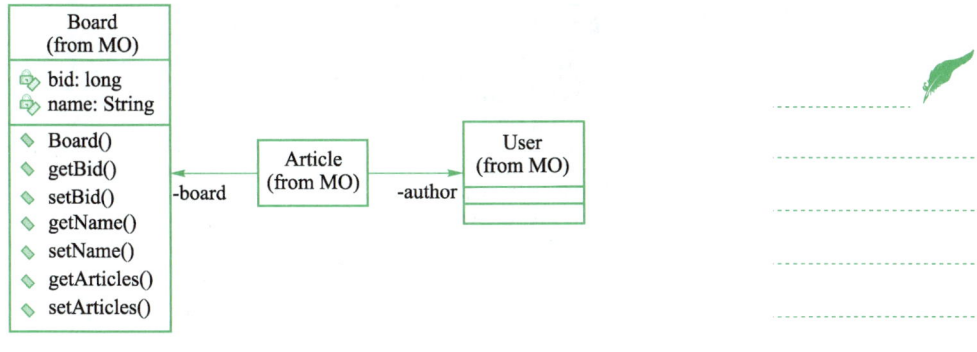

图 8-20　与 Article 有关的类

（2）建立顺序图模型

基于 MVC 模式的程序处理过程，画出"文章管理"的控制顺序图，如图 8-21 所示。

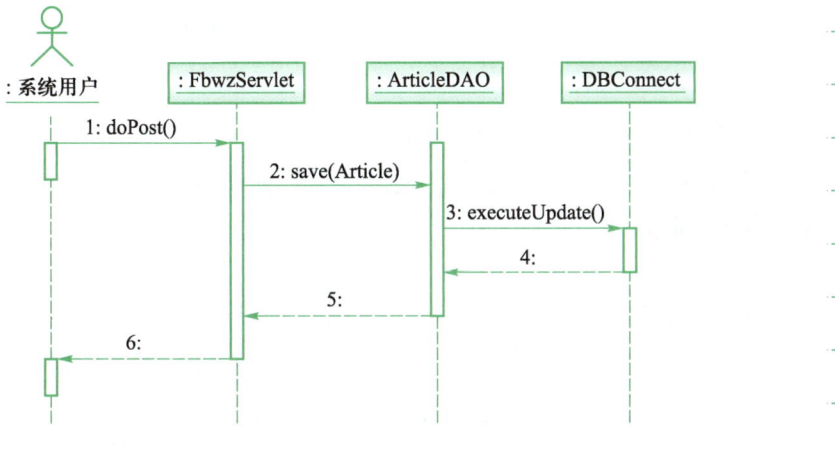

图 8-21　"文章管理"的逻辑控制的顺序图

（3）建立包图及程序代码结构图

由于系统采用 MVC 设计模式，所以，JSP 页面实现视图层 V，MO 包和 DAO 包中的类实现模型层 M，servlet 包中的类实现控制层 C。系统的包图如图 8-22 所示。

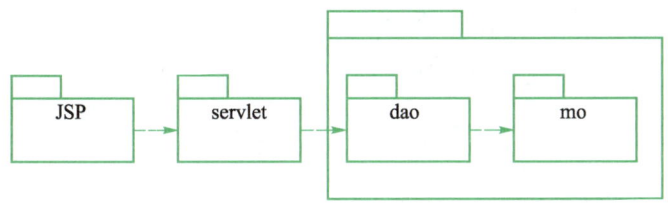

图 8-22　新闻发布系统的包图

根据分析模型中的领域类图进一步演化，同时将一些系统常用功能分别设计成为 JavaBean 组件，放在 common 包中。为用户、文章和通知等页面设计过滤器，用于审核管理，得到整个系统的主要组成类如图 8-23 所示。

```
□ ■ default
  □ Class Diagram 1
  □ □ edu_liusong_common_classes
    ⊞ □ DBConnect
    ⊞ □ MD5
    ⊞ □ StringSub                    ⊞ □ edu_liusong_mo_classes
    ⊞ □ URLEncoder                     ⊞ □ Article
  □ □ edu_liusong_dao_classes          ⊞ □ Board
    ⊞ □ ArticleDAO                     ⊞ □ HeadLine
    ⊞ □ BoardDAO                       ⊞ □ Introduce
    ⊞ □ HeadLineDAO                    ⊞ □ News
    ⊞ □ IntroduceDAO                   ⊞ □ User
    ⊞ □ NewsDAO                      □ □ edu_liusong_servlet_classes
    ⊞ □ UserDAO                        ⊞ □ LoginServlet
  □ □ edu_liusong_filter_classes       ⊞ □ RegisterServlet
    ⊞ □ AdminFilter                    ⊞ □ UpdateUserServlet
    ⊞ □ AnnounceFilter                 ⊞ □ fbttServlet
    ⊞ □ ArticleFilter                  ⊞ □ fbtzServlet
    ⊞ □ HeadLineFilter                 ⊞ □ fbwzServlet
    ⊞ □ IndexFilter                    ⊞ □ jjglServlet
    ⊞ □ IntroduceFilter                ⊞ □ qxxgServlelt
    ⊞ □ ListAllFilter                  ⊞ □ xgwzServlet
    ⊞ □ ListAnnounceFilter             ⊞ □ xzbkServlet
  □ □ edu_liusong_mo_classes           ⊞ □ yhspServlet
```

图 8-23 系统主要的组成类

步骤 6: 建立组件图及部署图

仍以"文章管理"为例,画出新闻发布系统的组件图和部署图,如图 8-24 和图 8-25 所示。

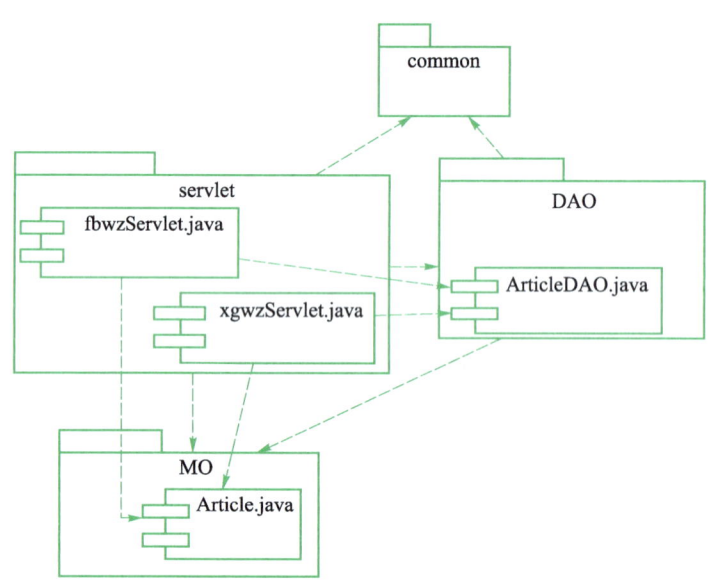

图 8-24 与"文章管理"相关的组件图

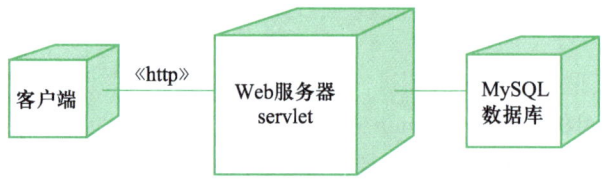

图 8-25 "新闻发布"系统的部署图

【拓展训练】

完善新闻发布系统的设计模型

参照"任务2 由分析模型到设计模型"中新闻发布系统的系统设计，针对新闻发布系统的每一个用例（见图6-7），进一步精化新闻发布系统的设计类图，完善整个新闻发布系统的设计模型。

文本
单元8 其他资源

 单元小结

面向对象的系统设计是从开发者的角度看问题，描述系统需要"怎么做"。它面向系统的实现技术和方案，并在这一基础上对分析模型做进一步的细化。

设计阶段的主要任务是：选择合适的技术方案，设计系统架构，细化分析模型以得到设计模型，组织设计类的结构，以及设计数据库。由于设计是最具有创造性的劳动，设计模型也是最为丰富的。在静态模型中，类图通过反复迭代，贯穿设计建模的始终，由最初的分析类图直到可以付诸实现的设计类图；组件图和部署图在表示系统架构方面发挥着重要作用；动态建模机制也得到了充分的应用，表示出实现过程中的交互和状态。在设计建模的后期，动态模型几乎可以模拟程序运行的过程。

项目实训

1. 建立"超市收银系统"的设计模型

试根据单元6中超市收银系统的需求分析，以及单元7中的系统分析，进行系统设计，并建立设计模型。

2. 建立校园门禁系统的二次开发的设计模型

试根据第6单元校园门禁系统需求分析，以及单元7的系统分析，结合单元1的现有功能及详细设计，进行系统设计，并建立设计模型。

单元 9

逆向工程

 **学习目标**

【知识目标】

- 掌握源代码转换
- 理解软件再工程和逆向工程

【能力目标】

- 能准确分析源程序，使系统实现逆向

【素质目标】

- 辩证看待软件逆向工程
- 从"整体观"的角度看待软件系统

引例描述

　　从软件重用方法学角度来说，如何开发可重用软件和如何构造采用可重用软件的系统体系结构是两个最关键的问题。在本单元中，将通过对用户登录模块相关代码的逆向工程来理解如何最大限度地重用既存系统的各种资源。

任务　系统实现的逆向工程

 【任务陈述】

　　对 Java Web 网站项目中常见的用户登录模块进行逆向工程，并从中抽取信息来记录它的结构和功能。运行效果如图 9-1 和图 9-2 所示。

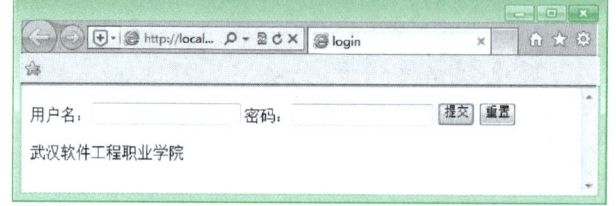

图 9-1　"用户登录"运行效果

包结构图如图 9-3 所示。

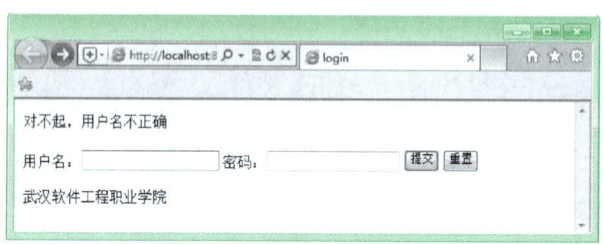

图 9-2　"用户名错误"运行效果

图 9-3　包结构图

各个文件的源代码如下。

① 登录页面 login.jsp 的代码如下。

```jsp
<%@ page pageEncoding="utf-8"%>


<html>
  <head>
    <title>login</title>
  </head>
```

```
    <body>
        <%
            String msg = (String)   session.getAttribute("msg");
            if   (msg == null){msg="";}
            out.print(msg);
        %>
        <form action="servlet/LoginServlet"   method="post">
        用户名：<input   type="text"   name="username"   value="">
        密码：<input   type="password"   name="password"   value="">
        <input   type="submit"   value="提交">
        <input   type="reset"     value="重置">
        </form>
        </body>
</html>
```

② 欢迎页面 main.jsp 的代码如下。

```
<%@ page pageEncoding="utf-8"%>

<html>
  <head>
    <title>welcome</title>
  </head>
  <body>
   welcome!!! <br>
  </body>
</html>
```

③ 转向控制类 LoginServlet.java 的代码如下。

```java
package com.liujie.login.servlet;
import java.io.*;
import javax.servlet.*;
import javax.servlet.http.*;
import com.liujie.login.dao.LoginDAO;
import com.liujie.login.entity.*;

public class LoginServlet extends HttpServlet {

    private LoginDAO logindao = new LoginDAO();
    private User user = new User();
    private String msg = "";

    public LoginServlet() {
        super();
    }
    public void destroy() {
```

```java
        super.destroy();
    }
    public void doGet(HttpServletRequest request, HttpServletResponse response)throws
ServletException, IOException {
        // 获取 Session 对象
        HttpSession session = request.getSession();
        // 接收请求
        request.setCharacterEncoding("utf-8");
        String username = request.getParameter("username");
        String password = request.getParameter("password");
        // 验证用户输入是否符合规定（javascript 验证框架——服务器验证）
        if (username == null) {   username = "";}
        if (password == null) {   password = "";}
        // 设置传递实体对象
        user.setUsername(username);
        user.setPassword(password);
        // 判断，转向
        if (logindao.queryUsername(user)) {
            if (logindao.queryUser(user)) {
                session.setAttribute("login", "ok");
request.getRequestDispatcher("/main.jsp").forward(request,response);
            } else {
                msg = "对不起，密码不正确";
                session.setAttribute("msg", msg);
response.sendRedirect("http://localhost:8080/login/login.jsp");
            }
        } else {
            msg = "对不起，用户名不正确";
            session.setAttribute("msg", msg);
response.sendRedirect("http://localhost:8080/login/login.jsp");
        }
    }
    public void doPost(HttpServletRequest request, HttpServletResponse response)throws
ServletException, IOException {
        this.doGet(request, response);
    }
    public void init() throws ServletException {
    }
}
```

④ 对应数据库中用户信息表的通用数据模型的实体类 User.java 的代码如下。

```java
package com.liujie.login.entity;

public class User {
```

```java
    private   String   username;
    private   String   password;
    public   User()
    {
    }
    public String getPassword() {
        return password;
    }
    public void setPassword(String password) {
        this.password = password;
    }
    public String getUsername() {
        return username;
    }
    public void setUsername(String username) {
        this.username = username;
    }
}
```

⑤ 完成用户信息的数据访问类 LoginDAO.java 的代码如下。

```java
package com.liujie.login.dao;
import java.sql.*;
import com.liujie.login.common.*;
import com.liujie.login.entity.*;

public class LoginDAO {

    private DBConnection db = new DBConnection();
    private boolean msg = false;
    private boolean flag = false;
    private String sqlword = "";
    private Connection con;
    private Statement stm;
    private ResultSet rs;

    public LoginDAO() {
    }

    // 查询用户名是否存在
    public boolean queryUsername(User user) {
        sqlword = "select * from  usertable where   username=' "
                    + user.getUsername() + " ' ";
        // System.out.print(sqlword);
        con = db.getCon();
        try {
            stm = con.createStatement();
```

```
                rs = stm.executeQuery(sqlword);
                if (rs.next()) {
                        msg = true;
                }
                con.close();
            } catch (SQLException e) {
                e.printStackTrace();
            }
            System.out.print(msg);
            return msg;
    }


    // 查询密码是否正确
    public boolean queryUser(User user) {
        sqlword = "select * from   usertable where   password='"
                    + user.getPassword() + "'";
        con = db.getCon();
        try {
            stm = con.createStatement();
            rs = stm.executeQuery(sqlword);
            if (rs.next()) {
                    flag = true;
            }
            con.close();
        } catch (SQLException e) {
            e.printStackTrace();
        }
        return flag;
    }
}
```

⑥ 数据库公共连接类 DBConnection.java 的代码如下。

```
package com.liujie.login.common;
import java.sql.Connection;
import java.sql.DriverManager;

public class DBConnection {

    private Connection con;
    private String driver = "com.mysql.jdbc.Driver";
    private String url = "jdbc:mysql://localhost:3306/usertable";
    private String user = "root";
    private String password = "123456";


    public DBConnection() {
    }
```

```java
public Connection getCon() {
    try {
        Class.forName(driver);
    } catch (ClassNotFoundException e) {
        e.printStackTrace();
    }
    try {
        con = DriverManager.getConnection(url, user, password);
    } catch (Exception e) {
        e.printStackTrace(System.err);
        con = null;
    }
    return con;
}
}
```

⑦ 阻止非法 IP 访问的过滤器类 IPFilter.java 的代码如下。

```java
package com.liujie.login.filter;

import javax.servlet.*;
import java.io.*;

public class IPFilter implements Filter {

    private FilterConfig filterconfig;
    private String    ip="";
    public void init(FilterConfig filterConfig) throws ServletException {
        this.filterconfig = filterConfig;
        ip=filterconfig.getInitParameter("ip");
    }

public synchronized void doFilter(ServletRequest req, ServletResponse resp,
    FilterChain filterChain) throws ServletException, IOException {
        // 判断条件，控制程序转向 or 添加新内容输出至客户端
        String remoteAddr = req.getRemoteAddr();
        if(remoteAddr.equals(ip)){
            System.out.println("被 IPFilter 拦截一个未认证的请求");
RequestDispatcher rd = req.getRequestDispatcher("http://www.baidu.com");
            rd.forward(req, resp);
        }else{
            //非禁止的 IP，则继续处理
            filterChain.doFilter(req, resp);
        }
    }
    public void destroy() {
```

```
        this.filterconfig = null;
    }
}
```

⑧ 进行编码转换的过滤器类 EncodingFilter.java 的代码如下。

```java
package com.liujie.login.filter;
import java.io.IOException;
import javax.servlet.*;

public class EncodingFilter implements Filter{
    private FilterConfig filterconfig;
    public void init(FilterConfig filterConfig) throws ServletException {
        this.filterconfig = filterConfig;
    }
    public synchronized void doFilter(ServletRequest req, ServletResponse resp,FilterChain filterChain) throws ServletException, IOException {
        // 判断条件，控制程序转向 or 添加新内容输出至客户端
            req.setCharacterEncoding("utf-8");
            //非禁止的 IP，则继续处理
            filterChain.doFilter(req, resp);
    }
    public void destroy() {
        this.filterconfig = null;
    }
}
```

⑨ 版权控制的过滤器类 CopyrightFilter.java 的代码如下。

```java
package com.liujie.login.filter;
import java.io.IOException;
import java.io.PrintWriter;
import javax.servlet.*;

public class CopyrightFilter implements Filter {
    private FilterConfig filterconfig;
    public void init(FilterConfig filterConfig) throws ServletException {
        this.filterconfig = filterConfig;
    }

    public synchronized void doFilter(ServletRequest req, ServletResponse resp,FilterChain filterChain) throws ServletException, IOException {
            filterChain.doFilter(req, resp);
            PrintWriter    out=resp.getWriter();
            out.println("武汉软件工程职业学院");
            out.flush();
    }
```

```java
        public void destroy() {
            this.filterconfig = null;
        }
}
```

⑩ 阻止未登录用户访问主页的过滤器类 LoginFilter.java 的代码如下。

```java
package com.liujie.login.filter;

import java.io.IOException;
import javax.servlet.*;
import javax.servlet.http.*;
import java.io.*;

public class LoginFilter implements Filter{
    private FilterConfig filterconfig;
    public void init(FilterConfig filterConfig) throws ServletException {
        this.filterconfig = filterConfig;
    }

public synchronized void doFilter(ServletRequest req, ServletResponse resp,
    FilterChain filterChain) throws ServletException, IOException {
        // 判断条件，控制程序转向 or 添加新内容输出至客户端
        HttpServletRequest request = (HttpServletRequest)req;
        HttpSession session = request.getSession();
        if(session.getAttribute("login")==null){
        RequestDispatcher rd = req.getRequestDispatcher("login.jsp");
            rd.forward(req, resp);
        }else{
            filterChain.doFilter(req, resp);
        }
    }

    public void destroy() {
        this.filterconfig = null;
    }
}
```

此外，配置文件（web.xml）负责相关配置工作，其代码如下。

```xml
<?xml version="1.0" encoding="UTF-8"?>
<web-app version="2.4"
    xmlns="http://java.sun.com/xml/ns/j2ee"
    xmlns:xsi="http://www.w3.org/2001/XMLSchema-instance"
    xsi:schemaLocation="http://java.sun.com/xml/ns/j2ee
    http://java.sun.com/xml/ns/j2ee/web-app_2_4.xsd">
```

```xml
  <servlet>
  <description>This is the description of my J2EE component</description>
  <display-name>This is the display name of my J2EE component</display-name>
      <servlet-name>LoginServlet</servlet-name>
  <servlet-class>com.liujie.login.servlet.LoginServlet</servlet-class>
    </servlet>

    <servlet-mapping>
      <servlet-name>LoginServlet</servlet-name>
      <url-pattern>/servlet/LoginServlet</url-pattern>
    </servlet-mapping>
    <welcome-file-list>
      <welcome-file>index.jsp</welcome-file>
    </welcome-file-list>
    <filter>
      <filter-name>IPFilter</filter-name>
      <filter-class>com.liujie.login.filter.IPFilter</filter-class>
      <init-param>
          <param-name>ip</param-name>
          <param-value>127.0.1.1</param-value>
      </init-param>
    </filter>
    <filter-mapping>
      <filter-name>IPFilter</filter-name>
      <url-pattern>/login.jsp</url-pattern>
    </filter-mapping>
    <filter>
      <filter-name>LoginFilter</filter-name>
      <filter-class>com.liujie.login.filter.LoginFilter</filter-class>
    </filter>
    <filter-mapping>
      <filter-name>LoginFilter</filter-name>
      <url-pattern>/main.jsp</url-pattern>
    </filter-mapping>
      <filter>
      <filter-name>EncodingFilter</filter-name>
  <filter-class>com.liujie.login.filter.EncodingFilter</filter-class>
    </filter>
    <filter-mapping>
      <filter-name>EncodingFilter</filter-name>
      <url-pattern>/*</url-pattern>
    </filter-mapping>
        <filter>
      <filter-name>CopyrightFilter</filter-name>
  <filter-class>com.liujie.login.filter.CopyrightFilter</filter-class>
    </filter>
    <filter-mapping>
      <filter-name>CopyrightFilter</filter-name>
      <url-pattern>/*</url-pattern>
    </filter-mapping>
  </web-app>
```

【知识准备】

9.1.1 逆向工程的范畴

逆向工程的概念早在现代技术出现之前就已经存在，逆向工程的范畴不止计算机领域，还包括科学研究和工业制造等。计算机领域的逆向工程一般分为两种，硬件逆向和软件逆向，如图 9-4 所示。本书只涉及软件逆向。

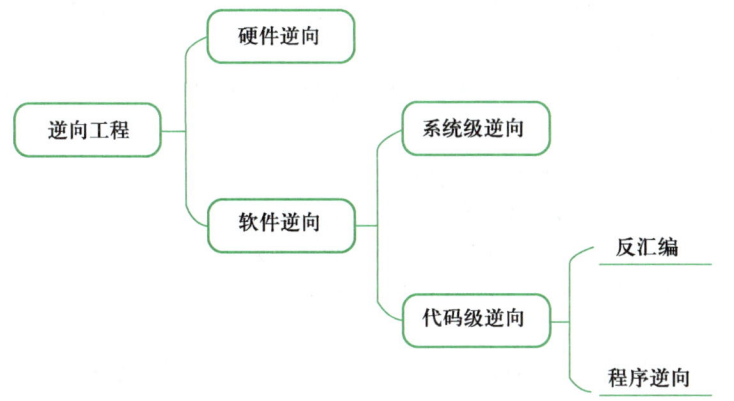

图 9-4　逆向工程

系统级逆向是以复原软件的描述和设计为目标的软件分析过程，进行大范围的分析和观察，对系统进行整体把握。

代码级逆向有两种类型：反汇编和程序逆向。

早期，代码级逆向仅是指反汇编，如图 9-5 所示。从可运行的程序系统出发，运用解密、反汇编、系统分析、程序理解等多种计算机技术，对软件的结构、流程、算法、代码等进行逆向拆解和分析，推导出软件产品的源代码、设计原理、结构、算法、处理过程、运行方法及相关文档等。比如看到别人写的某个 exe 程序能够做出某种漂亮的动画效果，通过反汇编、反编译和动态跟踪等方法，从而分析出其动画效果的实现过程。

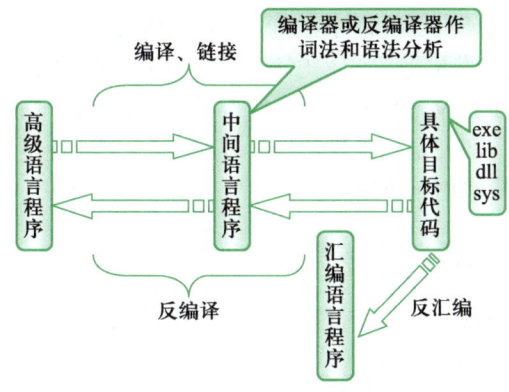

图 9-5　代码级的反汇编逆向工程

现实工作中，更多的场景是：在拥有全部或部分源代码，但无法获得其设计思路及开发文档的情况下，需要通过对源代码进行分析和理解，推导出软件产品的结构、算法、处理过程、交互协同过程、运行原理等，并补齐开发文档，以供二次开发或产品维护用。这种代码级逆向也叫程序逆向分析。

软件系统的复杂程序度深不可测，因此代码级逆向要求软件分析师不但要掌握逆向技术，会使用一定的工具，还要对软件开发、系统架构、操作系统原理、接口技术等有相当深入的了解。

9.1.2 软件再工程

软件再工程的目的是：在最大限度保留现有系统的基础上进行二次开发。

软件再工程是指对既存对象系统进行调查，并将其重构为新形式代码的开发过程，最大限度地重用既存系统的各种资源。

对于绝大多数企业来说，现有的许多系统要想彻底更换或者对其进行大的调整，在经济能力上是不可想象的。因此，当旧系统的维护费用在逐渐攀升时，通常采用再工程的方法以延长其寿命。

与一次工程不同，再工程分析者最终提出的重用范围和重用策略将成为决定再工程成败及再工程产品系统可维护性高低的关键因素。在软件再工程的各个阶段，软件的可重用程度将决定软件再工程的工作量。软件再工程也是一种系统级的软件逆向。

再工程涉及以下几种形式。

① 源代码转换：程序从旧的开发语言转换到一个新版本的相同语言或另一种开发语言。

② 逆向工程：对程序进行分析，并从中抽取信息来记录它的结构和功能。

③ 程序结构改善：对程序的控制结构进行分析和修改，使它更易读、易理解。

④ 程序模块化：程序的相关部分被收集在一起，消除一定程度上的冗余。

⑤ 数据再工程：改变程序处理的数据，从而变更程序。

从业务角度来看，软件再工程可能是保证遗留系统能继续提供服务唯一可行的方法。改用其他任何系统进化方案都将带来更高的费用和更高的风险。另外，如果重用对象都是既存代码的当然最为理想，然而这种可能性非常低。但是再工程分析者如果因此而放弃重用，以为"改他人的代码不如自己重新编写"，便犯了再工程的大忌。因为一个运行良久的既存系统，最起码的价值是在操作方法和正确性上已被用户接受。而再高明的程序员在软件没有经过用户一段时间的使用验证之前，都不敢保证自己的程序正确无误；更何况越是有经验的程序员，越是知道对一个处于局部变更地位的程序进行重新编写远比一次工程的原始编程复杂得多，因为他需要对应无数的"副作用"，正所谓"碰一筋而动全身"。在这种情况下，读文档——即使是"破烂不堪"、读代码——即使是"千疮百孔"，也要坚持住，并且从中筛选出可重用对象。

 【任务实施】

对用户登录模块相关代码进行逆向工程，可以通过以下几个步骤。

① 了解 MVC 的设计模式。

在进行逆向工程之前，首先需要明白 MVC 设计模式的基本概念，即 Model View Controller，把一个应用的输入、处理和输出流程按照 Model、View 和 Controller 的方式进行分离，这样一个应用被分为 3 层：模型层、视图层和控制层。MVC 模式的处理过程为：首先用户在视图提供的界面上发出请求，然后视图把请求转发给控制器，控制器调用相应的模型来处理用户请求，模型进行相应的业务逻辑处理，并返回数据。最后控制器调用相应的视图来显示模型返回的数据，如图 9-6 所示。

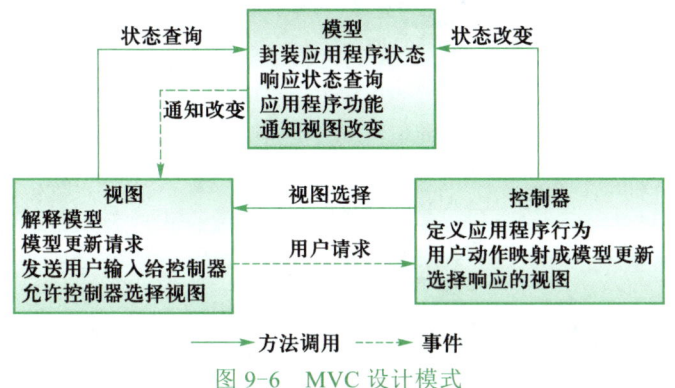

图 9-6　MVC 设计模式

② 基于 MVC 模式及包图结构图，构建出用户登录模块的组件图及部署图，如图 9-7 和图 9-8 所示。

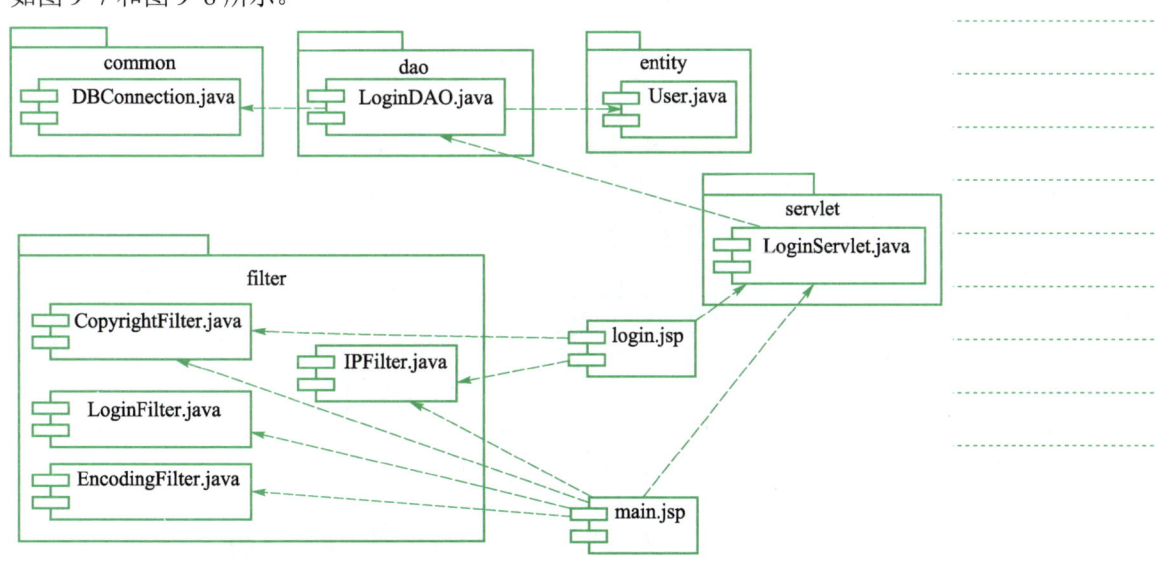

图 9-7　用户登录模块的组件图

图 9-8　用户登录模块的部署图

③ 观察运行效果，利用软件建模方法分析用户登录模块，重构用例模型。

用例模型用于定义系统"做什么"，是用来获取系统需求的有效手段。这里通过观察运行效果及包结构图寻找用例模型中的"参与者"及"用例"，并确定参与者和用例之间的关系。使用如图 9-9 所示的用例图来描述其关系，并将其用中文表示，如图 9-10 所示。另外，使用 UML 进行系统建模，并非只是画出 UML 用例图，用例文档说明同样重要，这里不再一一详述，同时根据用例文档画出其活动图，如图 9-11 所示。

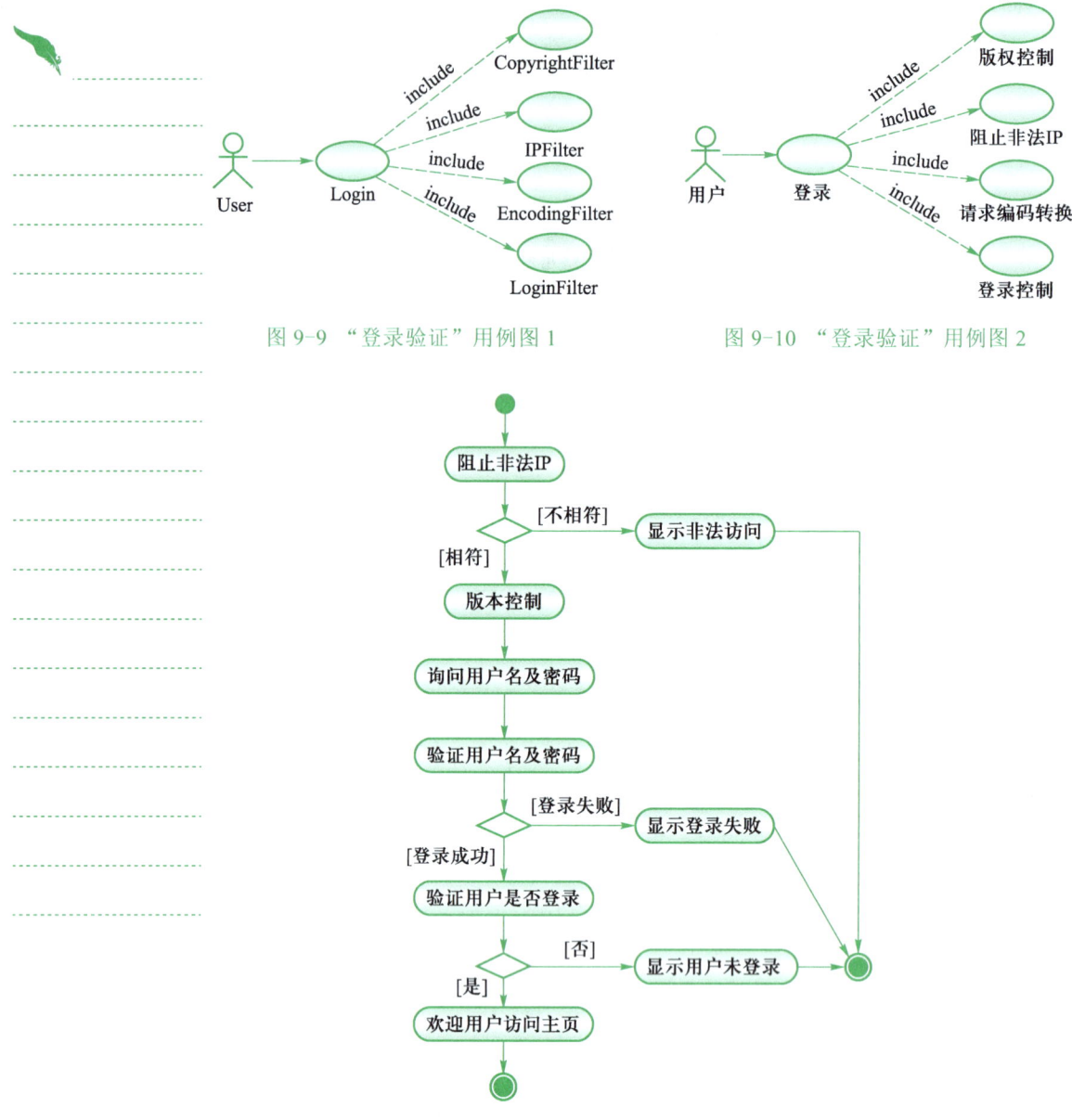

图 9-9 "登录验证"用例图 1　　　　　图 9-10 "登录验证"用例图 2

图 9-11 "登录验证"活动图

④ 利用 UML 软件建模方法分析用户登录模块,提取其类图模型和顺序图模型。

在完成了用例模型的设计及活动图设计之后,应已基本明白用户登录模块的需求,可以进行动态建模。通过用例文档了解用户登录模块的基本工作流,结合之前所了解的 MVC 模式,进行类图和顺序图模型重构,其类图如图 9-12 所示。

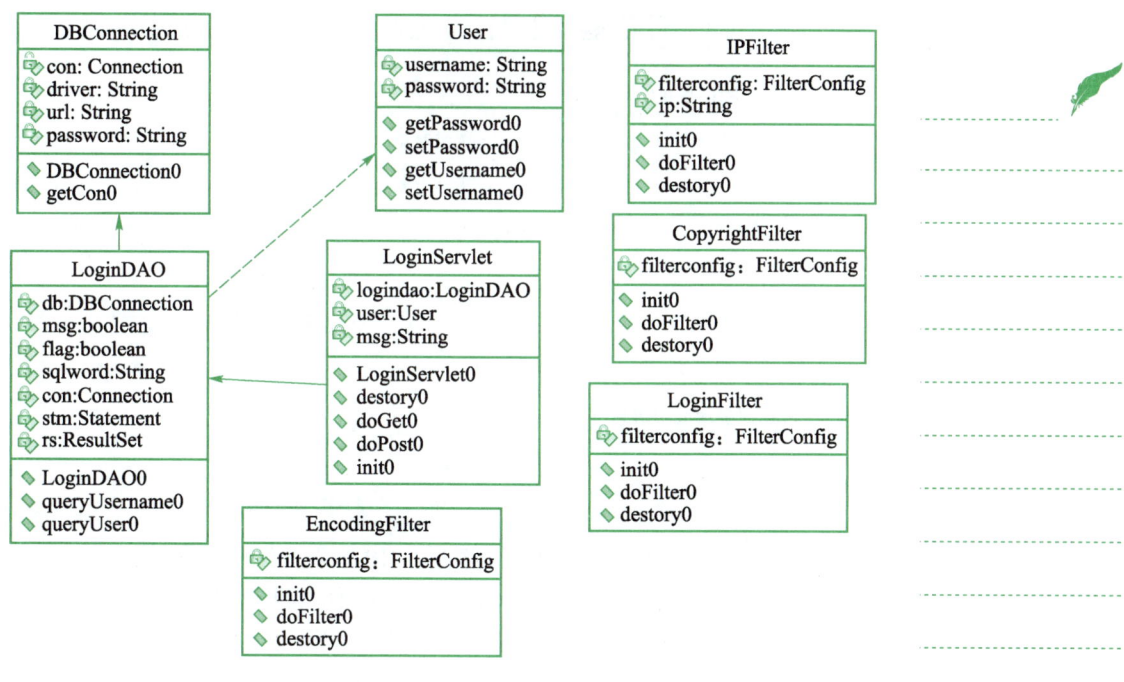

图 9-12　用户登录模块的类图

最后进行用户登录模块顺序图的设计。其"登录成功"顺序图如图 9-13 和图 9-14 所示。

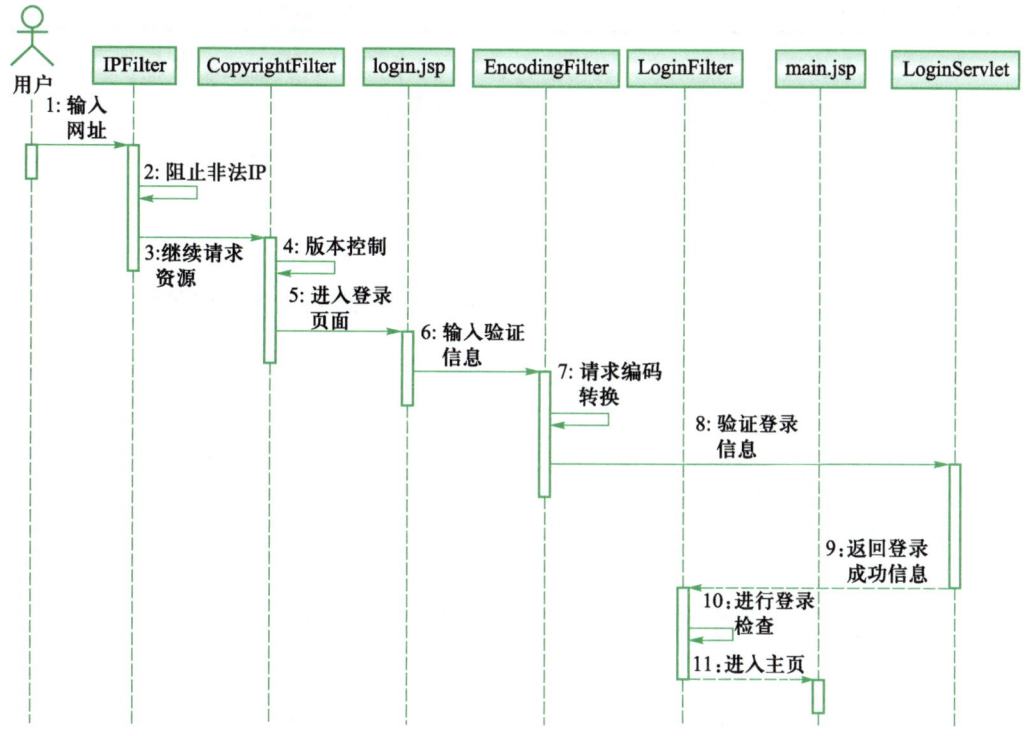

图 9-13　"登录成功"顺序图 1

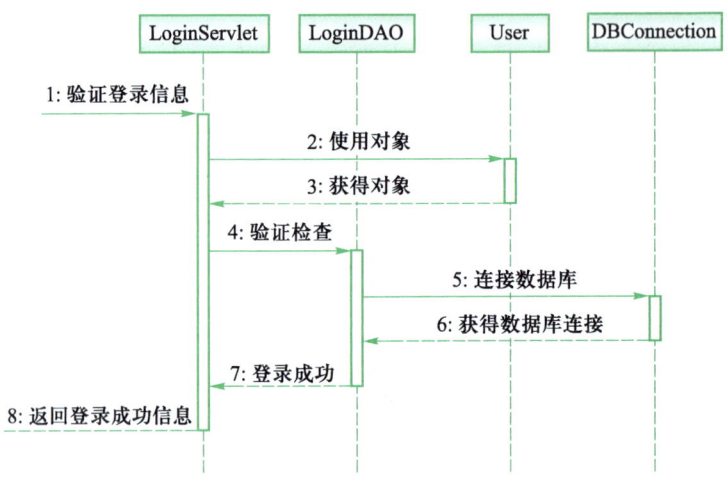

图 9-14 "登录成功"顺序图 2

还可以依次画出"登录失败"顺序图、"IP 被阻止"顺序图等。

⑤ 完成用户登录模块的数据库重构和网站页面设计框架。

最后完成的是数据库重构，重构出用户表，如表 9-1 所示。

表 9-1 用 户 表

序号	字段名称	中文名称	定义	备注
1	username	用户名	varchar(10)，not null	
2	password	密 码	varchar(100),not null	

通过网页设计工具重构前台 JSP 网页的设计，有需要时可辅以画图软件及动画设计软件。

 【拓展训练】

对"饮料销售机类"的部分源码进行逆向工程

对下列代码进行分析，并从中抽取信息来说明它的结构和功能。

```
class 饮料销售机类
{
    int      不足款数目;
    结算控制器   the_结算控制器;
    销售记录类   the_销售记录;
    饮料容器组类 the_饮料容器组;
    饮料销售机状态类 饮料销售机状态;
    float   所需货款;

BuyStart()
    {
        if(饮料销售机状态!= "待机状态") return false ;
        bool end = the_饮料容器组.有饮料吗( );
        if(end == true)
```

```
        {
                the_销售记录= new  销售记录( );
                the_销售记录.创建开始事务( );
                饮料销售机状态= "选择饮料品种状态";
                显示（"请选择饮料品种"）;
                }else
        {
                //处理机器失效的情况
        }

    }
    SelectKindOfSuda()
    {
        if(饮料销售机状态!= "选择饮料品种状态") return false ;
        bool end = the_饮料容器组.有饮料吗（饮料品种）;
        if(end == true)
        {
                the_销售记录.创建选择饮料事务( );
                饮料销售机状态= "输入饮料数量状态";
                显示（"请输入饮料数量"）;
                }else
        {
                //处理没有饮料的情况
        }
    }
    InputNumberOfSuda(int 购买数量)
    {
        if(饮料销售机状态!= "输入饮料数量状态") return false ;
        bool end = the_饮料容器组.货够吗（购买数量）;
        if(end == true)
        {
                所需货款= 购买数量* 饮料价格;
                the_结算控制器.初始化（所需货款）;
                the_销售记录.创建输入购买饮料数量事务( );
                饮料销售机状态= "接收货款状态";
                显示（"请投入货款"）;
                }else
        {
                //处理饮料货不足的情况
        }
    }

PushMoney(钱币)
   {
        if(饮料销售机状态!= "接收货款状态") return false ;
        bool end = the_结算控制器.检验货款（钱币，不足款数目）;
```

```
                if(end == true)
                {
                        if(不足款项目>=0)
                        {
                                显示（"请再次输入货款 XX"，所需货款-不足款数目）;
                                the_销售记录.创建输入真币事务( );
                        }
                        else
                        {
                                the_结算控制器.结束检验货款( );
                                the_结算控制器.准备零钱( );
                                饮料销售机状态= "发货款状态";
                                发货( );
                        }
                }
                else//处理饮假钱币的情况
                {
                        显示（"请再次输入货款 XX"，所需货款-不足款数目）;
                        the_结算控制器.退假币( );
                        the_销售记录.创建输入假币事务( );



                }
        }
    }
```

文本
单元 9 其他资源

单元小结

　　逆向工程是以复原软件的描述和设计为目标的软件分析过程。程序本身经过逆向工程过程并无变化。软件源程序代码总是能得到的，用它作为逆向工程过程的输入推导出设计，并且文档化，逆向软件工程的目的是使软件得以维护。

 ## 项目实训

"宠物管理系统"的逆向工程

　　目前正在开发的是某宠物诊所的宠物管理系统的项目，目前有比较完整的需求分析说明及详细的源代码，请依照需求分析说明书及源代码画出详细的类图和顺序图，以帮助其他同事了解整个项目的概况，并用以建档。源代码见光盘，现有的文字材料如表 9-2 和表 9-3 所示。

表 9-2 "爱心宠物诊所"系统需求和需求分析说明书

文件状态:	文件标识	
[ ] 草稿	当前版本	1.0.0
[√] 正式发布	作　者	
[ ] 正在修改	完成日期	

表 9-3 版本历史

版本/状态	修订人	修改日期	备注

第一部分　概　述

1. 项目名称及背景

● 项目名称。

"爱心宠物诊所"系统

● 开发背景。

"爱心"宠物诊所的职员在工作中需要查阅和管理以下信息：诊所的兽医、客户及客户的宠物。诊所的兽医具有不同的专业特长，例如，有的擅长牙科、有的擅长内科等。诊所的职员使用浏览器访问该系统。客户的每个宠物都具有唯一的名称。

2. 文档说明

本文档系统描述了"爱心宠物诊所"系统的业务需求及需求分析文档。可用于指导软件的系统设计和测试阶段的工作。

第二部分　任务说明

1. 功能概述

"爱心"宠物诊所的职员需要使用系统提供的以下功能。

● 浏览诊所的兽医及他们的专业特长。

● 浏览宠物的主人（即诊所的客户）的相关信息。

● 更新宠物的主人的相关信息。

● 向系统中增加一个新客户。

● 浏览宠物的相关信息。

● 更新宠物的相关信息。

● 向系统中增加一个新宠物。

● 浏览宠物的访问历史记录。

● 向宠物的访问历史记录添加一次访问。

此外，诊所的职员在使用系统提供的上述功能之前需要进行登录。当职员不需要使用系统的上述功能时，也可退出系统。

2. 用户环境

服务器硬件要求如下。

处理器：Intel Q470；内存 32 GB；硬盘≥250 GB。

服务器端软件要求如下。

操作系统：Windows 10；数据库服务器：MySQL 8.0。

Web 容器：Tomcat 9.0。

客户端软件要求如下。

操作系统：Windows 10；浏览器：Chrome。

开发工具：Eclipse IDE for Java EE Developers。

3. 其他要求

● 访问容量。

系统要求支持的最大并发用户数为 20。

第三部分 需求分析

1. 实现功能

● 系统用例图如图 9-15 所示。

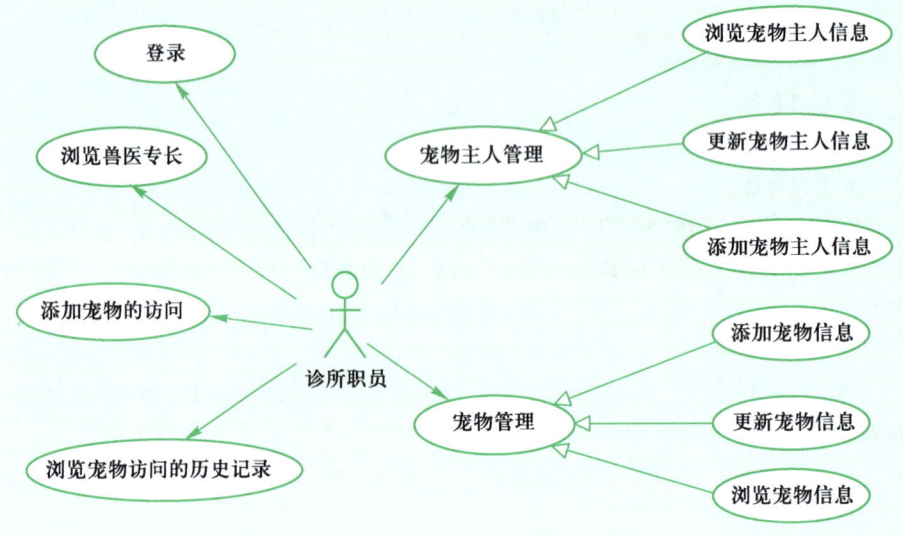

图 9-15 "爱心宠物诊所"系统的用例图

诊所职员可以使用或访问系统的全部功能，在图 9-15 中使用一个"火柴人"表示诊所职员，称为用例的参与者，系统只有诊所职员一个参与者。此外，图中从参与者到用例的单向箭头表示二者之间的关联关系，如诊所职员使用或访问这些功能。

● 功能清单如表 9-4 所示。

表 9-4 功能清单

功能编号	功能名称	文中标题编号	备注
01	登录		
04	浏览兽医及其专业特长		
04	浏览宠物主人的信息		宠物的主人即诊所的客户，也称为所有人
05	更新宠物主人的信息		
06	添加宠物主人的信息		
07	浏览宠物信息		
08	更新宠物信息		
09	添加宠物信息		
010	浏览宠物的访问历史记录		
011	添加一次宠物的访问		

2. 用例说明

● 登录。

诊所职员打开浏览器，输入应用系统的 URL，浏览器中将显示登录界面。职员输入用户名称和口令后，提交页面。系统验证职员的登录：若用户名称或口令不正确，系统显示"登录失败，无效的用户名或口令。"职员可再次登录；若用户名称和口令正确，职员登录成功，系统显示一个页面可供职员访问用例"浏览兽医及其专业特长"。

诊所职员登录系统之后，单击"退出"链接，系统销毁与职员的会话有关的资源，再呈现"登录"界面给用户，可供其再次登录系统，并给出提示消息"退出成功"。

● 浏览兽医及其专业特长。

诊所职员浏览查询兽医及其专业特长的界面，输入兽医名称或专业，单击"查询"按钮，系统查找出符合条件的兽医及其专业特长信息，并呈现一个查询结果页面给职员，以便其浏览相关的信息，职员还可以单击此页面中的"重新查询"按钮，再次输入查询条件。

此外，职员输入的查询条件为组合查询条件，例如，如果职员只输入了查询的兽医名称，系统将查询所有专业特长中具有指定名称的兽医。

● 浏览宠物主人的信息。

诊所职员浏览查询宠物名称及其所有人名称的界面，输入所有人名称，单击"查询"按钮，系统查找出符合条件的所有人（即宠物主人），并呈现一个查询结果页面给职员，以便其浏览相关的信息，职员不仅可以浏览宠物主人，还可以浏览属于该主人的宠物。职员单击一个链接的宠物主人，可以浏览宠物主人的详细信息，如名称、地址、城市和电话号码等。

● 更新宠物主人的信息。

职员浏览宠物主人的信息时，当其单击一个链接的宠物主人后，可以浏览宠物主人的详细信息，如名称、地址、城市和电话号码。同时可以修改这些信息，单击"修改"按钮，系统将更新数据库中的相关信息，再次呈现修改页面，并给出提示消息"所有人信息修改成功"。

● 添加宠物主人的信息。

职员输入新客户的名称、地址、城市和电话号码后，单击"增加"按钮，系统成功添加了新客户信息之后，将呈现浏览宠物信息的页面，并给出提示消息"所有人信息插入成功"。

● 浏览宠物信息。

在浏览之前需要输入查询条件查询宠物，此用例与"浏览宠物主人的信息"用例共享一个查询界面。

诊所职员浏览查询宠物名称及其所有人名称的界面，输入宠物名称，单击"查询"按钮，系统查找出符合条件的宠物，并呈现一个查询结果页面给职员，以便其浏览相关的信息，职员不仅可以浏览宠物，还可以浏览该宠物的主人信息。职员单击一个链接的宠物后，可以浏览宠物的详细信息，如名称、类型、出生日期和所有人名称等。

● 更新宠物信息。

职员浏览宠物信息时，当其单击一个链接的宠物后，可以浏览宠物的详细信息，如名称、类型、出生日期和所有人名称等。同时可以修改这些信息，单击"修改信息"按钮，系统将呈现页面以便编辑宠物的信息，职员可以修改宠物的名称、类型或出生日期（不能修改宠物所属的主人），单击"修改"按钮，系统将更新数据库中的相关信息，再次呈现修改页面，并给出提示消息"宠物信息修改成功"。

● 添加宠物信息。

职员从下拉列表中选择宠物的主人和类型，输入宠物的名称，单击弹出窗口输入出生日期，再单击"增加"按钮，系统成功添加了新宠物信息之后，将呈现浏览宠物信息的页面，并给出提示消息"宠物信息插入成功"。

● 浏览宠物的访问历史记录。

职员在浏览宠物的详细信息，如名称、类型等时，单击"阅览病历"按钮，可以浏览宠物的访问历史记录，包括每次的诊断时间及相关的备注。

● 添加一次宠物的访问。

职员在浏览宠物的详细信息，如名称、类型等时，单击"增加新病历"按钮，可以为宠物添加一次访问历史记录。职员在添加一次宠物的访问界面中输入描述信息，单击弹出窗口输入访问日期，再单击"增加"按钮，系统成功添加了新宠物的访问信息之后，将呈现浏览宠物信息的页面，并给用户提示消息"宠物病历信息插入成功"。

单元 10

敏捷开发

引例描述

随着消费浪潮的变迁，传统的销售模式已经跟不上顾客对快节奏生活的要求了。计算机的普及和计算机软件的不断发展，使得越来越多的零售行业开始关注计算机这个辅助工具为自己带来的效益了。收银机也慢慢出现更多的形态，以贴合实体门店加速销售的需求。收银系统是由收银软件、收银机等收银设备组成，用于处理销售过程的某一或全部环节，目的都是为了帮助商家提高销售效率。本章将采用敏捷开发模型对收银系统中部分新增的功能进行管理。

任务 1 实施敏捷开发

【任务陈述】

B2C（Business-to-Consumer）是电子商务的一种模式，即商家对消费者，也就是通常说的商业零售，直接面向消费者销售产品和服务。"收银通"是应传统销售商业务转型需求而研发的产品，方便商家对商品进行管理，对支付功能等进行管理等。

现在软件产品"收银通"已完成了以下 4 个功能模块。

① 支付模块。在收银端提供现金、微信支付、支付宝支付、预付卡支付、次卡支付、会员卡支付、积分支付等支付方式。

② 商品管理模块。主要是对商品档案进行管理，就是将每个商品根据其品牌、类别、单位等进行编号记录，从而实现对商品进行系统的管理。

③ 业务模块。主要有销售功能、采购功能、库存功能。销售功能主要是对导购过程进行管理，包括零售数据的统计以及生成的基本销售报表、统计报表等。采购功能主要是供应过程的管理，包括采购订单、收货退货及采购数据的统计报表。库存功能主要是盘库、报损等操作类功能及库存统计查询。

④ 促销模块。为了便于开展营销活动而提供的优惠券、促销活动的功能。优惠券主要有抵现券、打折券，而促销活动主要有限时特价、满减、打折等。

现对于产品"收银通"的支付、商品管理模块采取敏捷开发模型进行二次开发。

【知识准备】

10.1 敏捷开发基本理论

10.1.1 软件工程的基石

软件工程作为一门学科兴起，目的在于为尽可能减少软件危机产生的影响，它以提高软件产品的质量和开发效率、减少维护的困难为目标。尽管对软件工程的定义至今没有统一的说法，但软件工程专家提出的关于软件工程的七条基本原理得到了广泛认可：

① 用分阶段的生存周期计划进行严格的管理。
② 坚持进行阶段评审。
③ 实行严格的产品控制。
④ 采用现代程序设计技术。
⑤ 软件工程结果应能清楚地审查。
⑥ 开发小组的人员应该少而精。
⑦ 承认不断改进软件工程实践的必要性。

在单元 1 中，介绍了几种典型的软件过程模型，如瀑布模型、原型模型、螺旋模型等，它们都很好地贯彻了软件工程强调过程管理的思想方法。

敏捷开发异军突起，它强调快速反应、快速迭代、价值驱动。在敏捷开发运作过程中，最典型的观点是："个体与交互"胜过"过程与工具"，"可以工作的软件"胜过"面面俱到的文档"，"客户协作"胜过"合同谈判"，"响应变化"胜过"遵循计划"。从这个角度看，敏捷开发甚至被视为"反"软件工程的。

然而，在需求变更频繁、开发效率日益成为软件产品生产重点的今天，敏捷开发被越来越多的团队熟悉和采用，成为当今主流的应用之一，围绕它的方法、工具和过程模型渐趋完善，敏捷开发的技术生态和社区逐渐成熟。

在软件工程学科"承认不断改进软件工程实践的必要性"这一具有包容精神和超前意识的基本原理之下，同时在敏捷开发适应需求并不断自我成长和完善的过程中，它已成为软件工程学科领域中颇具时代特色的软件过程模型之一。

10.1.2 敏捷开发的定义

敏捷开发是当下非常流行的一种软件过程模型。与传统的软件过程模型相比，它强调程序员团队和业务员之间的密切协作，面对面的交流（被认为比书面沟通更有效），紧凑的团队，能够很好地适应不断变化的需求；同时通过缩短开发周期，使版本频繁交付。

敏捷开发的核心是迭代和增量。敏捷必须是一种迭代的开发方法，对于大型软件项目，传统的开发方式是采用大周期（比如一年）进行开发，整个过程就是"大开发"；迭代开发方式不同，将开发过程分成多个小循环，即一个"大开发"变成多个"小开发"，每个小开发都经历同样的过程，所以看起来好像是同一个步骤的重复。

这种迭代开发将一个大的任务分解为多个可连续的开发子任务，本质是渐进式开发的改进。产品经理快速发布一个可以工作但并不完美的最小版本，然后进行迭代。每次迭代都包括计划、设计、编码、测试和评估 5 个步骤，不断改进产品和添加新功能。通过频繁的发布和对之前迭代产品的跟踪反馈，最终接近了一个更完整的产品形态。每次迭代通常都会产生"增量"，即用户可以明确感知下一版本的新增功能。简而言之，按照新增功能来划分迭代。

10.1.3 敏捷模型与瀑布模型

瀑布模型是 20 世纪 70 年代提出的是一种软件过程模型，它将项目分解为制订计划、需求分析、软件设计、编码实现、综合测试和运行维护等 6 个阶段，且每一阶段都有严格的审核和验收。团队通常期望提出一个近乎完美的设计，然后开始开发代码，当团队发现需求或者设计有问题，需要更新代码时，往往需要花费大量的时间和精力。

瀑布模型的好处是，建立了完备的需求和设计后，减少了开发过程中的变化，开发人员进行开发，不需要花费额外的精力进行决策。瀑布模型的弊端是，在团队开发之前，无法明确需求或者设计是否绝对正确。在实际开发的过程中常见的情况是：开发初期，瀑布模型开发团队认为其考虑到了所有的情况，但是在开发的过程中常常会出现市场需求、需要变更或者设计有漏洞等问题。

敏捷开发相对于瀑布模型来说，显得更为"轻量级"。它将瀑布模型的需求和设计进行细分，选取其中优先级较高的需求或者用户故事进行开发，开发的周期短，当需求或者设计需要变更时，开发团队更易于完成变更。

10.1.4 敏捷开发模型的实施

1. 项目参与者

敏捷开发团队的角色可以有下几种。

高层发起者：对产品或者产品目标进行关键决策的人。

项目领导者：负责产品或者项目的交付，关注项目的利益相关方，是迭代发布的领导者。

产品经理：负责整理 user story（故事或用户需求），定义其商业价值，对其进行排序，制定发布计划，对产品负责。

项目经理：负责召开各种会议，协调项目，为研发团队服务。研发团队和测试团队则由不同技能的成员组成，通过紧密协同，完成每一次迭代的目标，交付产品。

工程师主管：即架构师、测试主管，指导团队交付的技术方面的人才。

项目团队：由产品和开发团队（研发或者测试团队）组成，负责一个可发布的产品的交付。

研发团队：负责软件开发和测试产品的程序员。

但是目前一般中小型企业的敏捷开发团队是由 product owner（产品经理）、scrum master（项目经理）、developer team（研发团队）和 tester team（测试团队）组成。

2. 敏捷开发 Scrum 模型

敏捷开发是一种思想，它的实施还需要有具体的过程骨架。作为支持典型的迭代式增量软件开发过程的 Scrum，自然而然成为实施敏捷开发的众多选择之一。

敏捷开发 Scrum 模型将产品的开发分解为若干个小 sprint（迭代或冲刺），其周期从 1 周到 4 周不等，但一般不会超过 4 周。参与的团队成员一般是 5 到 9 人。每期迭代要完成的 user story 是固定的。每次迭代会产生一定的交付。

虽然敏捷开发将软件开发分成多个迭代，但是也要求每次迭代都是一个完整的软件开发周期，必须按照软件工程的方法论，进行正规的流程管理。总体来说，敏捷开发的迭代都是按照以下 5 个步骤来完成：需求分析（requirement analysis）、设计（design）、开发（coding）、测试（testing）和部署评估（deployment / evaluation），每个迭代周期的时间为 1～4 周。如图 10-1 所示。

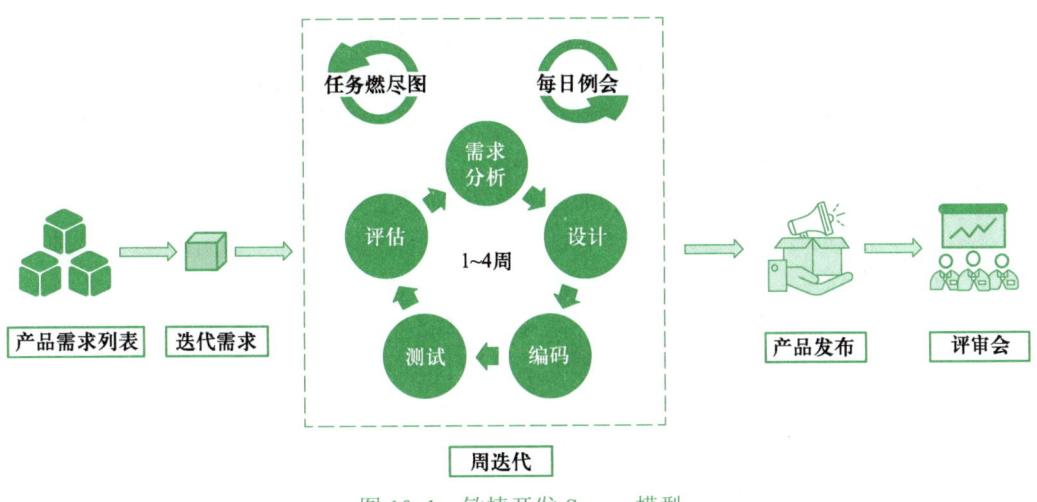

图 10-1　敏捷开发 Scrum 模型

10.1.5　敏捷开发模型的原则

敏捷软件开发宣言中有 4 个价值观。

- "个体与交互"胜过"过程与工具"。
- "可以工作的软件"胜过"面面俱到的文档"。
- "客户协作"胜过"合同谈判"。
- "响应变化"胜过"遵循计划"。

这 4 个价值观能够让软件开发相关人员很好地把握敏捷思维模型的核心。但是怎么样让这 4 个价值观运用到日常敏捷开发模型中，每个团队都需要做大量的日常决策。敏捷开发模型是以人和用户的需求为核心，采取了迭代、增量的方法进行产品的开发。敏捷模型开发的过程中，一般要遵循以下 12 条原则。

- 快速开发，通过早期和持续交付有价值的软件，实现客户满意度。
- 欣然面对变化的需求，善于利用需求变更，帮助客户获得竞争优势。
- 快速迭代，持续交付可用的软件，周期通常是几周到几月不等，越短越好。
- 项目迭代的过程中，业务人员、开发人员和测试人员必须在一起工作。
- 激励项目人员，给他们提供其需要的支持，并相信他们能完成目标。
- 团队采用面对面的交流方式达到最有效的沟通的目的。
- 可用性是衡量进度的主要指标。
- 提倡可持续的开发，保持稳定的进展速度。
- 对设计不断完善，对技术不断追求。
- 简洁至关重要，尽量减少不必要的工作。
- 最佳的架构、要求和设计，来自团队内部自发的认识。
- 团队要定期总结反思如何更高效，并对团队人员进行相应地调整。

 ## 【任务实施】

敏捷开发 Scrum 模型的一次迭代主要经历下面 4 个阶段，如图 10-2 所示。

第 1 阶段：需求分析。产品经理根据市场需求，确定出产品的功能列表，并列出当前冲刺或迭代需要开发的需求或者故事。本次冲刺选取了"商品查询"的部分功能作为本次敏捷模型的迭代需求。

第 2 阶段：计划板。项目经理通知产品经理，测试团队和测试团队召开冲刺或迭代计划会议，选择迭代任务，并将这些任务进行分解，分配给相应的开发人员和测试人员。

第 3 阶段：任务看板。每日早上花费 10～20 分钟召开团队例会，讲述自己完成的任务，遇到的风险问题等，同时更新任务看板，预测风险，保障项目的顺利进行。

第 4 阶段：发布版本。发布线上版本，展示成果；并召开评审会，对本冲刺或迭代中遇到的问题进行总结，将由项目管理人员进行总结，并在下一次迭代中进行提升。

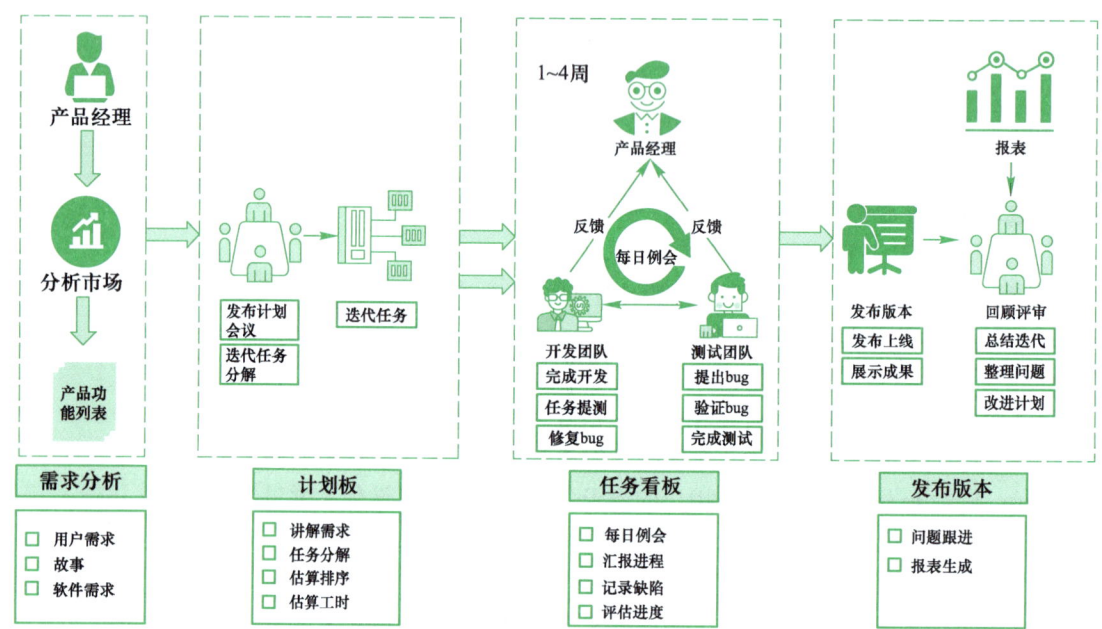

图 10-2　敏捷开发 Scrum 模型的一次迭代过程

【拓展训练】

拓展训练：了解敏捷开发的 12 条原则

通过网络查询资料，理解敏捷开发模型中的 12 条原则，并将任务陈述中的软件产品"收银通"的促销功能进行分解，使其采用敏捷开发模型完成。

任务 2　配置敏捷项目管理工具

【任务陈述】

Scrum 虽然规定了敏捷开发具体实施的过程骨架，但还需要开发团队细化流程、借助工具进行过程管理。

"禅道"是一款国产开源项目管理软件，集产品管理、项目管理、质量管理、文档管理、组织管理和事务管理于一体。它功能完备丰富，操作简洁高效，界面美观大方，搜索功能强大，统计报表丰富多样，软件架构合理，扩展灵活，有完善的 API 可以调用。"禅道"的基础设计框架是 Scrum，因此它对敏捷开发 Scrum 模型具有非常好的支持。

"禅道"结合国内研发现状，整合了程序错误（bug）管理、测试用例管理、发布管理、文档管理等功能，完整地覆盖了软件研发项目的整个生命周期。在"禅道"软件中，将产品、项目、测试三者概念区分开，产品人员、开发团队、测试人员，三者分立，互相配合，又互相制约，通过需求、任务、程序错误（bug）来进行交相互动，最终通过项目拿到合格的产品。本任务将介绍敏捷开发模型项目管理工具"禅道"的安装和个性化配置。

 【知识准备】

10.2　敏捷开发中的要素

10.2.1　产品待办事项列表

产品待办事项列表是由产品经理对市场需求进行分析、客户需求进行初步收集，将这些产品需求点进行扩充和提炼出来，识别出具有可行性的需求点。也可以是将现有的产品、客户、开发人员、产品经理和业务经理不断提出的改进的或建议加入到产品待办事项列表中。这些改进或者意见加入到了产品待办事项列表中，就变成了产品的需求点。

随着开发阶段的演变，团队通过对产品待办列表中的需求点进行细化或者扩充，将每一个需求点细分成一张或者多张"故事卡"。每一张故事卡中都包含了基本的需求描述、估算的工时信息和优先级等。在每次进行迭代开发或者冲刺的时候，都需要将这些故事列入计划中，给出详细和明确的需求。需求点转化为故事范例，如下所示。

> 需求点：客户查询商品
> - 故事 1：作为用户，我想通过商品条形码查询商品，以便查到商品；（故事点：5）
> - 故事 2：作为用户，我想通过商品名称查询商品，以便查到商品；（故事点：5）
> - 故事 3：作为用户，我想通过商品拼音首字母查询商品，以便查到商品；（故事点：5）
> - 故事 4：作为用户，我想通过扫描商品实物的条形码查询商品，以便查到商品；（故事点：7）

定义好产品待办事项列表后，产品经理会进一步将这些需求点按照优先级进行排序，再将这些需求点细化分成一个个冲刺（Sprint）。一般情况下，优先级别较高的需求点，优先安排在前面的冲刺中，如图 10-3 所示。

根据产品发布的日期选择合适的需求点和团队迭代的长短，能够计算出一个发布中需要多少个冲刺。冲刺或迭代计算公式是需求故事点除以团队开发的速度，如图 10-4 所示。

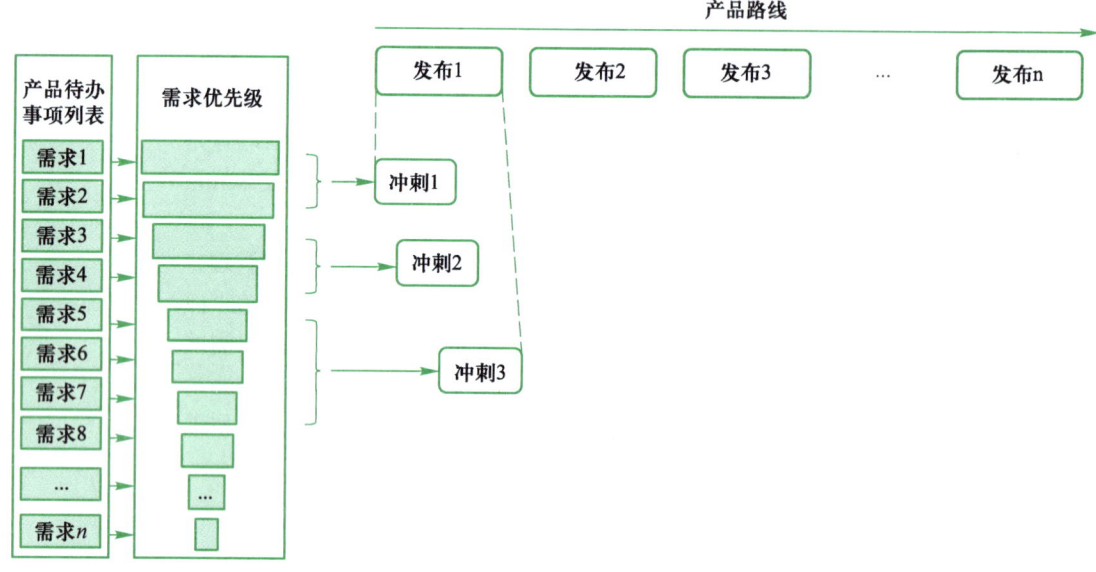

图 10-3　需求列表与产品发布图

$$\text{迭代次数} = \frac{\text{需求故事点}}{\text{团队速度}}$$

图 10-4　迭代计算公式

例如，知道发布中有 7 个需求，这些需求估算出的故事点有 60 个。若根据团队以往的开发经验来看，每个冲刺平均下来大概有 20 个故事点，那么需要的迭代次数为 60/20=3 次。

10.2.2　用户故事和故事点

故事可以被定义为产品的一部分，向用户提供一点或一些有用的、有价值的功能。简而言之，故事就是描述需求，包括需求是什么，由什么角色来完成。而故事点用来描述构建一个用户故事需要的工作量。故事与产品待办事项点的区别是，前者可能是一个很小的可交付的有用功能，可能不会是一个完整的功能；后者是一个完成的功能点，一般由几个故事组成，开发需要的时间往往比"故事"完成的时间要长很多，可能为几周。

用户故事包括以下内容。

> **标题**：用户故事的名称
> 　　作为<用户或角色>；
> 　　我想<采取什么样的行动>；
> 　　以便<达到什么样的目的>。
> 以下为选填内容：
> **当我**<采取行动>时，将产生<这一行为的描述>。
> **故事编码**：用于给不同的故事进行编码。
> **故事价值和工作量的估算**：用于估算这个用户故事给客户带来的价值；故事的工作量是指这个故事的难易程度，一般也用完成的工时表示。
> **故事创建人**：用于记录提出该故事的人员

10.2.3　估算故事大小

当细化需求成故事后，还需要对该故事的大小进行估算，常用的估算方法有计划扑克法、排序法、点投票等。

1.　计划扑克

"计划扑克"（Planning Poker）是让所有人考虑每个故事的规模，以及如何构建这些故事。通过扑克规则，团队会在确定各个故事的故事点的时候，解释他们所做出的估算，最终对于方法和估算达成一致。扑克牌中常见的数列有两种方式：一种是，斐波那契数列常用来衡量计划扑克的价值（即 0,1,2,3,5,8 等）；另一种是（问号，0,1/2,1,2,3,5,8,13,20,40 和 100）。

估算扑克游戏规则如下：

① 开发团队中的每个成员都拿一副数字扑克牌。

② 准备一个简单的故事，参与者对该故事做出一个所有人都赞同的估算，作为基准故事（一个故事点）。

③ 项目经理作为引导者，主持会议，但是不参与投票估算。

④ 产品经理选取一个故事作详细描述，并回答参与者提出的所有问题，产品经理不参与投票估算。

⑤ 估算人员估算该故事的所有的工作量，而不仅仅是自己将完成的那些部分工作量，例如：开发人员不能只估计开发软件所需要的工时。

⑥ 每一位估算人员拿出一张扑克牌，考虑好之后同时出牌，以避免后出牌的人被先出牌的人干扰。

⑦ 估算人员各自解释选择这个数字的原因，尤其是牌面数字最大和最小的人。

⑧ 根据每个游戏参加者的解释，重新估计时间并再次出牌（重复第④步至第⑥步），直到大家的估计值比较平均为止。

2.　排序法

把所有故事按照任意顺序放在一个从低到高的刻度标签上，每个参与者都能移动刻度上的一个用户故事，每次移动都只能往低或高移动一格，或者放弃一轮。一直重复这个过程，直到所有团队成员都不想再移动用户故事或者放弃一轮。

3.　点投票

点投票本是一种决策方式，但也可以把它用在估算故事上。这种方法非常适合小用户故事的估算，且简单有效。具体方法是：每个人分到几张便利贴，自由选择为哪些故事投票。一个用户故事得到的点数越多，代表着它体量越大。

10.2.4　任务板

虽然冲刺待办列表中展示了所有的项目的进展，但是它不能保证任何人都会看到。所以敏捷开发模型中出了冲刺待办列表外，还有任务板的使用。任务板（Task Boards）便捷地展示了当前冲刺过程中开发团队（软件开发和软件测试人员）的所有人待办任务、进行中的任务和已经完成任务，保证项目团队中的所有人对于当前冲刺的进度所掌握的信息是一致的。

在白板上贴几个便利贴就可以看成是一个任务板。如图 10-5 所示。任务板包括故事、开发任务、测试任务、bug 等，有以下几种状态。

- 待办项：在本次冲刺中还未开始的任务，包括开发任务和测试任务等。
- 进行中：开发团队正在开发或测试的用户故事和任务放在此列。
- 完成：已经测试完成的故事，将产品经理进行验收；审核完成后，如果确认完成无意见，将该故事变成完成状态；否则，将该故事状态改变为进行中，返回开发重新进行开发。

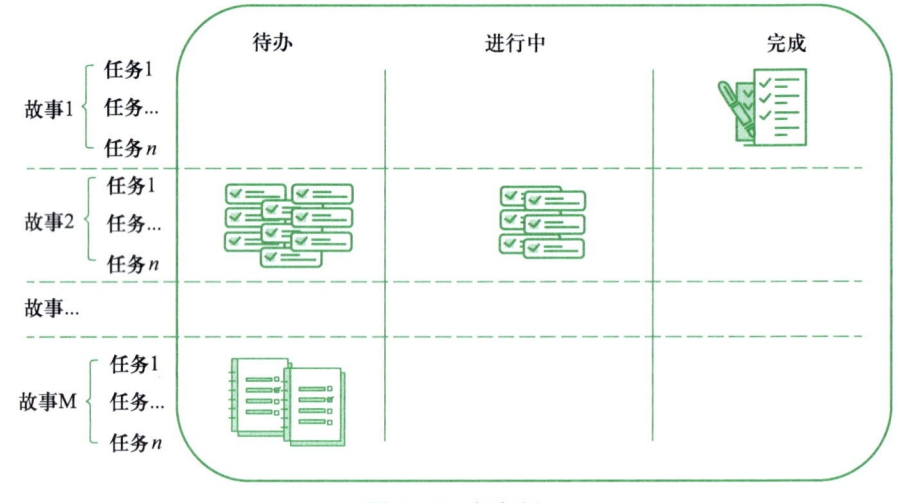

图 10-5　任务板

10.2.5　燃尽图

在冲刺的阶段，需要每天更新冲刺待办列表，跟踪并评估开发团队的任务进展。燃尽图（Burndown Charts）可以确定还有工作需要完成，并能清楚的表示这个 Sprint 计划的所有工作是否已经完成。燃尽图团队中的每个人都可以查看，这样也保证了团队中的每个人员都能清楚地知道他们的工作已经完成了多少，另外还剩下多少工作需要完成，如图 10-6 所示。

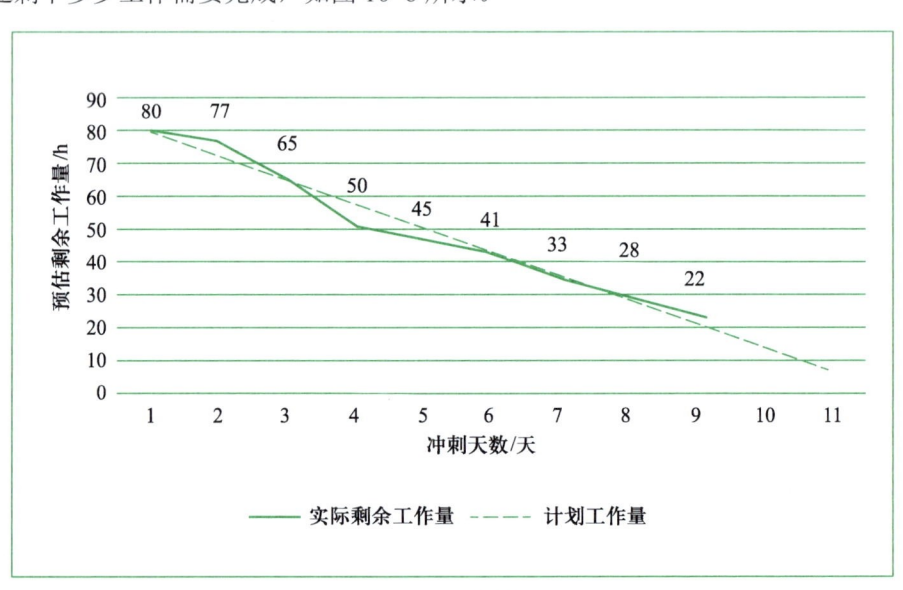

图 10-6　燃尽图

 【任务实施】

安装"禅道"

① 打开"禅道"官网页面，下载"禅道"安装包——Windows 一键安装包 64 位，将安装包进行解压，并读取解压文件包中的注意事项 readme.txt 文件。

② 打开安装包文件目录，双击 start.exe 启动"禅道"集成运行环境界面，如图 10-7 所示。如果无法通过控制面板启动"禅道"，打开 xampp\service 目录，双击运行 install.bat，来安装并启动"禅道"的服务。

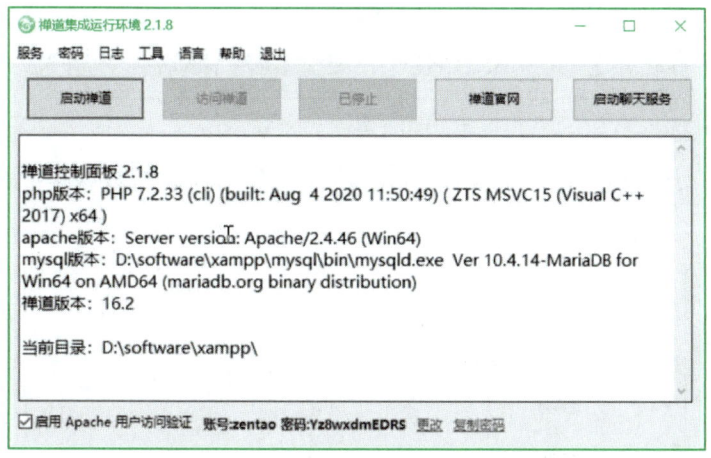

图 10-7 "禅道"集成运行环境界面

③ 在"禅道"集成运行环境控制面板上单击"启动"按钮即可启动"禅道"，验证服务器和数据库启动成功，表示启动"禅道"成功，如图 10-8 所示。

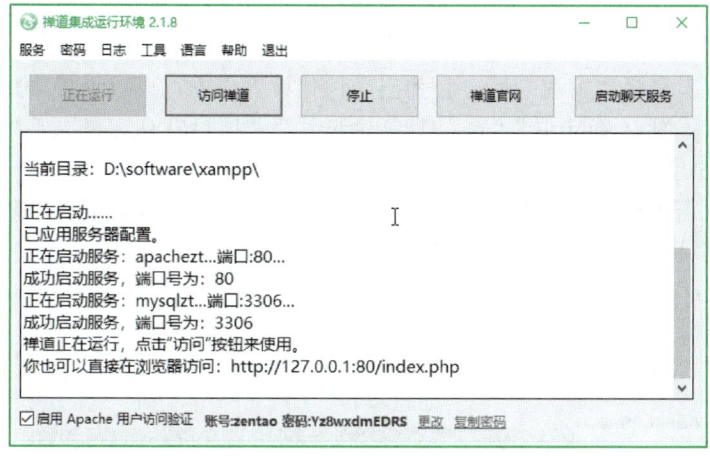

图 10-8 启动"禅道"

"禅道"个性化设置

① "禅道"服务和数据库启动完成后，单击"禅道官网"超链接打开页面，或在浏览器中访问 http://127.0.0.1:80/index.php 页面，使用默认账号 admin/123456 进行登录操作，如图 10-9 所示。

图 10-9 登录"禅道"

② 首次登录会提示修改密码"6位以上，包含大小写字母，数字"，如图 10-10 所示。

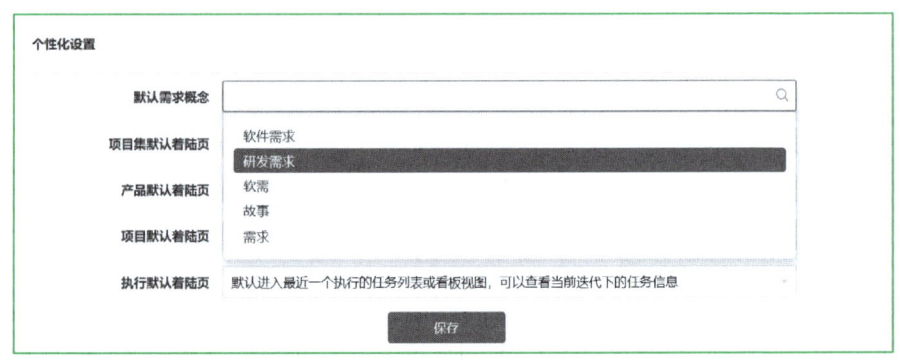

图 10-10 修改密码

③ 首次登录"禅道"后，会弹出个性化设置页面，可以设置"默认需求概念""项目集默认着陆页""产品默认着陆页""项目默认着陆页""执行默认着陆页"5 项。

"默认需求概念"设置，用于设置需求概念，可以为软件需求、研发需求、软需、故事和需求等，如图 10-11 所示。

图 10-11 设置默认需求概念

项目集默认着陆页，用于设置项目集页面，可以显示所有的项目列表、最近的项目列表、项目集看板等，如图 10-12 所示。

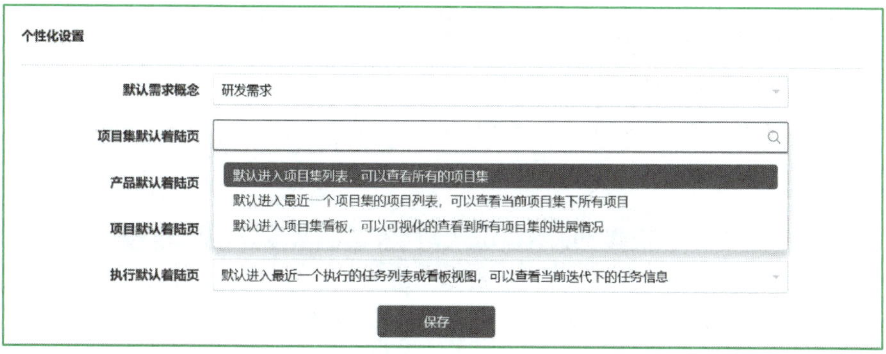

图 10-12　设置项目集默认着陆页

产品默认着陆页，用于设置产品页面时，进入产品主页、显示产品列表、显示一个产品的仪表盘、显示最近一个产品的需求列表或产品看板页，如图 10-13 所示。

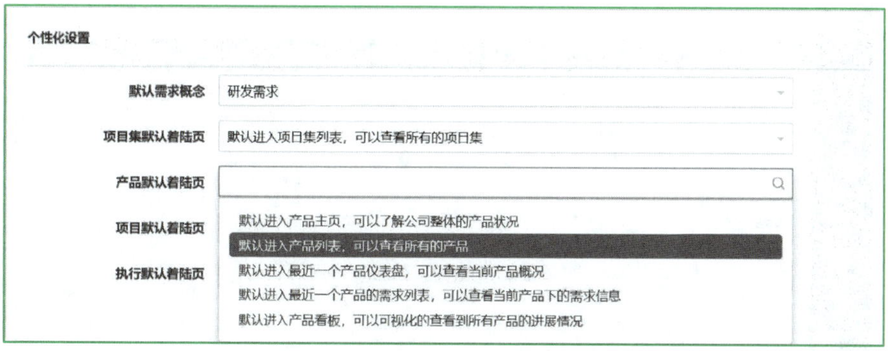

图 10-13　设置产品默认着陆页

项目默认着陆页，用于设置项目页面时，或进入项目列表，或项目下所有执行列表，或最近一个项目仪表盘或者是项目看板。如图 10-14 所示。

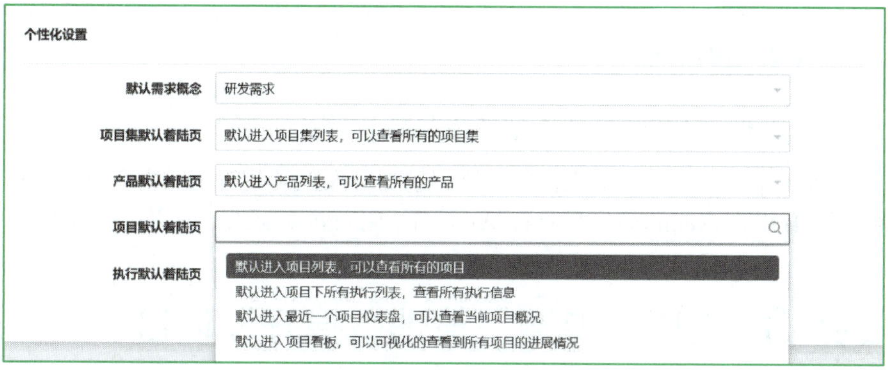

图 10-14　项目默认着陆页

执行默认着陆页，进入执行列表，或最近的一个执行的任务列表或者看板，或进入执行看板，如图 10-15 所示。

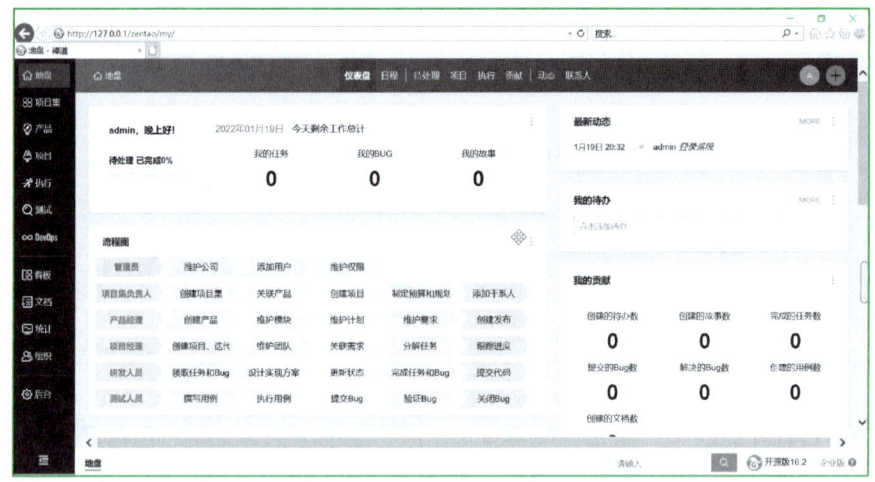

图 10-15　执行默认着陆页

④ 个性化设置完成后，进入"禅道"的仪表盘页面。在仪表盘页面显示了关于项目或用户各类信息：用户的任务量以及剩余工作量等、"禅道"流程图、最近动态、项目统计、用户最近参与的项目、用户待办、用户贡献、用户待处理事务、项目人力投入以及项目列表等，如图 10-16 所示。

图 10-16　仪表盘页面

【拓展训练】

拓展训练：了解常用的敏捷开发管理软件

通过检索了解目前市面上流行的支持敏捷开发的项目管理软件，例如：Jira、"禅道"、Trello、Redmine、Asana、Axosoft、leangoo、icafe、云效、tapd 等。

任务 3　使用"禅道"管理敏捷开发项目

【任务陈述】

敏捷开发模型是将从产品列表中选择部分需求作为迭代的需求。现将收银系统新增部分功能"商品查询功能",其中包括两个功能点,第一个功能为提供条形码查询,第二个功能为提供二维码扫描功能查询。本任务将对"商品查询功能"采用敏捷开发模型。

　　首先将添加部分、用户以及涉及用户的权限。其次创建项目集"超市收银系统"下的项目"收银系统客户版本",在该产品下添加已经存在的模块信息。最后创建冲刺版本,添加迭代任务,修改任务燃烬图,管理冲刺的进度。

【知识准备】

10.3　敏捷开发的关键步骤

10.3.1　冲刺计划和监督

　　每个敏捷开发的每个迭代或者冲刺称为 Sprint,一个 Sprint 开发时长通常为 1～4 周。

　　当产品经理选择了该冲刺所需要完成的故事后,确定了该冲刺的可行性后,开始将这些故事分解成为任务。开发团队接下来会根据这些任务进行工作量的估算,必要的时候会对这次冲刺计划内的故事进行调整。

　　分解故事成任务,不能仅从用户的角度来考虑,而是应该从用户和技术两个方面考虑。以故事为单位分配任务,主要是因为用户为代表的产品团队要参与到项目中;但是任务则需要供开发团队使用,所以故事的分解则建议从任务技术角度出发。图 10-17 中阐述了一个以技术为焦点故事的体系结构,包含前端开发、后台开发、测试等。

图 10-17　故事分解

　　整个冲刺的迭代会议应该包含整个团队的所有人员,产品经理、项目经理、研发团队、测试团队等,这样大家会对迭代中所完成的任务有详细的了解,同时也能知道一些战略性优先级的任务和问题。迭代会议的时间基于项目的类别和长度,一般冲刺为一周的时间,会议的时长为 1～2 小时;冲刺为 2 周的时间,会议的时长为 2～4 小时,以此类推。

　　完成了任务的分配后,要求每个开发人员和测试人员对任务进行研究并且评估任务的工时。任务估时完成后,应该对工时进行集中评审。如果某个任务评估时长过长或者过短,应该给予纠正。一般的故事通常需要 2～10 天的工作量,而分解的每个任务的工时一般不超过 8 小时。对于合理的过长的工时应该将任务进行继续分解，如图 10-18 所示。

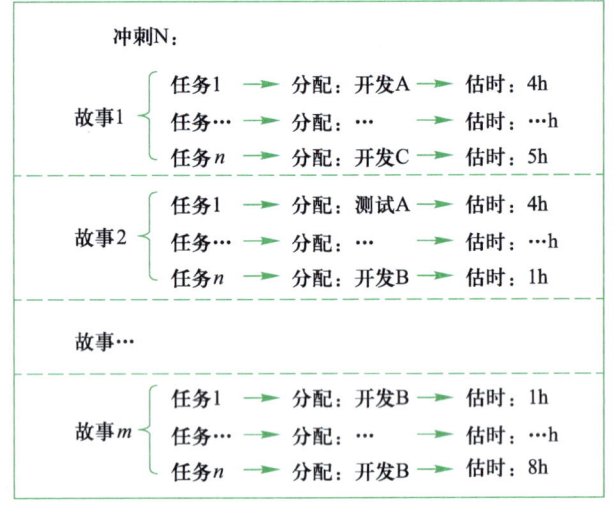

图 10-18 任务分解图

10.3.2 每日例会

敏捷开发模型中团队的工作是从每日例会开始的，该会议是跟踪每天的进展、创建并验证可用功能和处理工作中的风险或障碍等。每日例会应该固定时间、固定地点，一般选择在早上开会，且贯穿于整个冲刺迭代周期内。在项目例会中，项目团队中的每个人都发言，讲述已完工事项、今天要完成的任务、遇到的困难或者障碍，说明冲刺中遇到的风险点提醒项目经理做出正确的预判或者干预。需要注意的一点是，每日例会的目的是促进团队之间的交流合作，并不解决团队成员的问题。

每位团队成员在陈述的时候至少需要包含以下的 4 项内容。

- 昨天，完成了[列出完成的任务]。
- 今天，准备做[列出需要完成的任务]。
- 我遇到的障碍是[如果有的话，描述具体的障碍点]。
- 我觉得把本次冲刺的风险点是[如果有的话，描述具体的风险点]。

每日例会能够保证团队成员每天都在完成正确的任务，同时还能保证项目经理和项目团队成员可以快速地处理障碍或风险。一般每日例会尽量保证时间不超过 15 分钟，对于成员遇到的障碍点，项目经理或开发经理需要汇总，与相关人员进行讨论，商量扫清障碍点的措施和方法；对于团队成员提出的风险点，进行把控，对于难解决的风险点，可以移出放到下个冲刺，以保证该冲刺的顺利进行。

10.3.3 反馈评审

敏捷开发模型是探索性的项目，应该在频繁的冲刺中进行持续反思和总结，有效地反馈信息可以帮助敏捷团队的调整。敏捷开发模型的成功与否取决于现实的反馈。这些信息包括项目的进度、遇到的风险和规避方案，需求演变和市场分析的评估等。对于冲刺中做的不好的地方，应该形成规则，予以规避；对于冲刺中做的好的地方，应该继续发扬。每个项目团队都需要在下面的 4 个方面不断的调整策略。

- 产品价值。
- 产品质量。
- 团队规则。
- 项目状态。

【任务实施】

需求分析

步骤 1：识别实体类

根据需求，可以识别出实体类有店员（Sales 类）、客户（Customers 类）、商品（Goods 类）、商品库（GoodsCenters 类）、订单管理（Orders）、支付类（Payment 类）等，如图 10-19 所示。

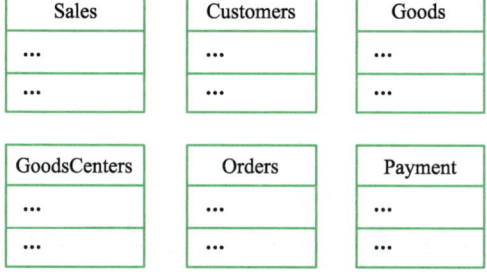

图 10-19　实体类图

步骤 2：顺序图设计

利用 UML 动态建模中的顺序图，对新增需求"商品查询功能"进行分析，得到查询商品和生成订单过程的顺序图，如图 10-20 所示。

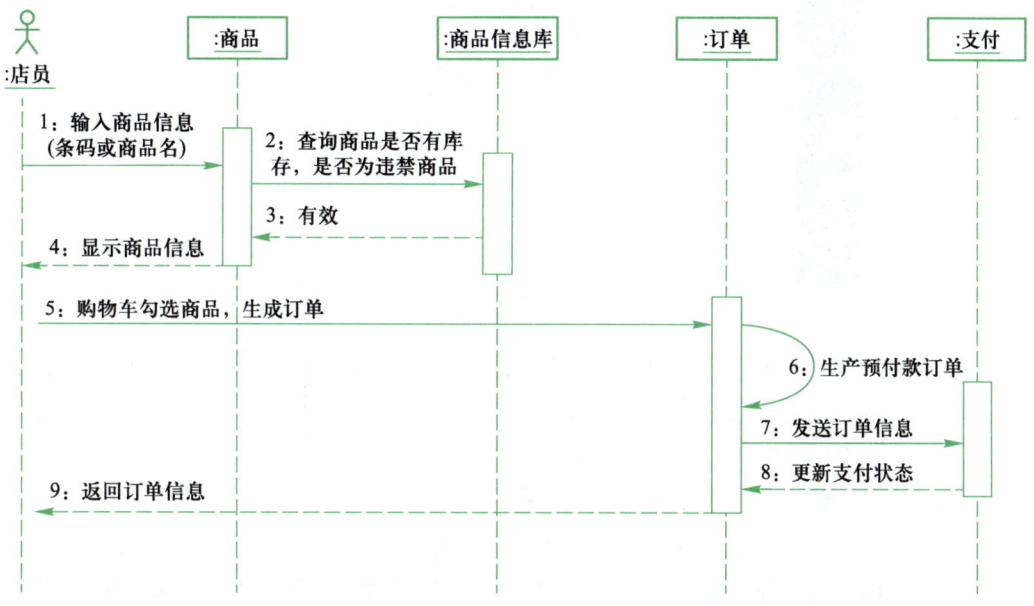

图 10-20　收银系统中查询商品和生成订单过程的顺序图

"禅道"管理敏捷开发项目实践

步骤 1：添加用户

单击左侧菜单栏"后台"，在后台页面单击"人员"超链接，可以设置部门、添加用户以及设置用户权限。在部门设置页面，可以设置部门信息，如图 10-21 所示。

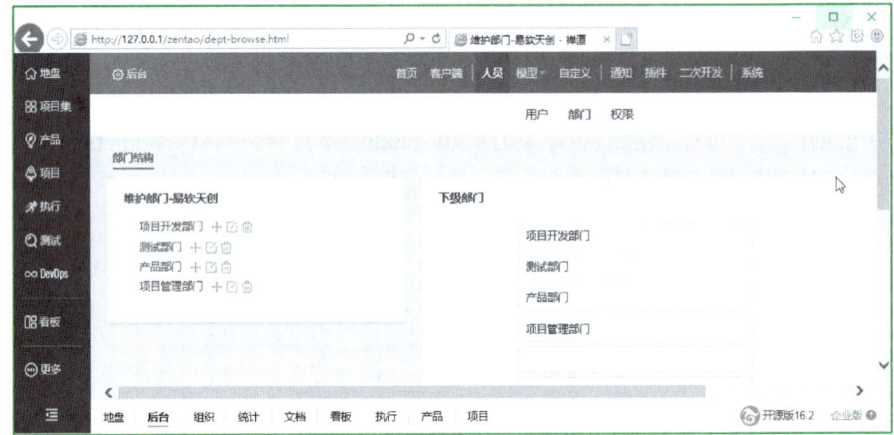

图 10-21　设置部门信息

在用户页面可以添加、编辑以及修改用户信息，如图 10-22 所示。

图 10-22　设置用户信息

在权限设置页面，为用户设置相关权限：如视野维护、权限维护、成员维护、编辑分组、复制分组和删除分组功能，如图 10-23 所示。其中权限维护页面，如图 10-24 所示。

步骤 2：创建项目集与项目

单击左侧菜单栏"项目集"，进入项目集页面创建项目集——"超市收银系统"。单击页面右上角"添加项目集"按钮，在"添加项目集"页面中填写项目集名称"超市收银系统"，并填写其他字段，单击"保存"按钮，如图 10-25 所示。

图 10-23 设置人员权限信息

图 10-24 权限维护

图 10-25 创建项目集

项目集创建完成后，单击右上角"创建项目"按钮，选择项目管理方式为"Scrum——敏捷开发全流程项目管理"，如图 10-26 所示。在创建项目页面，输入项目名称"收银系统客户版本"，填写项目代号、选择负责人，并关联产品名称"收银通"，单击"保存"按钮完成项目"收银系统客户版本"创建，如图 10-27 所示。

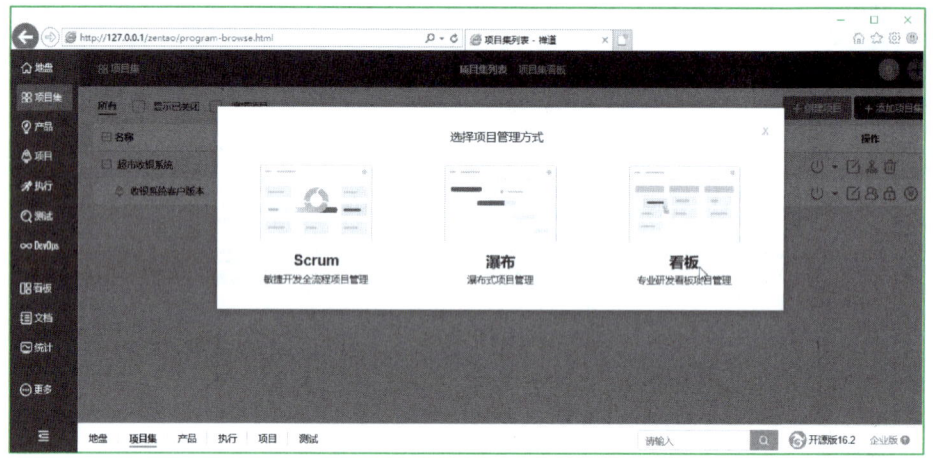

图 10-26　选择项目管理方式

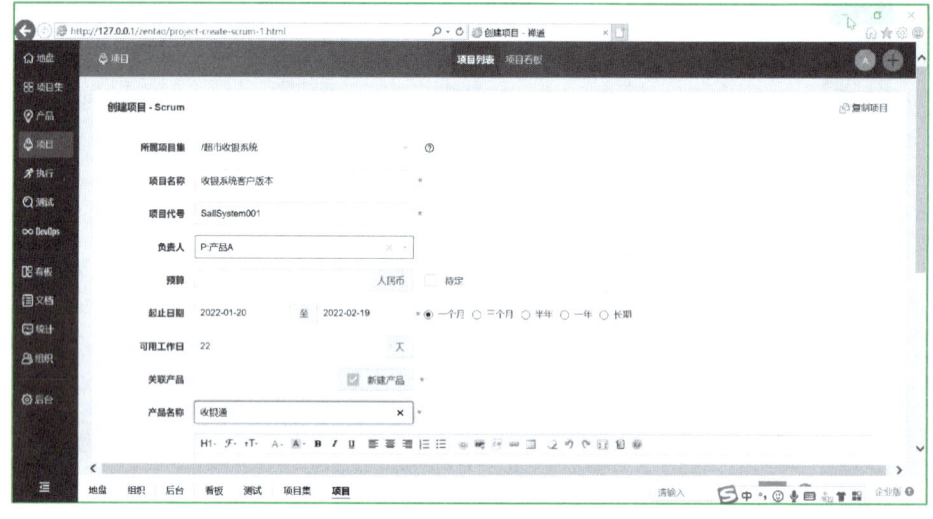

图 10-27　创建项目

步骤 3：创建产品模块

在"产品"页面中，"设置"标签下的"模块"页面中，可以设置产品"收银通"的子模块信息，同时还能对子模块进行添加、编辑和删除等操作，如图 10-28 所示。

步骤 4：创建冲刺或迭代

在项目管理模块中，创建敏捷开发模型中的冲刺或者迭代，如图 10-29 所示。

图 10-28　设置产品模块信息

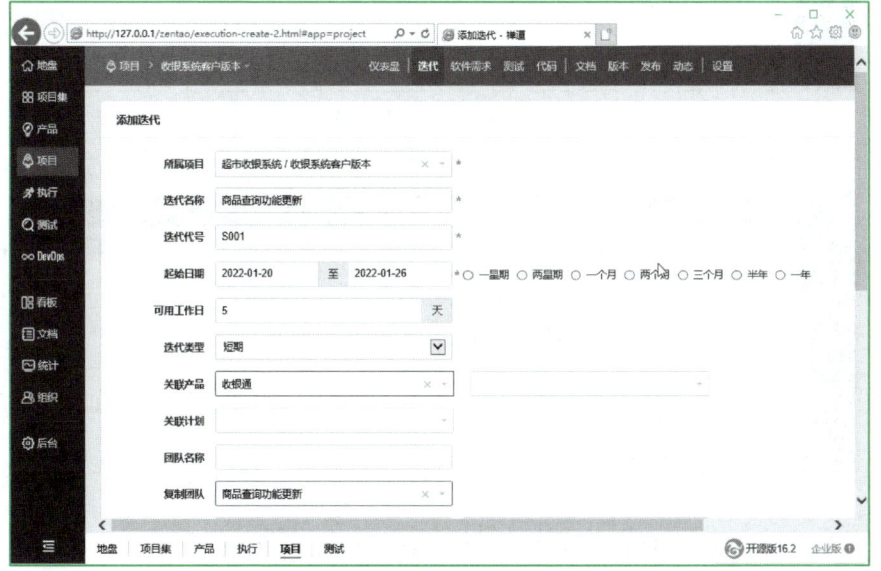

图 10-29　添加迭代或冲刺

步骤 5：创建迭代任务

单击左侧菜单"项目"，在"软件需求"标签页下，可以给某个产品提出软件需求。单击"提软件需求"按钮，可以创建软件的需求，如图 10-30 所示。同时对软件需求，也提供了变更、开始/关闭、编辑、新建用例等功能。

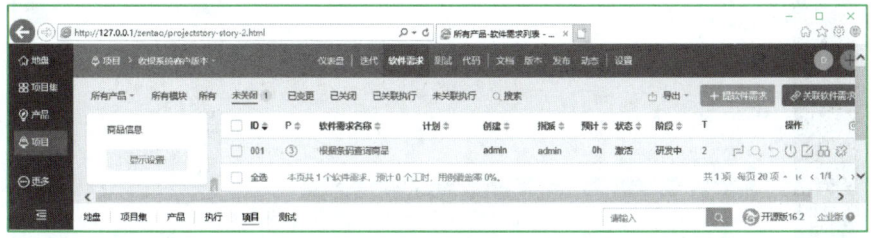

图 10-30　创建需求

项目需求创建完成后，将整个项目分解成多个小任务，如：开发任务、测试任务、产品任务等。项目开始启动后，选中项目，在"执行"页面中，可以单击"创建任务"按钮，可以创建新任务，如图 10-31 所示。本例中，"产品查询功能更新"迭代分解成了 6 个小任务，如图 10-32 所示。

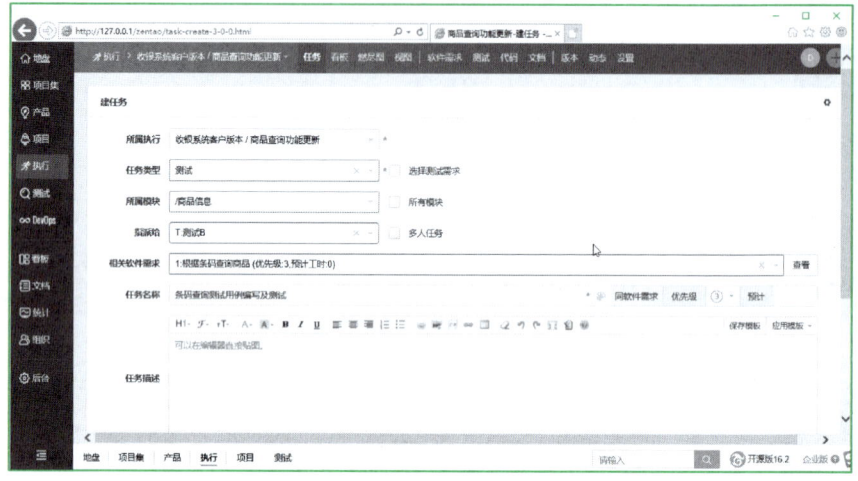

图 10-31 创建任务

图 10-32 查看任务列表

单击任务名称，打开各任务的详细信息，如图 10-33 所示。

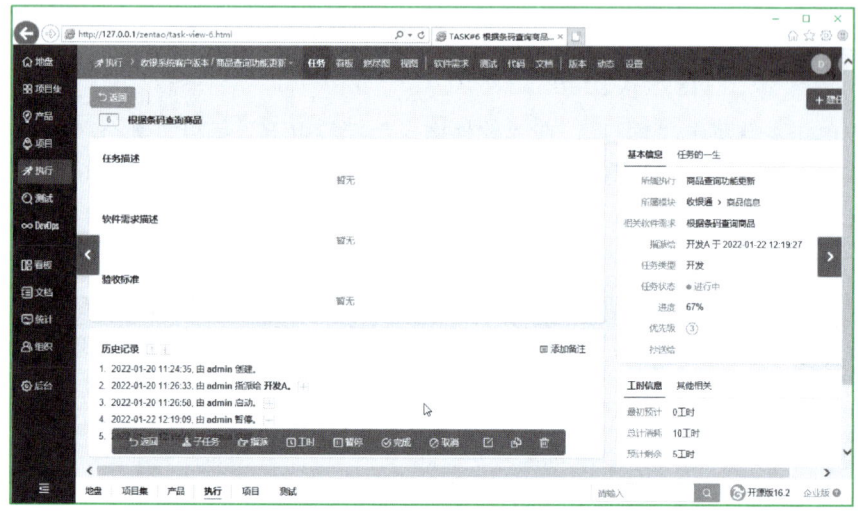

图 10-33 查看任务详情

　　任务开始后，单击▶按钮，即可开始记录。每日完成任务后，设置每日消耗时长与预计剩余时长，可得出任务进度状态，如图 10-34 所示。任务完成后，将预计剩余时间设置为 0，能完成任务。或者单击✅按钮也可设置任务消耗时间，完成任务。最后单击⏻按钮关闭任务。

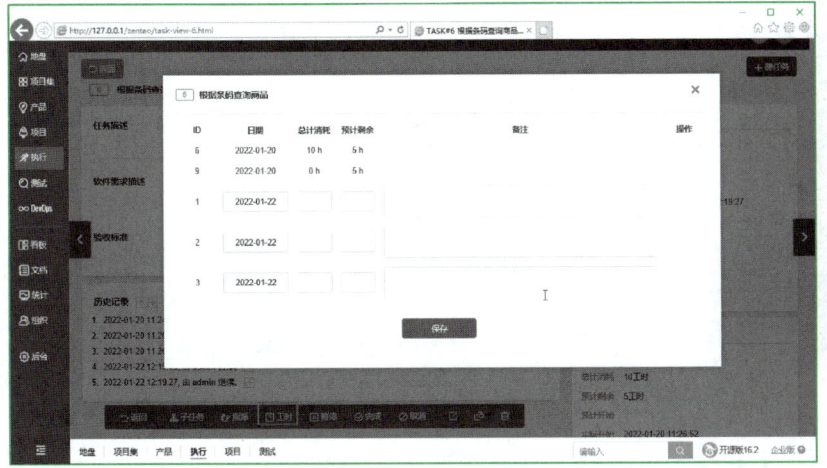

图 10-34　更新工时

　　同时在项目的测试页面，也可以创建相关的 bug 信息并关联到产品或者项目中，如图 10-35 所示。也可以查看 bug 列表信息，如果 10-36 所示。

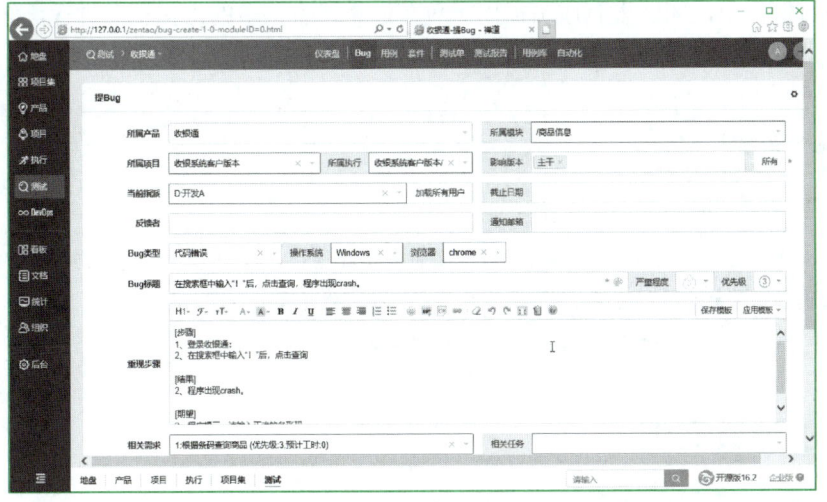

图 10-35　创建 bug 信息

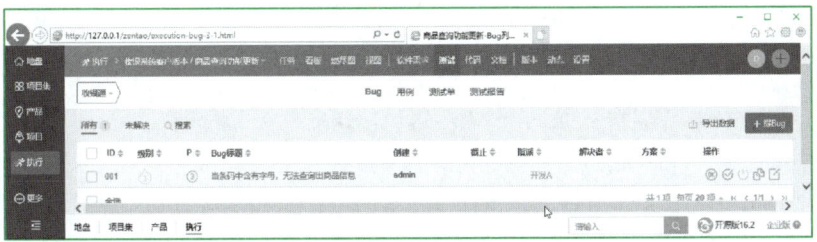

图 10-36　查看 bug 列表

通过执行—项目看板中，可以看到整个项目的状态，如图 10-37 所示：

图 10-37　执行看板

【拓展训练】

拓展训练：每日例会中的风险处理

假如你是一个集中办公的敏捷开发团队的负责人，团队中有 8 个人，在最近的每日例会中，团队里有成员提出了负荷过重，有太多的工作正在进行，你应该怎么处理？

对于产品"收银通"中的新增两个"商品查询功能"点，"提供条形码查询"与"提供二维码扫码功能查询"功能，本单元中使用了敏捷开发模型的方式。实践了在"禅道"上对产品、项目、迭代或冲刺任务进行管理，并方便查看项目的进展状态。

项目实训

开发信息管理系统

选择熟悉的系统，获取新增需求，利用敏捷开发模型进行二次开发，并使用"禅道"进行项目管理。

附录 A

Rational Rose 使用精解

A.1 Rational Rose 概述

1. Rational Rose 在同类产品中的优势

Rational Rose 并不是单纯的绘图工具，它是专门支持 UML 的建模工具，有很强的校验功能，能检查出模型中的许多逻辑错误，还支持多种语言的双向工程（将模型转换成指定编程语言的代码，或将代码转换成模型），特别是对 Java 的支持非常好。

Rose 是 Rational 公司的产品，而 Rational 公司拥有 UML 的 3 位创始大师，他们的产品也是世界领先的建模工具。

Rose 模型覆盖了软件开发生命周期中各个阶段的内容。

Rose 在细节方面处理得比较好。例如，需求阶段有专有的符号进行业务建模；可以通过用例文档对用例的细节给出规范详尽的说明；有很强的校验功能；能将模型发布成网页。

2. Rational Rose 的多个版本

- Rose Modeler：可以对系统生成模型，但不支持逆向工程，也不支持由模型转出代码。
- Rose Professional 系列：可以用一种语言生成代码。
- Rose Enterprise：支持用 C++、Java、Visual Basic 和 Oracle 生成代码，支持逆向工程。

A.2 Rational Rose 的安装

微课 A-1
Rational Rose 的安装

A.2.1 安装前的准备

操作系统需要 Windows 2000 及以上版本。

A.2.2 安装步骤

① 双击启动 Rational Rose 的安装程序，进入安装向导界面，如图 A-1 所示。

② 单击"下一步"按钮，进入产品选择界面，如图 A-2 所示。这里选择 Rational Rose Enterprise Edition 选项。

③ 单击"下一步"按钮，进入如图 A-3 所示的界面。使用其默认的选项，即选择 Desktop installation from CD image 单选按钮。

图 A-1　Rational Rose 2003 安装向导

图 A-2　选择安装的产品

图 A-3　选择安装方式

④ 单击"下一步"按钮，进入如图 A-4 所示的界面，开始加载安装包，之后进入如图 A-5 所示的界面。

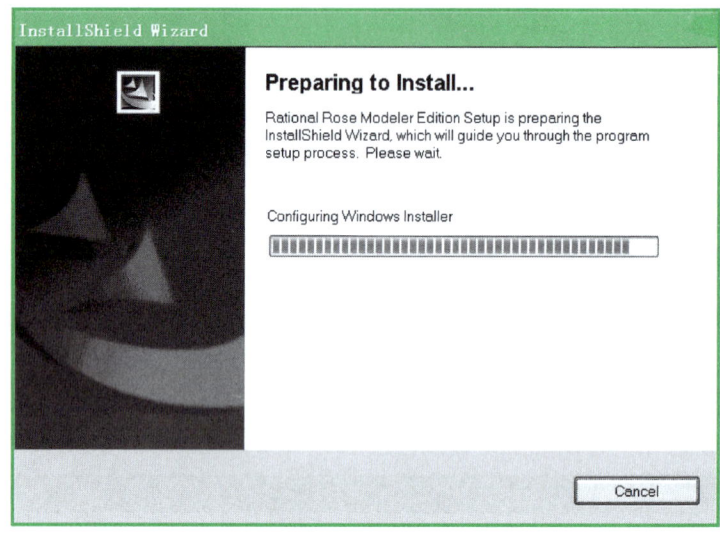

图 A-4　加载安装包

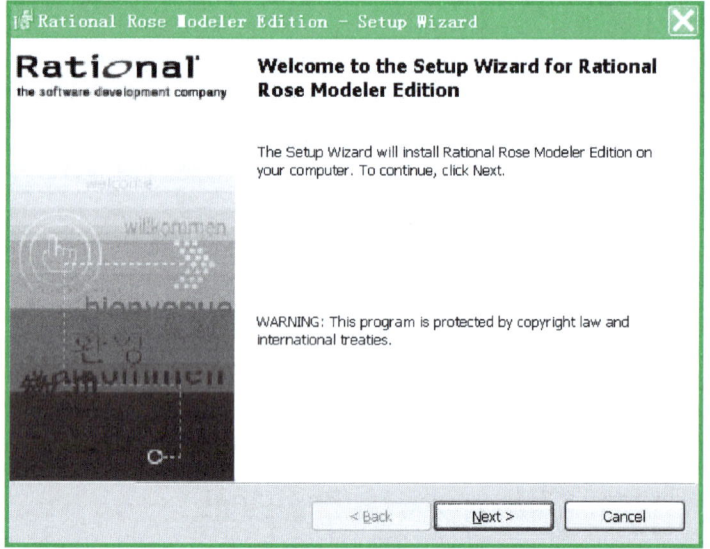

图 A-5　安装向导说明

⑤ 单击 Next 按钮，进入如图 A-6 所示的产品声明界面。

⑥ 继续单击 Next 按钮，进入协议许可界面，如图 A-7 所示。选择 I accept the terms in the license agreement 单选按钮。

⑦ 继续单击 Next 按钮，进入安装路径设置界面，如图 A-8 所示。可以单击 Change 按钮修改安装路径。

⑧ 安装路径设置完成后，单击 Next 按钮，进入自定义安装设置界面，如图 A-9 所示。用户可以根据需要进行选择。

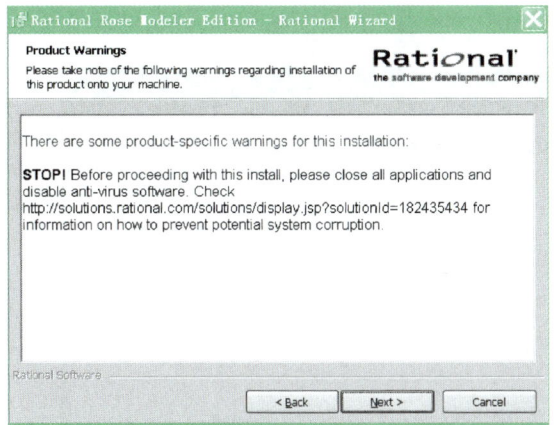

图 A-6　产品声明

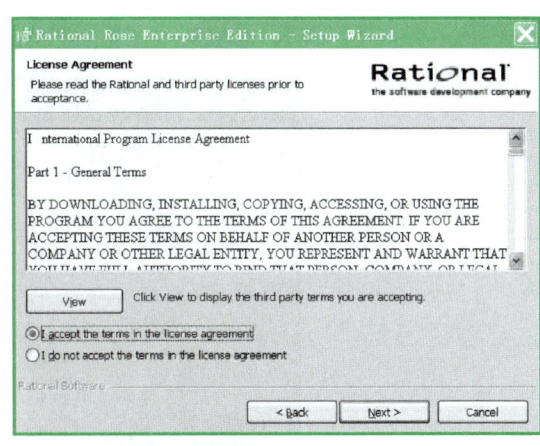

图 A-7　协议许可

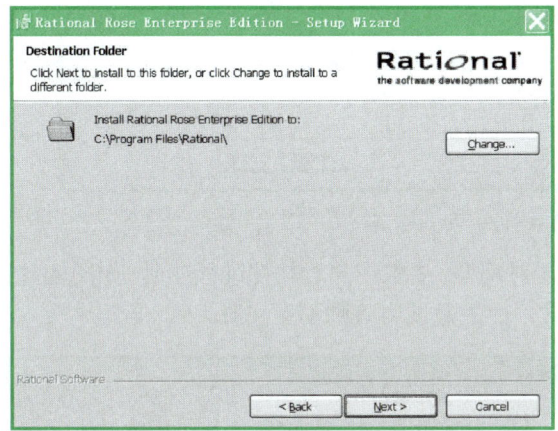

图 A-8　安装路径设置

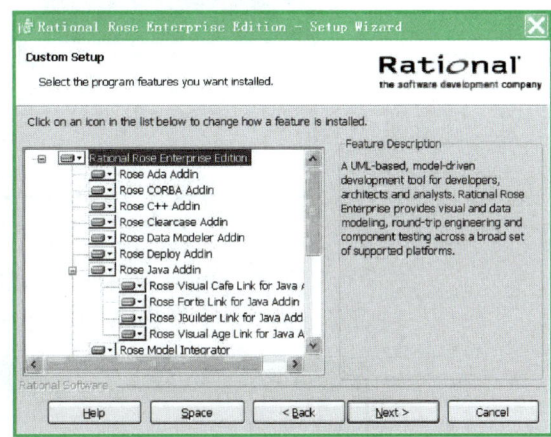

图 A-9　自定义安装设置

⑨ 继续单击 Next 按钮，进入开始安装界面，如图 A-10 所示。

⑩ 单击 Install 按钮，开始安装，如图 A-11 所示。

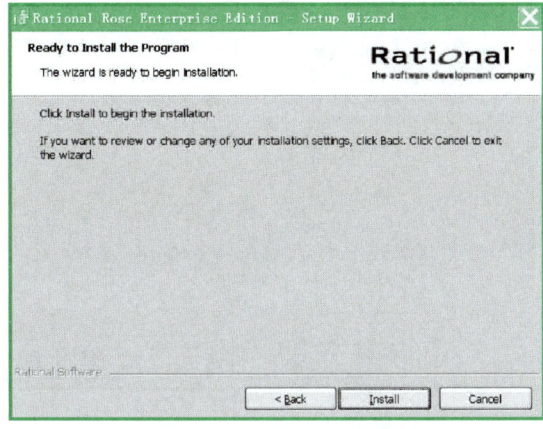

图 A-10　开始安装界面

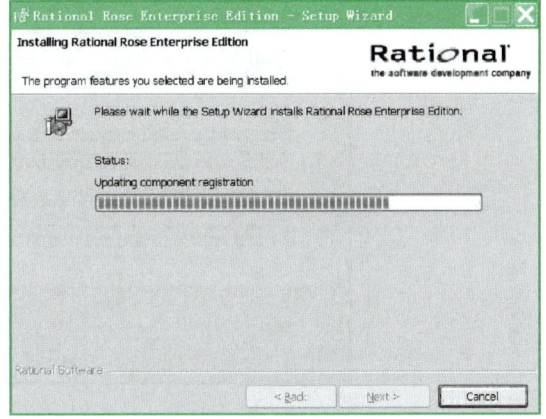

图 A-11　复制文件

⑪ 系统安装完毕后的界面如图 A-12 所示。

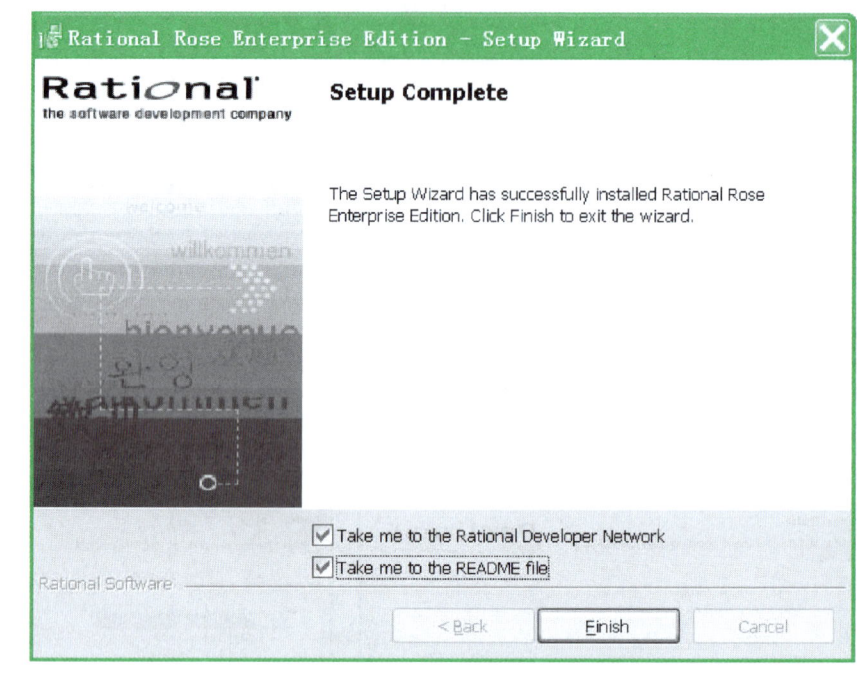

图 A-12 安装完成

⑫ 单击 Finish 按钮，弹出注册对话框，要求用户对软件进行注册，如图 A-13 所示。用户可以选择多种注册方式，如果是试用版则不用注册。

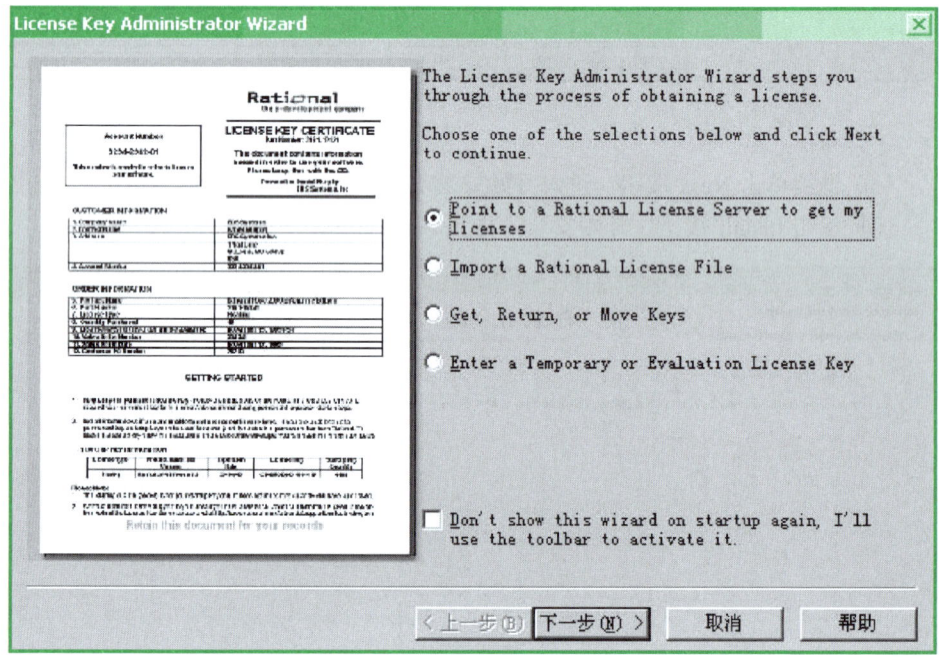

图 A-13 软件注册

A.3 Rational Rose 的使用

A.3.1 Rational Rose 的启动

单击"开始"按钮,选择"程序"→Rational Software→Rational Rose Enterprise Edition 菜单命令,如图 A-14 所示,打开如图 A-15 所示的启动界面。

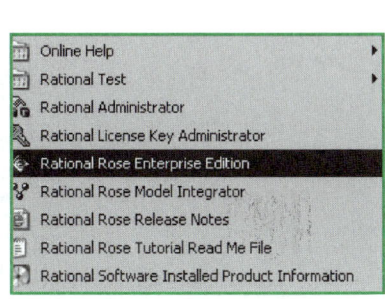

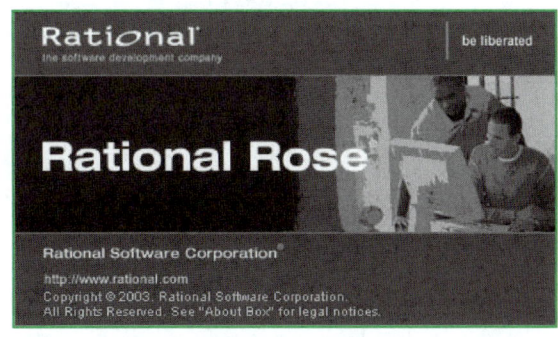

图 A-14 启动选项   图 A-15 启动界面

A.3.2 Rational Rose 的主界面

软件启动后会弹出选择模板的对话框,如图 A-16 所示。

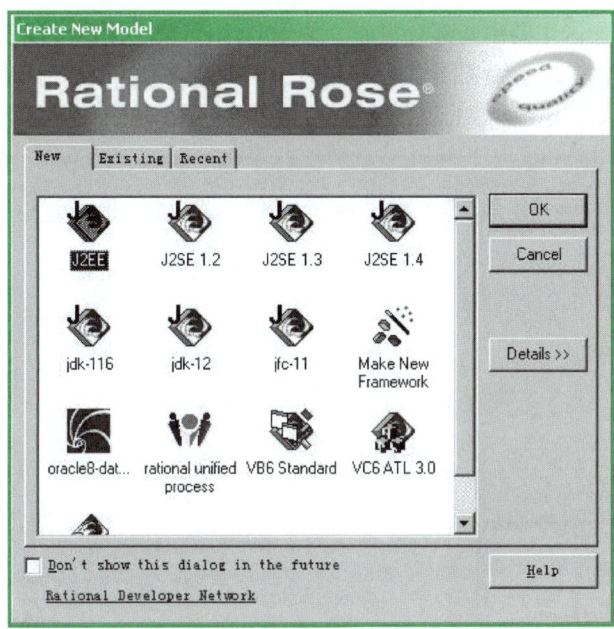

图 A-16 选择模板对话框

如果模型中涉及具体的编程语言,则需要选择相应的编程语言的模板;如果暂时不需要任何模板,则直接单击 Cancel(取消)按钮。Rose 的主界面如图 A-17 所示。

列表区　　文档区　　绘图工具栏　　　工具栏　菜单栏　　　　编辑区　　日志区

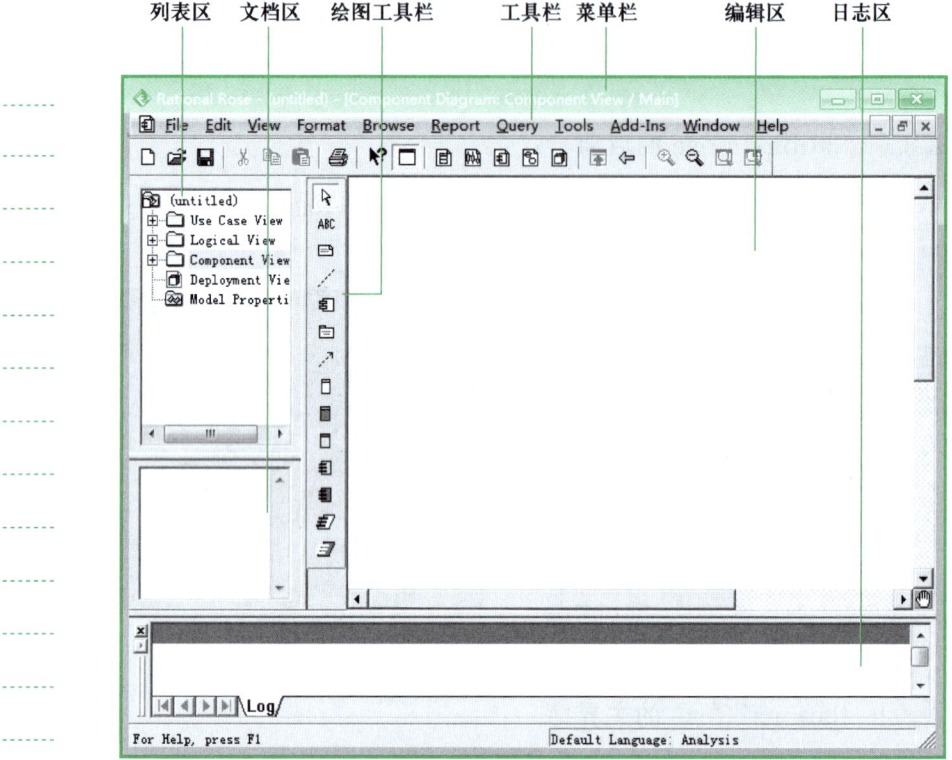

图 A-17　Rational Rose 的主界面

　　Rose 的工作区主要由 4 部分组成：列表区（用于快速浏览模型中的各个视图及其组件）、编辑区（用于绘制图形）、文档区（用于编辑与各组件相关的说明性文字）和日志区（记录对模型所做的重要动作）。图 A-18 所示是正在编辑中的界面。

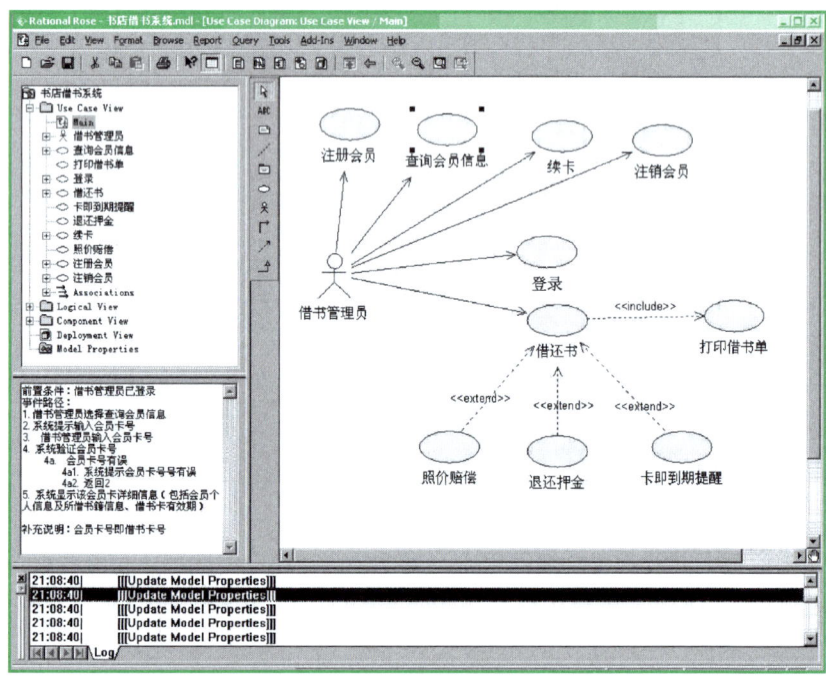

图 A-18　正在编辑中的用户界面

A.3.3 Rose 模型的 4 种视图

Rose 模型放在 4 种视图下，如图 A-19 所示，各视图的简介分别如下。

● 用例视图（Use Case View）：用于对需求建模，主要包括用例图和活动图，必要时也会用到对业务建模的顺序图或协作图等，有时还包括领域类图。

● 逻辑视图（Logical View）：用于对分析设计过程建模，主要包括类图、顺序图、协作图、状态图和包图等，有时也会用到活动图。

● 组件视图（Component View）：也称构件视图，建模软件的组件及其相互间的关系。组件可以是任何一个可重用的软件领域内的组成部分，如源程序、二进制文件、方法、类、可执行文件和文本文件等。

● 部署视图（Deployment View）：建模系统的各个硬件结点及其相互间的通信方式。

用例视图用于对系统的高层建模，站在用户的角度描述系统的功能及行为。在此基础上，对系统进行分析与设计，通过另外 3 个视图加以表示。4 种视图的关系如图 A-20 所示。

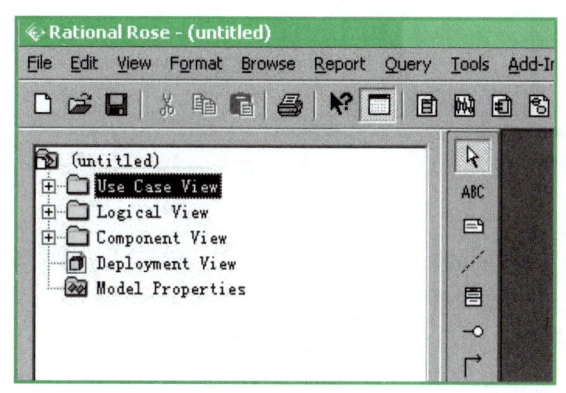

图 A-19　Rose 的 4 种视图

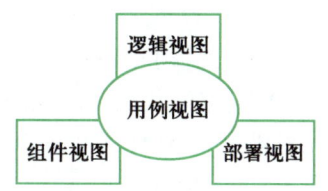

图 A-20　4 种视图的关系

A.3.4 Rose 的基本操作

1. 创建模型及其组件

Rose 模型文件的扩展名为.mdl，通常一个模型对应一个完整的系统。新建一个模型的步骤如下。

① 选择 File→New 菜单命令。

② 在弹出的选择模板对话框中选择想要的模板，单击 OK 按钮；若单击 Cancel 按钮，则不使用任何模板。

创建模型中的组件的方法有以下两种。

① 在列表区中右击要创建的位置，在弹出的快捷菜单中选择 New 命令，选择要新建的组件。

② 在绘图区中直接绘制组件。

新创建的组件将在列表区中依层次显示出来，如图 A-21 所示。

2. 用包分组

当模型较大、组件较多时，往往需要用包将相关的组件组合到一起，如图 A-22 所示。模型中的包也可以表示系统或子系统。在逻辑视图中，包还可以对应物理实现时的程序结构，如 Java 里的 package（包）、C#中的 namespace（命名空间）等。

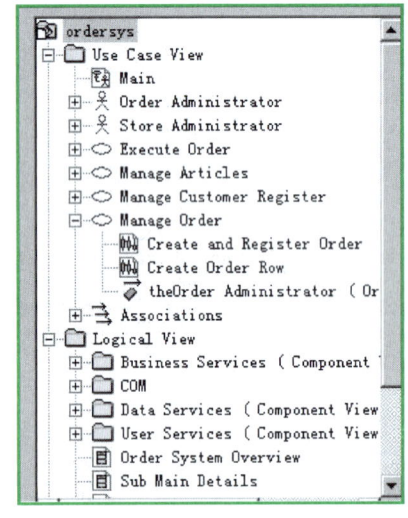

图 A-21　列表区中依层次显示的组件

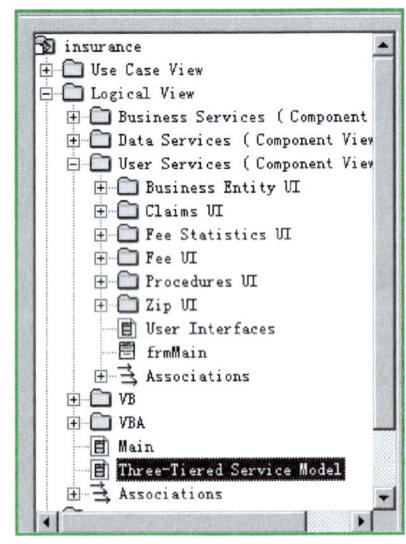

图 A-22　包的使用

3. 保存模型

通过选择 File→Save 菜单命令，可以保存模型。再次声明，通常一个模型对应一个完整的系统（如 ordersys.mdl 是对订货系统的需求、分析、设计和部署的完整建模），有时甚至包括业务建模。这里用单独的包建立系统的业务模型（见图 A-23），Rose 提供了专门的业务组件符号，可以清晰地与软件系统的模型区分开来。图 A-24 所示是业务参与者与业务用例的符号。

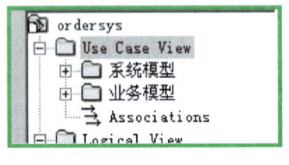

图 A-23　业务包

图 A-24　业务组件符号举例

4. 设置全局选项

选择 Tools→Options 菜单命令，在弹出的对话框中进行设置，如图 A-25 所示。双击列表区中的 Model Properties 选项，也可以打开该对话框。

5. 定制工具栏

右击绘图工具栏，在弹出的快捷菜单中选择 Customize 命令，如图 A-26 所示，弹出"自定义工具栏"对话框，如图 A-27 所示。在右侧窗格中列出的是当前已经显示出的绘图工具，左侧窗格中是供选择的其他工具，可以根据需要进行增删。

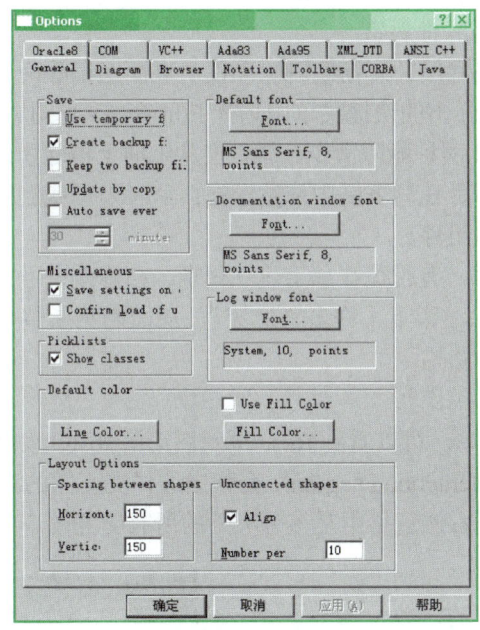

图 A-25　设置全局选项

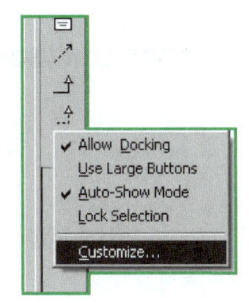

图 A-26　定制工具栏快捷菜单

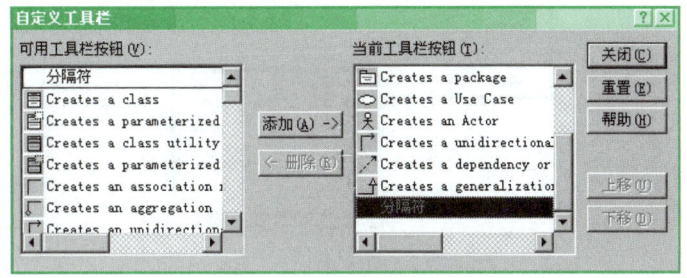

图 A-27　自定义工具栏

6. 设置组件的属性

双击组件或在组件上右击（见图 A-28），在弹出的快捷菜单中选择 Open Specification 命令，如图 A-29 所示，弹出该组件的属性对话框，如图 A-30 所示。

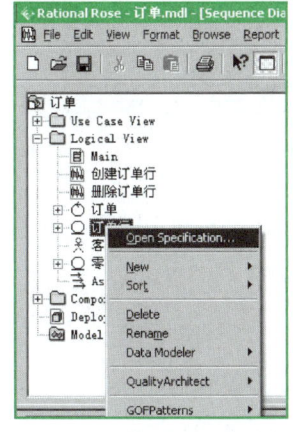

图 A-28　右击弹出快捷菜单

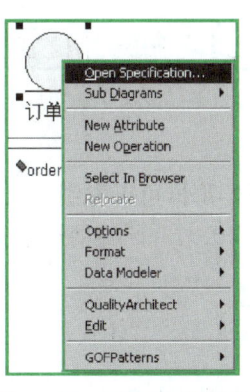

图 A-29　弹出快捷菜单

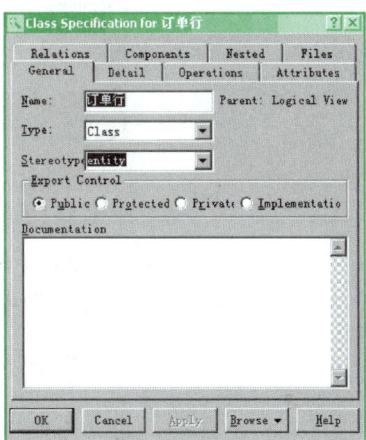

图 A-30　属性对话框

7. 删除组件的两种形式

在 Rose 中，删除组件有彻底删除和仅从纸面上擦除两种形式。在绘图区的某个组件上右击，在弹出的快捷菜单中选择 Edit 命令（见图 A-31），将看到 Delete 和 Delete from Model 两种删除命令。前者仅从纸面上擦除所选组件，并没有真正在模型中删除，该组件在列表区中依然存在；后者是彻底删除组件。也可以直接在列表区中彻底删除组件。

新手尤其要注意，有时往往急于建立模型，在修改过程中没有把不需要的组件或关系等彻底删除，留下了许多"垃圾"，从而影响了整个模型的逻辑关系，直到系统报错时不知所措。

8. 快速查找某类图形

打开 Browse 菜单，可以看到 Rose 中对图形的分类，如图 A-32 所示。继续选择某种类型，如 Interaction Diagram，会弹出选择交互图的对话框（见图 A-33），左侧窗格中是分类，右侧窗格中是该分类下的所有交互图。

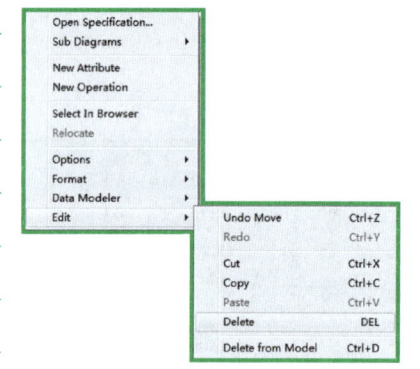

图 A-31 删除的两种形式

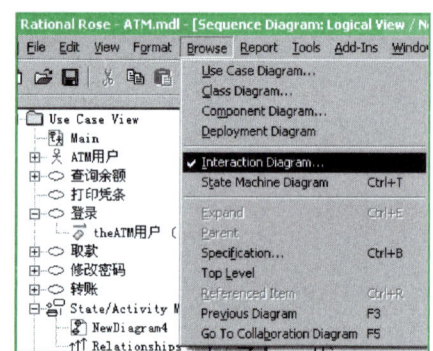

图 A-32 快速查找某类图形

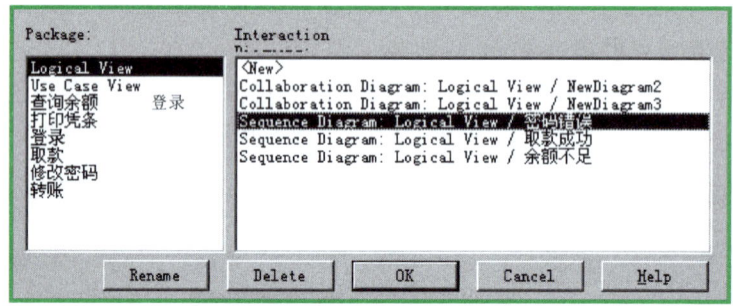

图 A-33 选择要查看的图形

9. 关于撤销操作

Rose 不像其他编辑器那样可以撤销（Ctrl+Z）多步操作，它只能撤销一步。因此，在对模型做重大修改时，一定要注意先做备份。

A.3.5 关于用例图

1. 建立用例图

在用例视图下有一个默认名称为 Main 的用例图组件，双击打开它，开始绘制过程。通过标题栏可以看出，当前文件未命名（untitled），正在编辑的组件是用例图（Use Case Diagram），位于用例视图（Use Case View）中，名称为 Main，如图 A-34 所示。

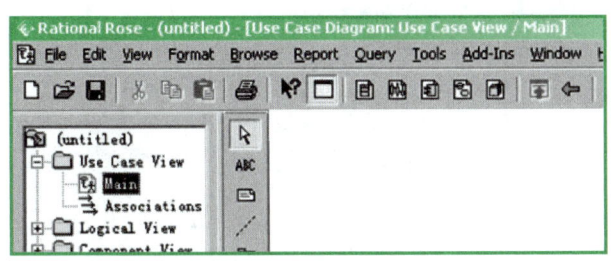

图 A-34　正在编辑的用例图 Main

也可以创建新的用例图组件，如在用例视图下的"业务模型"包中新建"收银业务"用例图，如图 A-35 和图 A-36 所示。

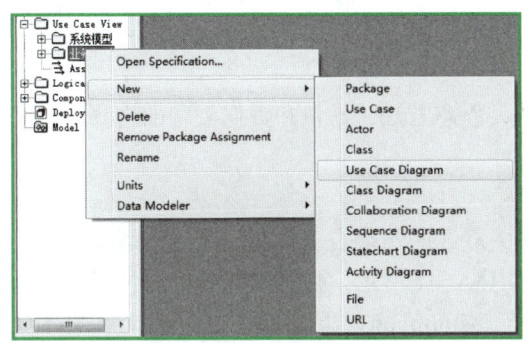

图 A-35　新建用例图的快捷菜单选项　　　　图 A-36　新建的"收银业务"用例图

2. 在用例图中编辑关系

仅以扩展关系为例。选择 工具，将两个用例用虚线连接，如图 A-37 所示。双击虚线，在弹出的对话框的 Stereotype 下拉列表框中选择关系的类型（见图 A-38），绘制完成的扩展关系如图 A-39 所示。

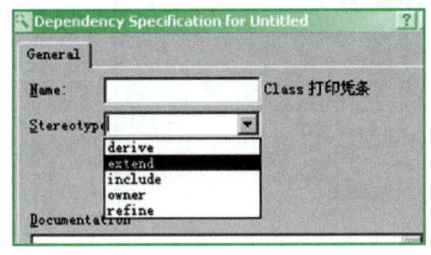

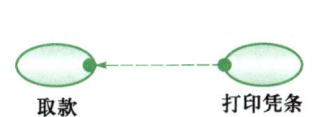

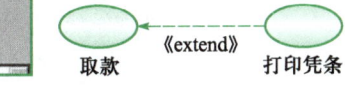

图 A-37　绘制中的扩展关系　　　图 A-38　选择用例关联类型　　　图 A-39　绘制完成的扩展关系

A.3.6　活动图的画法

活动图只有一个开始状态，如果要建立不同用例的活动图，应该把它新建为相应用例的子图，如自动取款机关于"登录"用例和"取款"用例的活动图，如图 A-40 所示。如果试图在同一个位置放置第二个开始状态符号，系统将报错。

微课 A-2
活动图的画法

图 A-40 不同开始点的活动图

A.3.7 关于类图

1. 类的属性设置

类的属性包括抽象类、抽象方法、静态方法、常量和数据类型的选择,打开类的属性对话框进行设置即可。

2. 设定关联的重数

设定关联的重数有两种方法:在关联线的一端右击,在弹出的快捷菜单中选择 Multiplicity 命令,再选择重数,如图 A-41 所示;打开关联线的属性对话框,选择要添加重数的角色的选项卡,在 Multiplicity 下拉列表框中选择重数,如图 A-42 所示。

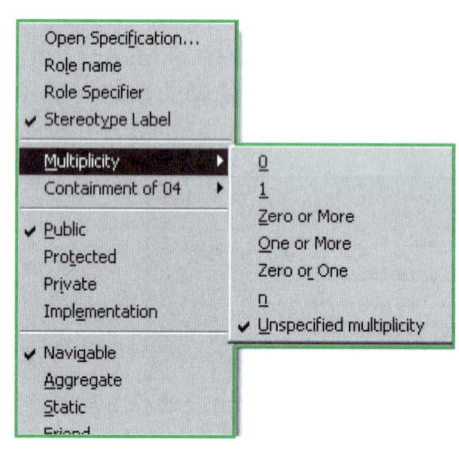

图 A-41 关联线右键快捷菜单

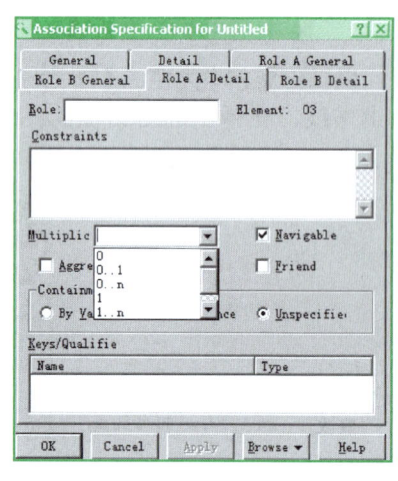

图 A-42 关联线的属性对话框

3. 信息的显示和隐藏

在绘图区的类组件上右击,在弹出的快捷菜单中选择 Options 命令,如图 A-43 所示,在级联菜单中列出的命令可以隐藏或显示类的细节内容。比如,隐藏/显示类的属性、方法,隐藏/显示属性栏、方法栏,以及隐藏/显示属性、方法的数据类型等。

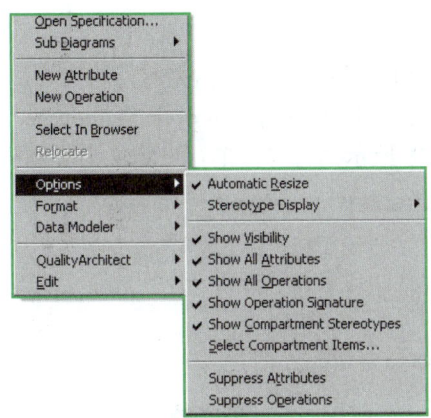

图 A-43　隐藏或显示类的细节内容

4. 聚集和组成关系

待编辑关系的类图如图 A-44 所示。

在绘图工具栏中添加聚集工具，如图 A-45 所示；选择聚集工具画出聚集关系，如图 A-46 所示；双击聚集关联线，在弹出的对话框的 Role B Detail 选项卡中选择 By Value 单选按钮，单击 Apply（应用）按钮，可以看到聚集符号变成了组成符号，如图 A-47 所示。

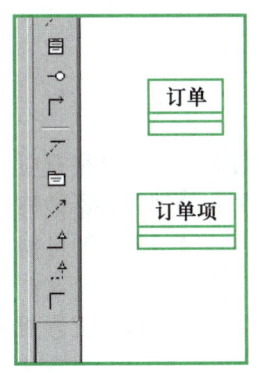

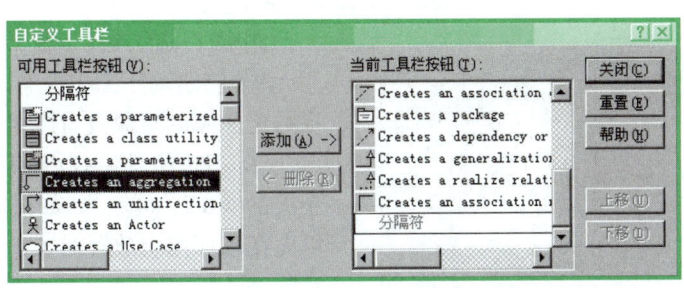

图 A-44　待编辑关系的类图　　　　　　　图 A-45　添加聚集工具

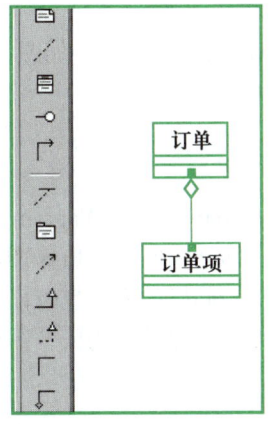

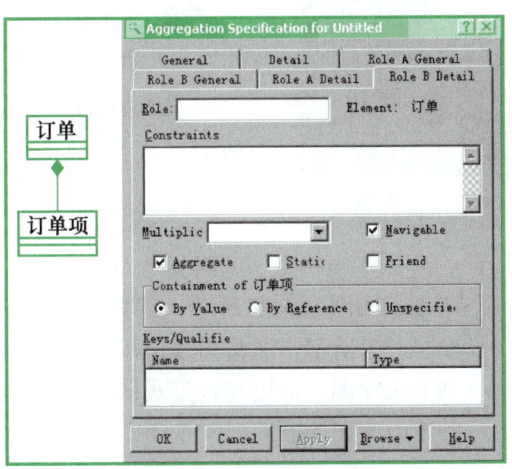

图 A-46　添加了聚集关系的类图　　　　　图 A-47　设置组成关系

5. 类的多种构造型

Rose 定义了多种类的符号，用于表示类的不同用途，如参与者类、边界类、控制类和实体类等，打开类的属性对话框，在 Stereotype 下拉列表框中可以选择不同的构造型。图 A-48 所示为将"订单行"定义为实例类。

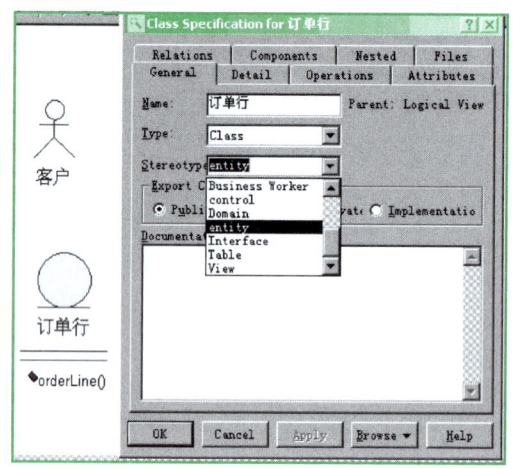

图 A-48　类的多种构造型

A.3.8　关于顺序图

1. 画顺序图的步骤

画顺序图的具体步骤如下。

① 创建顺序图中所有对象对应的类（这一点很重要，如果顺序图中的对象没有绑定类，则相关联的消息将不能修改）。

② 将类组件由列表区直接拖放到顺序图中，即可得到这个类的实例 ┌─类名─┐ 。如果需要，可以给这些对象命名；也可以先在顺序图中放置对象组件，再由属性对话框设置该对象绑定的类。

③ 排列对象从左至右的顺序。

④ 添加消息。

2. 顺序图中消息类型的修改

双击消息的连线，在 Detail 选项卡中进行修改，如图 A-49 所示。

图 A-49　顺序图中的消息类型

A.3.9　顺序图与协作图的相互转化

打开顺序图（见图 A-50），选择 Browse→Create Collaboration Diagram 菜单命令，如图 A-51 所示，或按快捷键【F5】，系统将自动创建同名的协作图，如图 A-52 所示，通常需要稍稍调整一下布局。由协作图用同样的方法也可以得到同名顺序图。通过这种方式创建的图是级联的，也就是说，对其中的一个图进行的修改会在同名的另一种图中同时得到体现。

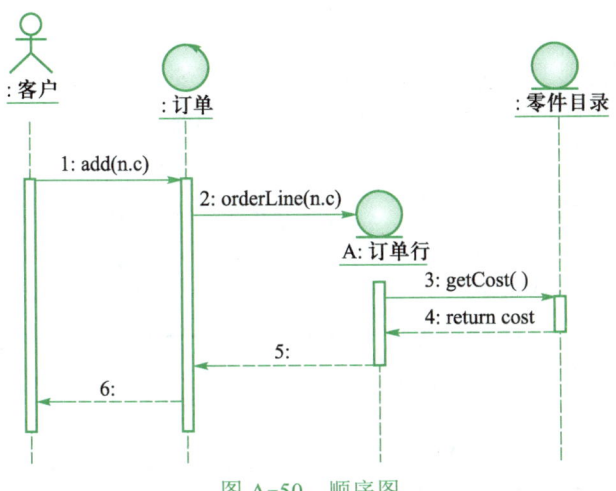

图 A-50　顺序图

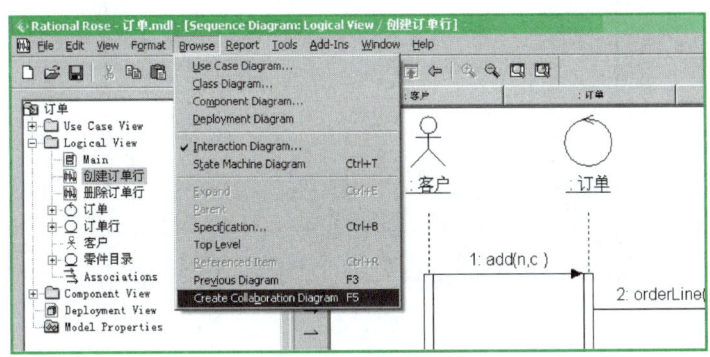

图 A-51　顺序图与协作图的相互转化

图 A-52　自动转化得到的协作图

A.3.10　借助协作图的工具绘制对象图

没有添加消息的协作图实际上就是对象图。

A.3.11　关于状态图

1. 设置转移条件

双击转移箭头，选择相应的选项卡，设置事件、参数、条件、行为和方法等，
如图 A-53 和图 A-54 所示。

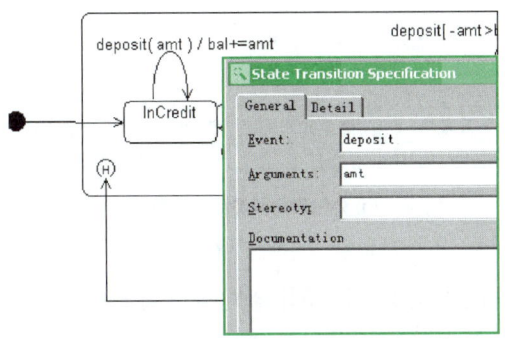

图 A-53　设置状态转移条件——General 选项卡

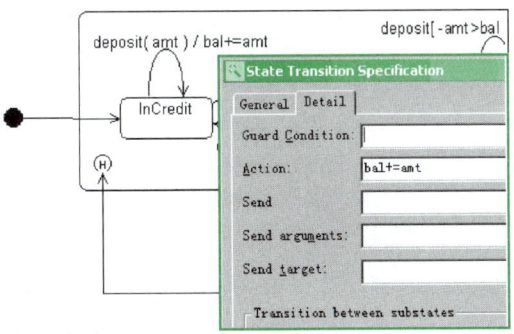

图 A-54　设置状态转移条件——Detail 选项卡

2. 历史状态的表示

历史状态通常只出现在合成状态中，双击需要表示历史状态的某个合成状态，在弹出的属性对话框中选中 State/activity history 复选框，即出现历史状态的符号，如图 A-55 所示。

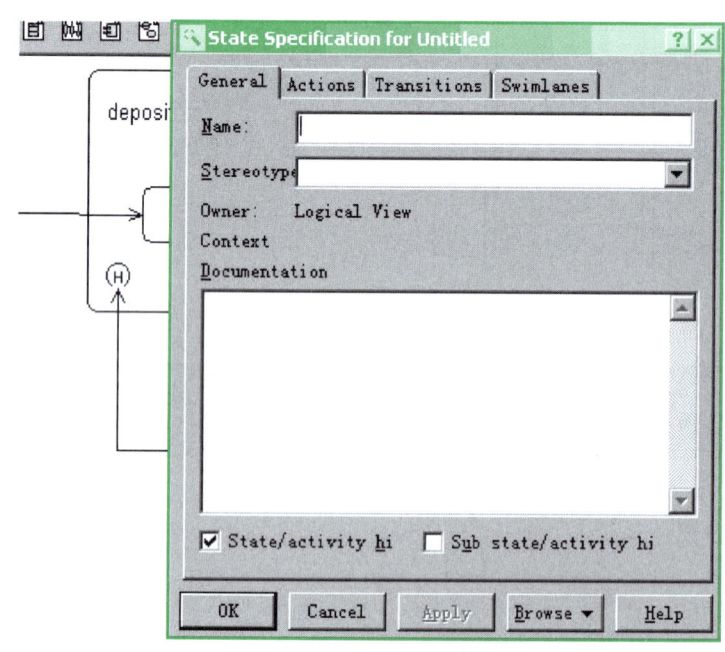

图 A-55　设置历史状态

A.3.12　图形的布局

好的布局对模型的清晰度会产生很大的影响，不需要在美化图形上花费太多时间，总体上把握以下原则即可：少用交叉、少用弧线、合理分组和通过布局体现含义。

例如，复杂类图中的泛化关系和聚集组成关系一般纵向排列，通过箭头合并，适当进行分组，如图 A-56 所示。

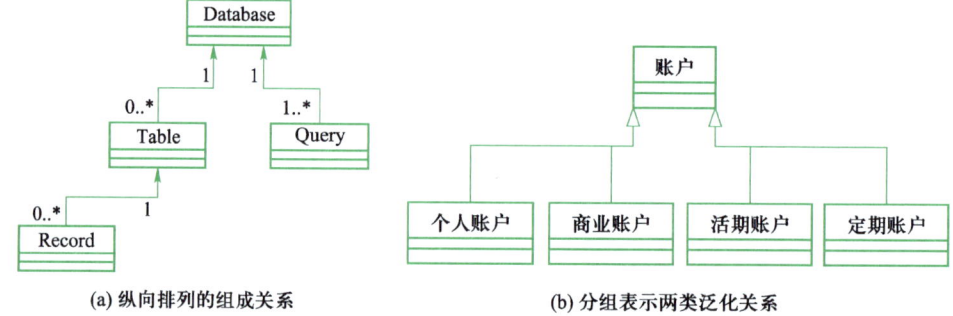

(a) 纵向排列的组成关系　　　　(b) 分组表示两类泛化关系

图 A-56　类图的布局

再如，图 A-57 和图 A-58 表达的含义是三层拓扑结构中用到了共同的工具包，显然，图 A-57 所示的关系更清晰。

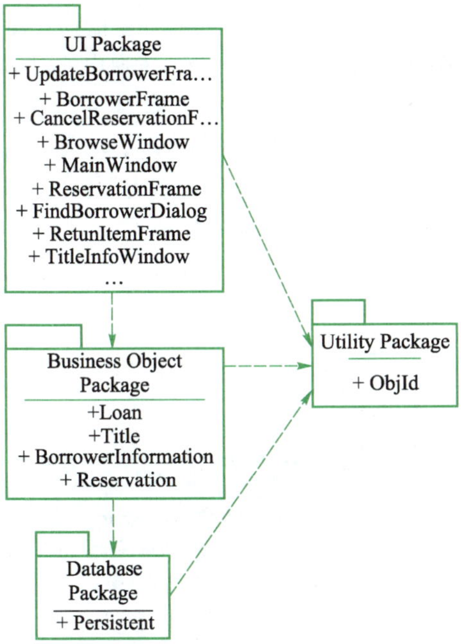

UI Package

+ UpdateBorrowerFra…
+ BorrowerFrame
+ CancelReservationF…
+ BrowseWindow
+ MainWindow
+ ReservationFrame
+ FindBorrowerDialog
+ RetunItemFrame
+ TitleInfoWindow
…

Utility Package

+ ObjId

Business Object Package

+Loan
+Title
+ BorrowerInformation
+ Reservation

Database Package

+ Persistent

图 A-57 布局 1

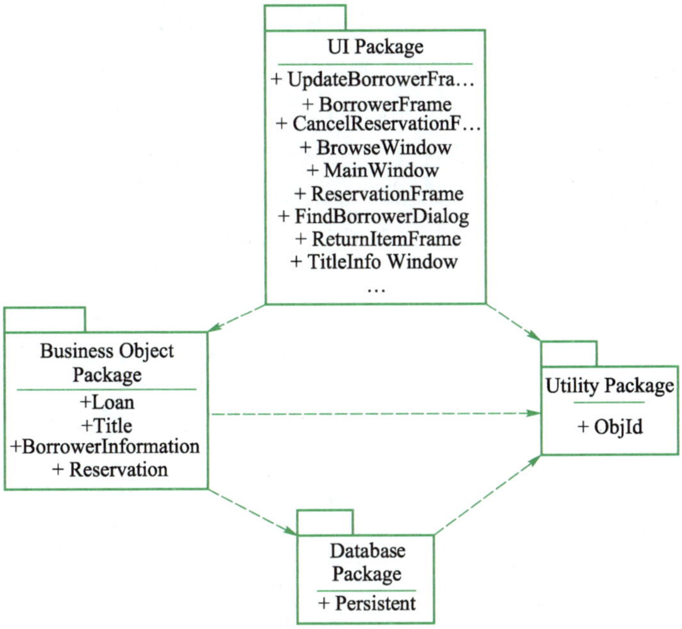

UI Package

+ UpdateBorrowerFra…
+ BorrowerFrame
+ CancelReservationF…
+ BrowseWindow
+ MainWindow
+ ReservationFrame
+ FindBorrowerDialog
+ ReturnItemFrame
+ TitleInfo Window
…

Business Object Package

+Loan
+Title
+BorrowerInformation
+ Reservation

Utility Package

+ ObjId

Database Package

+ Persistent

图 A-58 布局 2

Rose 中有优化布局的功能，选择 Format→Layout Diagram 菜单命令，系统会在已有布局的基础上进行优化。

A.3.13 发布模型

Rose 模型可以发布成网页，通过浏览器即可方便地进行浏览，这一功能进一步促进了 Rose 模型的推广。同时，利用浏览器强大的超链接功能，使得模型中

微课 A-4
发布模型

的信息可以表达得更详尽，关联更方便。发布模型的操作步骤如下。

① 选择 Tools→Web Publisher 菜单命令，在弹出的对话框中选择要发布的模型的视图和包，如图 A-59 所示。

② 在 Level of Detail 选项组中设定细节内容。

③ 在 Notation 选项组中选择要发布的模型类型。

④ 选中继承、属性、关联和文档 4 个复选框。

⑤ 单击 Diagrams 按钮，在弹出的对话框中选择发布的图片格式，如图 A-60 所示。

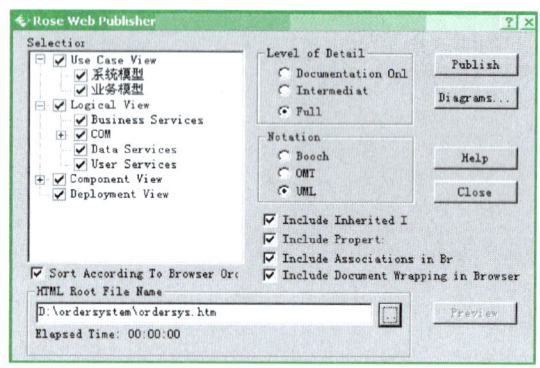

图 A-59 将模型发布成网页

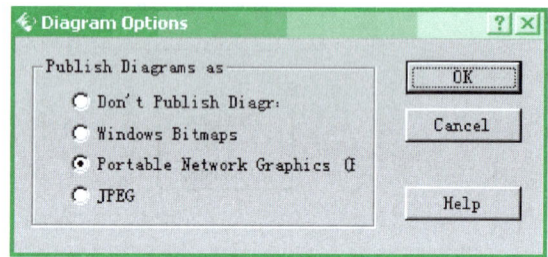

图 A-60 选择发布的图片格式

⑥ 单击图 A-59 中的…按钮，在弹出的对话框中选择发布路径，输入主页的文件名，如图 A-61 所示。注意，由于网页形式将生成多个文件，因此一定要新建一个文件夹，专门用来存放即将发布的网页，以免与其他文件混淆。

⑦ 单击图 A-59 中的 Publish 按钮，发布模型。

⑧ 发布成功后，进入发布的根目录（如 D:\ordersystem），可以查看发布后的所有文件，如图 A-62 所示。

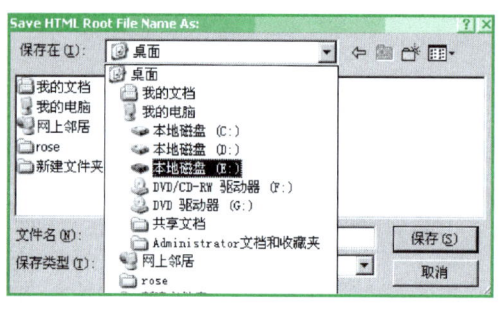

图 A-61 选择发布路径

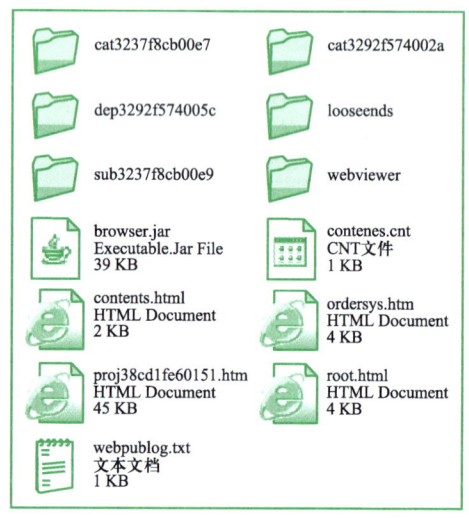

图 A-62 发布后的文件

⑨ 双击主页 ordersys.htm，可以查看整个系统的建模内容。系统默认的主页是 root.html。

A.4 Rational Rose 的逆向工程

逆向工程是指从代码到模型的过程。Rose 的逆向工程功能可以针对代码中的类、属性、操作、关系、包和组件等收集模型元素的信息，从而创建模型。下面以 Java 语言为例，演示整个过程。

① 在 Rose 中新建一个文件，选择模板（如 J2EE）。

② 等待模板加载，这通常需要几分钟时间。加载完毕后会看到新建的文件中已经有了系统包、标准类库中的类，以及相应的组件，如图 A-63 和图 A-64 所示。这就是模板的作用。

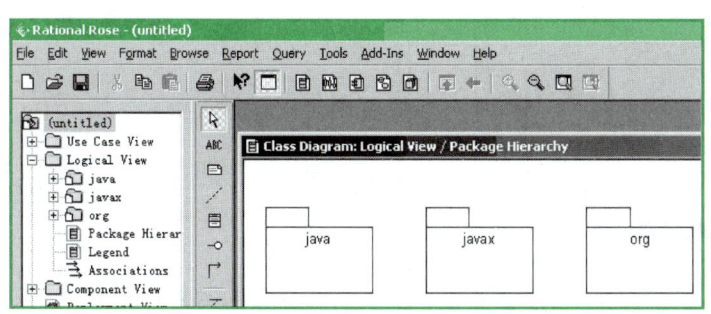

图 A-63　模板加载后的界面

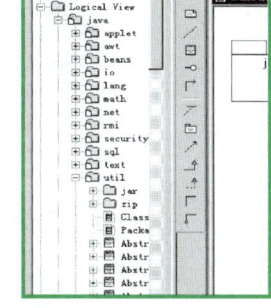

图 A-64　模板加载后的列表区

③ 选择 Tools→Java/J2EE→Reverse Engineer 菜单命令，弹出转换设置对话框，如图 A-65 所示。

④ 单击 Edit CLASSPATH 按钮，在弹出的对话框（见图 A-66）中设置要逆向的程序的路径，通常先单击 按钮，再单击 **···** 按钮。

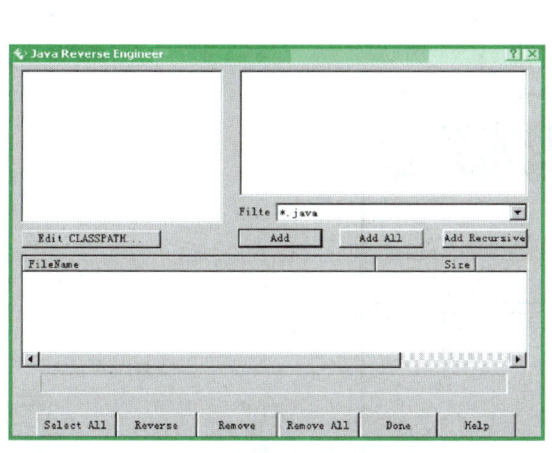

图 A-65　转换设置对话框

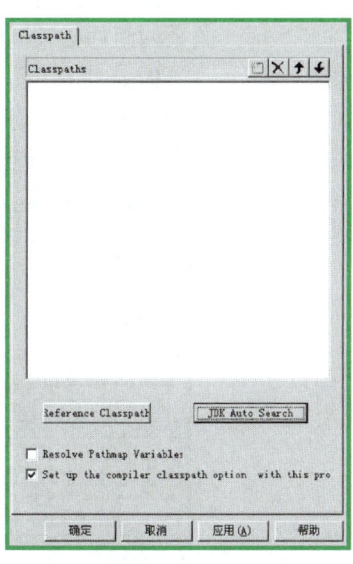

图 A-66　编辑路径

⑤ 如果要逆向的是*.jar、*.zip 或*.cab 文件，则单击 Jar/Zip 按钮，一般单击 Directory 按钮，如图 A-67 所示。

⑥ 弹出选择路径对话框，选择好路径（见图 A-68）后，分别单击 OK 和"确定"按钮，得到设置完成后的路径，如图 A-69 所示。左侧窗格中是源文件的位置，右侧窗格中是备选的源文件，在 Filter 下拉列表框中选择文件类型，下侧窗格中是即将逆向的文件。

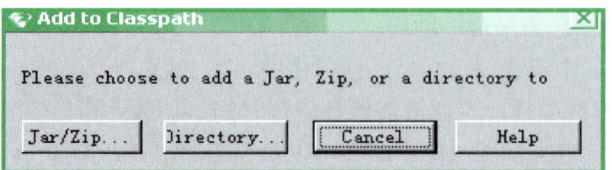

图 A-67　选择逆向文件类型

图 A-68　选择路径

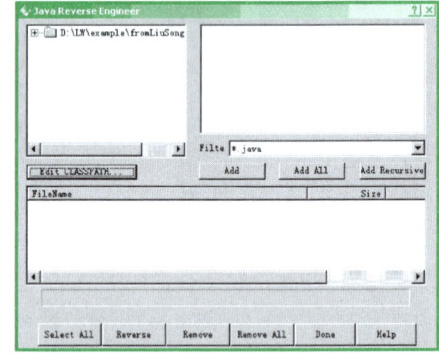

图 A-69　选择好路径后的转换设置对话框

⑦ 选择好要逆向的文件后（见图 A-70），单击 Reverse 按钮，开始进行逆向。完成后单击 Done 按钮关闭窗口。可以在列表区中查看导入的包、类及组件。

注意，只有通过编译的程序才能转换成功，否则系统会报错；存在相互调用关系的组件必须同时进行逆向。

Rose 也提供了正向工程（即由模型自动生成代码）功能，但经过正向工程生成的代码往往没有多大用处，还需要进行大量修改，因此这里就再介绍。

Rose 的双向工程示意图如图 A-71 所示。

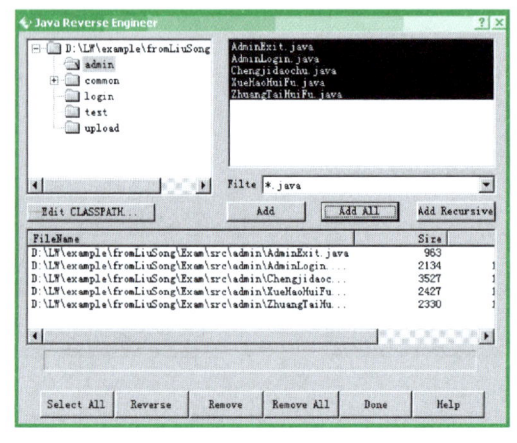

图 A-70　准备进行逆向

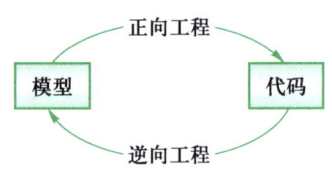

图 A-71　双向工程

附录 B

Axure 应用基础

B.1　Axure 概述

Axure RP 是一款主要用于进行交互设计和生成界面原型的工具软件，RP 是"Rapid Prototyping（快速原型）"的缩写。利用 Axure 可以快速进行流程图和原型的设计，甚至可以进行版本控制管理。

以 Web 应用开发为例，Axure 能帮助网站需求设计者快捷而简便地创建基于网站构架图的带注释页面示意图、操作流程图及交互设计，并可自动生成用于演示的网页文件和规格文件，以供演示与开发。

Axure 进行交互设计的常规步骤是：① 绘制草图，设计初始的主要页面；② 定义页面流程图；③ 完善原型。

① 绘制草图。对于比较复杂的交互过程，通常首先手绘一份草图，用来确认需求。这份草图需要有一个大致的轮廓，表达出主要的功能，并且有粗略的页面布局等。草图只是初始方案，可以有交互设计，但不要加入太多的视觉设计，后面通常还会有比较大的改动。

② 定义页面流程图。在确定主要页面之后，就可以定义页面流程了。通过页面流程图，可以整理页面的交互行为，一目了然地看出操作步骤。

页面流程图可以用 Axure 的站点地图面板里面的自动生成流程的图的功能，要使用这个功能，就需要在设计之初就建立好页面的层级结构。

③ 完善原型。包括前期设计页面的完善，以及一些交互功能的定义等，也可以适当加入一些视觉的感受。

Axure 有许多高级技巧，可以实现高度仿真的原型效果。但需要说明的是，Axure 的主旨是快速的原型设计，太过追求技术效果，往往会浪费相当多的时间，对有些效果适当配合文字说明就可以了，毕竟原型最终还是需要通过真实项目来实现的。原型不过是一种表达手段，Axure 也不过是一种工具，设计的思路才是其中的关键。

B.2　Axure 的安装和启动

B.2.1　Axure 的安装

在官网上下载 Axure 的最新版，如图 B-1 所示，按照常规的安装步骤完成安装即可，如图 B-2 所示。安装完成后的界面如图 B-3 所示。

图 B-1　Axure 的安装文件

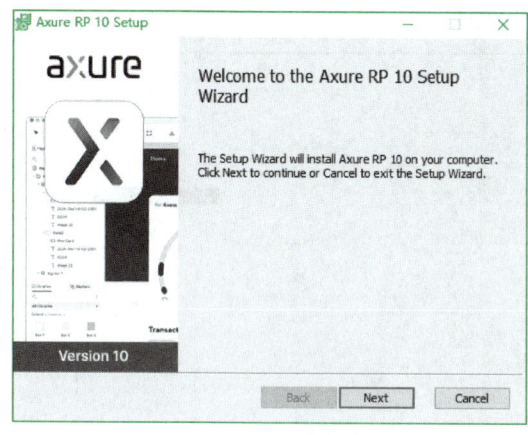

图 B-2　安装完成界面

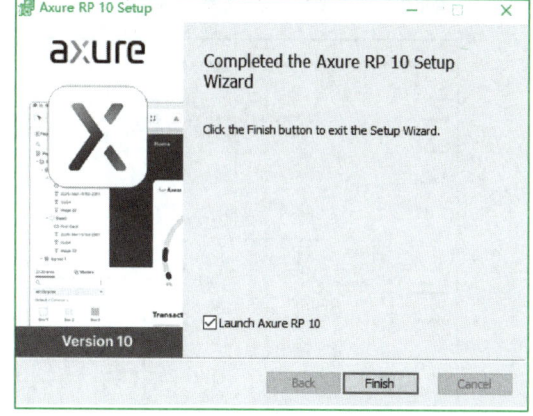

图 B-3　安装完成界面

B.2.2　Axure 的启动

启动 Axure，如图 B-4 所示，启动后的开始界面如图 B-5 所示。

图 B-4　Axure RP 10 启动菜单项

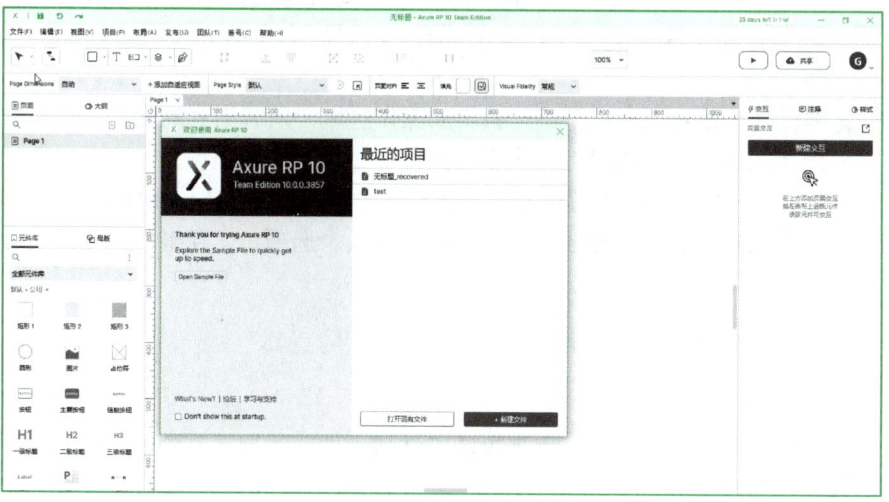

图 B-5　开始界面

B.3　Axure 的使用

B.3.1　Axure 的操作界面

Axure 的操作界面如图 B-6 所示。

菜单栏　　工具栏　站点地图　元件库　　　　　　编辑区　　　　　　　元件属性栏

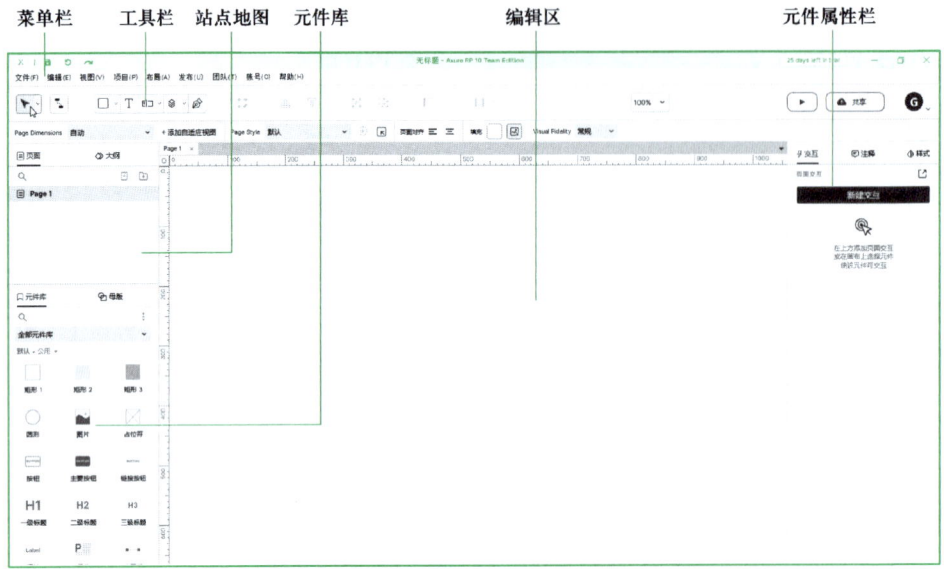

图 B-6　Axure 主界面

各部分的功能说明如下。

- 站点地图，是一种结构化树形图，在这里搭建整个系统各个界面的结构。
- 元件库，也称组件库或部件库，软件自带的元件和加载的元件库都在这里，可以执行创建、加载和删除 Axure 元件库的操作，也可以根据需求显示全部元件或某一元件库的元件，可以用拖曳的方式将元件添加到编辑区。
- 编辑区，是对页面原型进行编辑的操作区域，所有用到的元件都可以被拖到该区域，可以同时打开多个页面。
- 元件属性栏，可以设置选中元件的标签、样式，添加与该元件有关的注释，以及设置页面加载时触发的事件。它有 3 个选项：交互事件、元件注释和元件样式。

B.3.2　主要组件及使用方法

1. 元件的使用

元件的使用步骤通常为：用拖曳的方法从元件库添加元件到画布；在属性栏中输入元件的自定义名称；通过工具栏完成其他设置，比如，设置元件位置及尺寸，设置元件默认角度，设置元件颜色与透明，设置形状或图片圆角，设置矩形仅显示部分边框，设置线段/箭头/边框样式，设置元件文字边距/行距，以及设置元件默认隐藏等。

2. 关于文本框选项

文本框除了基本的元件属性设置外，还有许多特别的选项。下面介绍一些常用的文本框选项。需要注意的是，设置好选项以后通常需要在浏览器中才能看到预览的效果。

（1）设置文本框输入为密码

图 B-7 所示为文本框的类型选项。

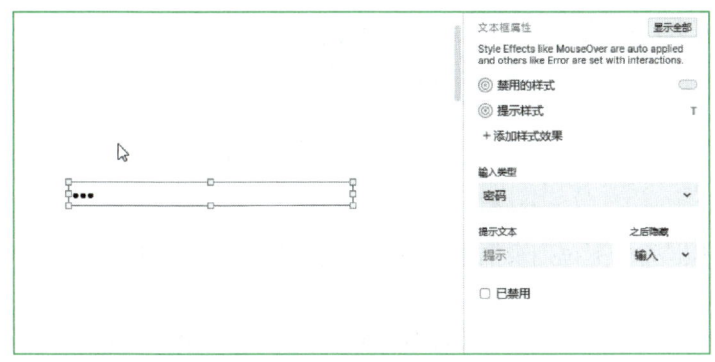

图 B-7 文本框的类型选项

选择 Password 选项后将隐藏输出的字符，预览效果如图 B-8 所示。

（2）限制文本框输入字符位数

在文本框属性中输入文本框的"最大长度"为指定长度的数字，如图 B-9 所示。

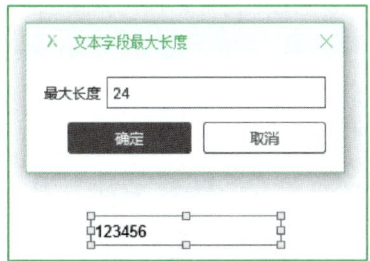

图 B-8 Password 预览效果　　　　图 B-9 指定文本框输入的最大长度

（3）设置文本框提示文字

在文本框属性中输入文本框的"提示文字"，如图 B-10 所示。提示文字的字体、颜色和对齐方式等样式可以通过单击 Hint Style（提示样式）链接进行设置。有两种方式隐藏提示：Typing 是指用户开始输入时提示文字才消失；Focus 是指光标进入文本框时提示文字即消失。

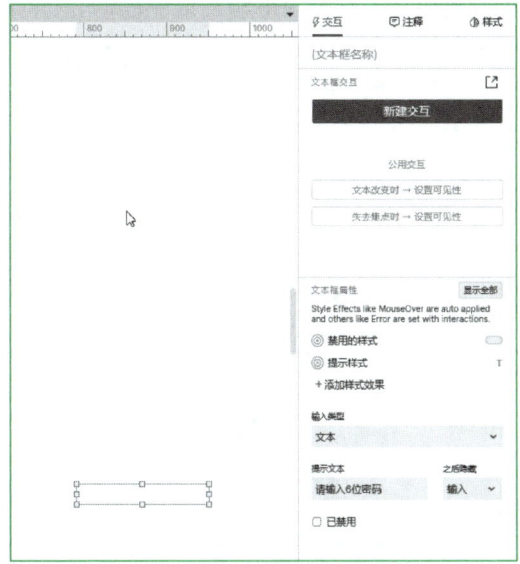

图 B-10 文本框的"提示文字"设置

设置好以后的预览效果如图 B-11 所示。

请输入6位密码

图 B-11　文本框的"提示文字"预览效果

（4）设置打开选择文件窗口

在文本框类型下拉列表框中选择 File 选项后，预览效果如图 B-12 所示。

（5）设置日历

在文本框类型下拉列表框中选择 Data 选项后，预览效果如图 B-13 所示。

选择文件　未选…何文件

图 B-12　文本框 File 选项预览效果　　　图 B-13　文本框 Data 选项预览效果

（6）设置文本框回车触发事件

文本框回车触发事件是指在文本框输入状态下按【Enter】键，可以触发某个元件的"鼠标单击时"事件。只需在文本框属性中的 Submit Button 下拉列表框中选择相应的元件即可。

图 B-14 所示为设置该文本框的回车触发事件是单击 OK 按钮。

图 B-14　文本框的触发事件设置

3. 形状设置

（1）设置矩形为其他形状

在编辑区单击矩形右上方的圆点图标，即可打开形状列表，设置为其他形状。还可以选择"变换形状"选项灵活地编辑自定义形状，如图 B-15 所示。

（2）形状设置的其他选项

在 STYLE（样式）中还有字体、透明度、填充等更多的设置，如图 B-16 所示。

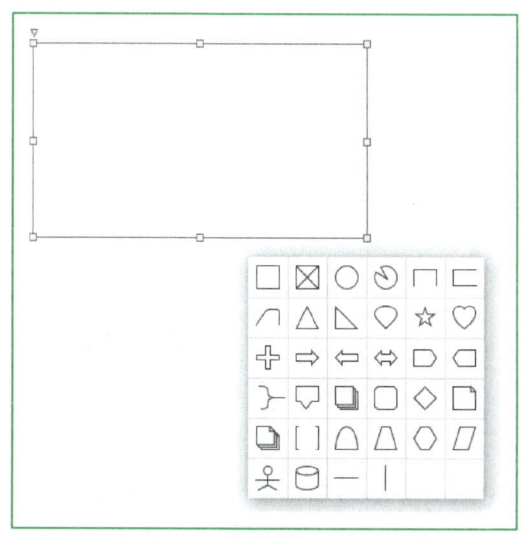

图 B-15 设置矩形为其他形状

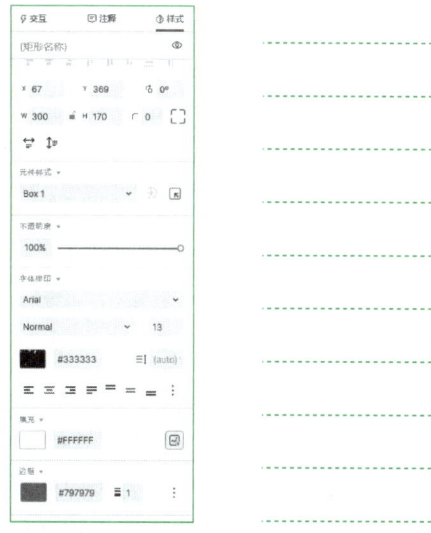

图 B-16 形状设置的主要选项

B.3.3 母版及其使用

1. 母版的作用

各个系统都有自己特定的风格，在制作原型的过程中，往往会发现一些页面之间有许多"共性"，例如，需要用到相同的首部、尾部、导航条，甚至一些图标等。如果没有母版这个功能模块，就需要重复制作相同的内容，不仅效率低下，而且不方便整体进行修改和维护。使用 Axure 母版功能，可以实现一次性制作母版，在其他页面共用和复用；同时，在母版中修改内容，可以实现所有引用母版的页面同时更新。

另外，母版不仅可以在一个原型制作中使用，还可以把母版单独保存起来，需要使用同样的功能模块时，再把保存起来的母版导入到新的原型里，这样就不用重新制作母版了。

2. 母版的制作方法

制作母版有两种方式：① 将组件转化为母版；② 利用母版区域设计母版。其中，将组件转化为母版的方法更为常用。通常在设计的过程中才知道哪些页面存在共用和复用的情况，这时才把复用的组件转换为母版，然后在其他页面中直接引用。

一个原型可以有多个母版，统一在母版栏中对它们进行编辑和管理。主要的操作有（见图 B-17）：Add，添加母版或文件夹；Move，对母版的组织结构或层次进行调整；Delete，删除母版或文件夹；Rename，重命名母版；Dupicate，复制母版或文件夹；Add to Pages，应用该母版到指定页，如图 B-18 所示；Remove from Pages，将母版的应用从指定页移除。

图 B-17 母版栏的主要操作 　　　　　　　　图 B-18 添加母版应用到指定页

3. 母版的使用

母版有 3 种拖放行为（Drop Behavior）：任何位置（Place Anywhere）、锁定到母版中的位置（Lock to Master Location）和从母版脱离（Break Away），如图 B-19 所示。在页面使用母版时，可以根据 3 种拖放行为来选择制定母版。

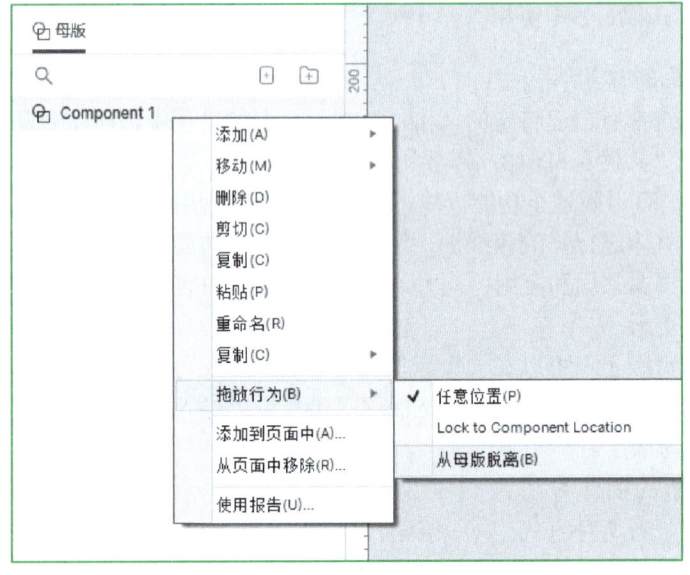

图 B-19 母版的 3 种拖放行为

（1）拖放到任何位置

拖放到任何位置，母版在引用的页面可以被移动，放置在页面中的任何位置，对母版所做的修改会在所有引用母版的页面同时更新。

（2）拖放锁定到母版中的位置

拖放锁定到母版中的位置，母版在引用的页面会处于最底层并被锁定，对母版所做的修改会在所有引用母版的页面同时更新，页面引用母版中的控件位置与母版中的位置相同，这种拖放行为常用于布局和底板。

（3）拖放从母版脱离

拖放从母版脱离，页面引用的母版与原母版失去联系，页面引用的母版组件可以像一般组件一样进行编辑，常用于创建具有自定义组件的组合。

B.3.4　动态面板

动态面板是 Axure 中使用非常频繁的一个元件，它的主要用途是实现动态的交互效果。主要有以下几种设置：隐藏与显示、滑动效果、拖动效果，以及多状态效果等，如图 B-20 所示。很好地利用这些设置可以产生许多复杂效果。

1. 显示/隐藏效果

显示/隐藏效果用于将界面上的元件显示或隐藏起来。举例如下。

情景 A：单击"登录"按钮，若此时还没有输出用户名，显示"请输入用户名"的文字提示。

情景 B：选择了下拉列表框中的某个选项以后，列表隐藏。

2. 滑动效果

与显示/隐藏效果不同，动态面板的滑动效果一般是通过其他交互事件来激发的，可能是单击某个按钮，也可能是页面加载时实现。举例如下。

情景 A：网站上的滚动字幕。

情景 B：界面上的浮动工具栏。

一般情况下，滑动效果都需要有复杂的激发过程，比如通过页面加载（OnPageLoad）事件等。

图 B-20　动态面板的交互效果

3. 拖动效果

动态面板的拖动效果是移动互联产品原型中常用的交互。举例如下。

情景 A：手机的滑动解锁功能。

情景 B：手机页面的换页功能。

4. 多状态效果

动态面板的多状态效果在网站原型中的应用非常普遍。有效利用这种效果可以大大减少面板的数量。举例如下。

情景 A：进度条。

情景 B：图片滚动播放。

在 Axure 中，可以把若干个元件转换成动态面板，相当于把这些元件放在了一个动态面板的状态 1 里面。也就是说，动态面板其实是一个多层的容器，容器的每一层可以包含多个元件。

可以在动态面板管理器中给动态面板添加多个状态，同时能够调整这些状态的顺序，从而达到不同的显示效果。

B.3.5　实例——登录

1. 绘制界面

用 Axure 的元件制作登录界面，如图 B-21 所示。其中用到的元件主要有：矩形（Box）、占位符（Placeholder）、文本输入框（Text Filed）、文本标签（Label）、复选项框（Checkbox）和按钮（Botton）等，如图 B-22 所示。

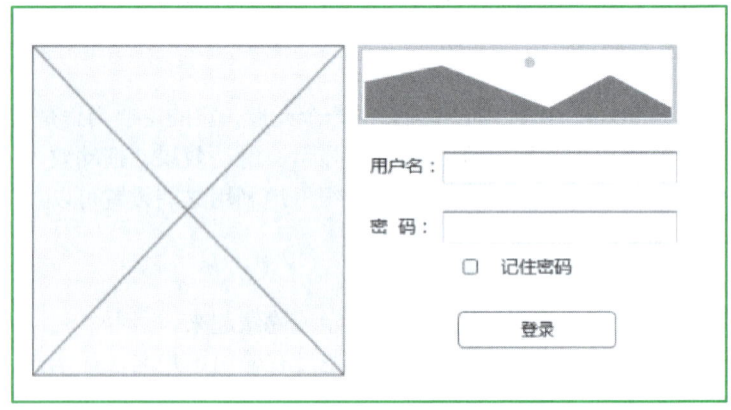

图 B-21　登录界面

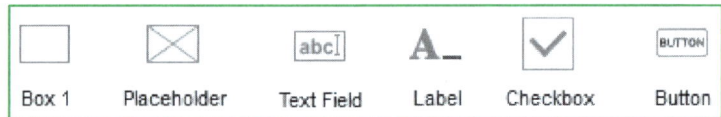

图 B-22　登录界面的主要元件

2. 添加事件

（1）焦点事件"请输入用户名"

对"用户名"的文件输入框进行设置，将提示文字（Hint）设置为"请输入用户名"，隐藏事件设置为获得焦点时（Focus）。适当设置提示文字的字体显示风格（Hint Sytle），如图 B-23 所示。

用同样的方法对输入密码进行设置，预览效果如图 B-24 所示。

图 B-23　提示文字的设置选项

图 B-24　添加了提示文字的文本输入框

（2）click 事件

双击登录元件的 OnClick 事件，设置交互条件，如图 B-25 所示。例如，当用户名为 admin，且密码为 123 时，跳转到主界面，如图 B-26 所示；当用户名或密码不正确时，显示动态面板上原来隐藏的信息"用户名或密码错误"，如图 B-27 所示。

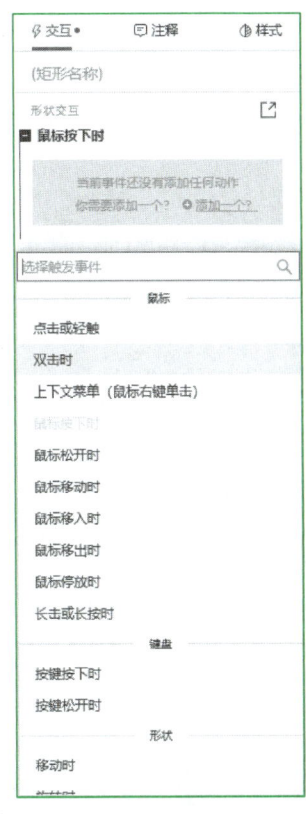

图 B-25　登录元件的事件选项

图 B-26　登录元件的用户名和密码正确时的交互条件

　　预览效果如图 B-28 所示，当用户名或密码不正确时，显示隐藏的动态面板内容"用户名或密码错误!"

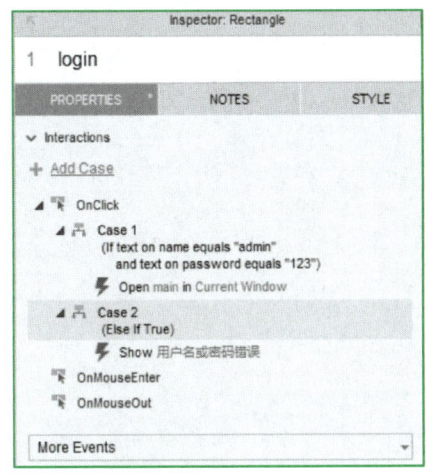

图 B-27　登录元件完整的交互条件

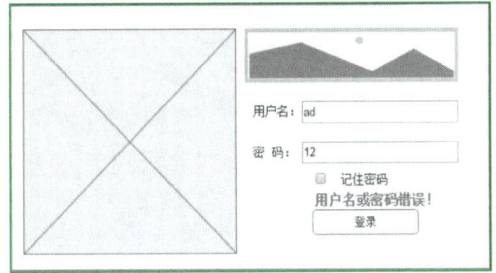

图 B-28　登录元件的预览效果

　　灵活应用这些元件和设置可以产生非常丰富的效果，读者可以从模仿实例开始，多练习、多实践。

附录 **C**

GUI Design
Studio 使用精解

C.1 GUI Design Studio 概述

GUI Design Studio 是一款界面原型构建工具。该工具开发者的目标是创建能大大改善开发进度的工具，以及帮助其他公司开发能够更好地满足用户需求的软件。

GUI Design Studio 能使需求分析人员、设计人员或开发人员在不需要编写任何代码的情况下快速地创建界面原型，形成系统的演示模型，并可以与项目组的其他人和客户交流想法，达到缩短沟通时间、提高沟通效率的效果。

GUI Design Studio 提供了大部分 C/S 和 B/S 系统的图形用户界面绘制元素，如菜单、工具栏、按钮和输入框等，直接拖放到界面上即可。

C.2 GUI Design Studio 的安装

C.2.1 安装 GUI Design Studio

① 双击启动 GUI Design Studio 的安装程序，进入协议许可界面，选择 I accept the agreement 单选按钮，如图 C-1 所示。

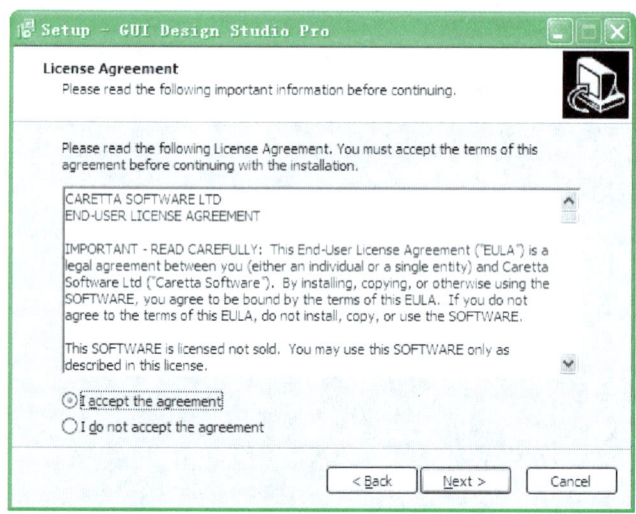

图 C-1 协议许可界面

② 单击 Next 按钮，进入安装路径设置界面，选择软件的安装目录，如图 C-2 所示。可以单击 Browse 按钮，在弹出的对话框中选择其他目录来修改默认的安装目录。

③ 单击 Next 按钮，进入快捷方式设置界面，如图 C-3 所示。可以通过单击 Browse 按钮来修改快捷方式的位置。

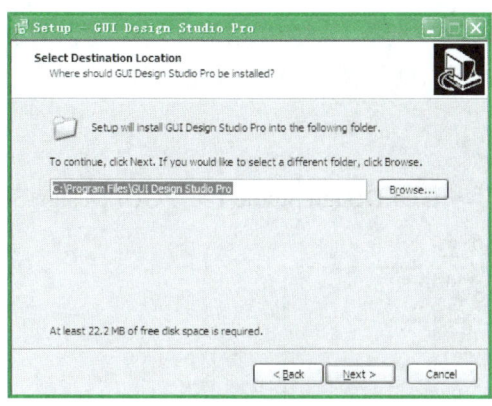

图 C-2　设置安装路径

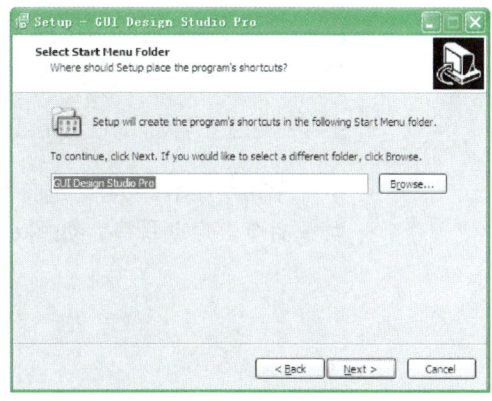

图 C-3　快捷方式设置

④ 单击 Next 按钮，进入如图 C-4 所示的界面，可以通过选中相应的复选框来确定创建桌面图标或是快速启动栏图标。

⑤ 单击 Next 按钮，进入如图 C-5 所示的界面。若要修改安装相关信息，可单击 Back 按钮；若安装信息无误，则可单击 Install 按钮，开始进行安装。

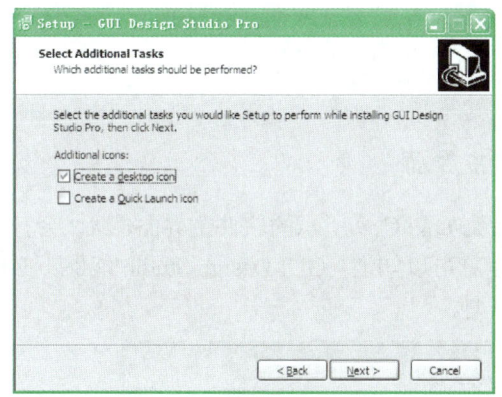

图 C-4　选择附加项

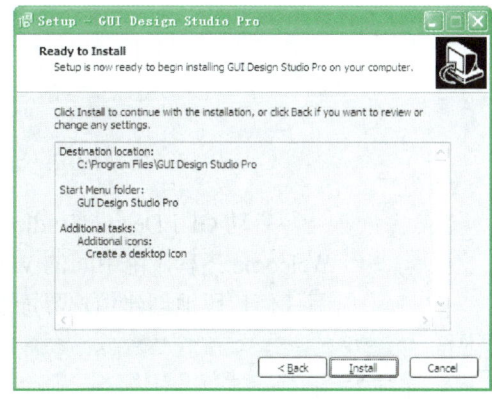

图 C-5　确认安装信息

⑥ 单击 Install 按钮，开始进行安装，界面如图 C-6 所示。

⑦ 安装过程结束后，显示完成安装界面，如图 C-7 所示。单击 Finish 按钮，即可结束安装。

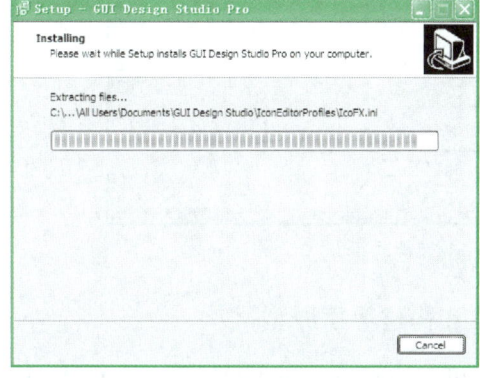

图 C-6　安装过程

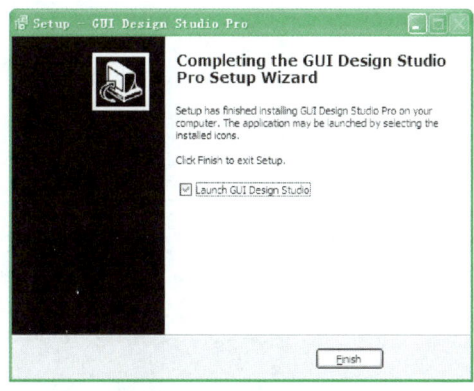

图 C-7　完成安装

若选中 Launch GUI Design Studio 复选框，则会在结束安装后立即启动 GUI Design Studio；若不希望立即启动程序，可以取消选中该复选框。

C.2.2　启动 GUI Design Studio

单击"开始"按钮，选择"程序"→GUI Design Studio Pro→GUI Design Studio 菜单命令，启动程序，如图 C-8 所示。

图 C-8　启动选项

启动时可能要求用户对软件进行注册，用户可以选择多种注册方式，如果是试用版则无须注册。

C.3　GUI Design Studio 的使用

C.3.1　GUI Design Studio 的主界面

启动 GUI Design Studio 后，会看到如图 C-9 所示的软件主界面，默认会打开 Welcome 工程。由中间的 Welcome 信息可以知道，GUI Design Studio 能够不必编写任何代码地创建用户界面和互动原型。

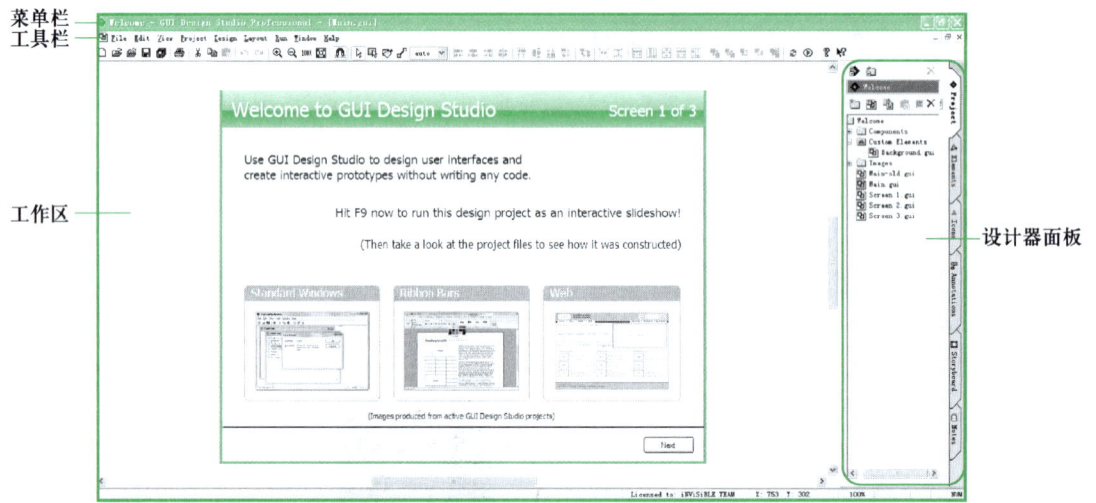

图 C-9　GUI Design Studio 主界面

C.3.2　使用 GUI Design Studio 构建界面原型

下面通过构建一个通讯录系统主界面，讲解使用 GUI Design Studio 构建界面原型的一般过程。

1. 新建设计

如果不想在 Welcome 工程中编辑，可以创建一个新的 Project，选择 File→New Project 菜单命令，如图 C-10 所示。

在弹出的 New Project 对话框中可以设置该工程的名称、工程目录的位置，以及选择模板，如图 C-11 所示，在 Based on 下拉列表框中选择 Select templdate 选项，将弹出如图 C-12 所示的模板选择对话框。

图 C-10　新建 Project

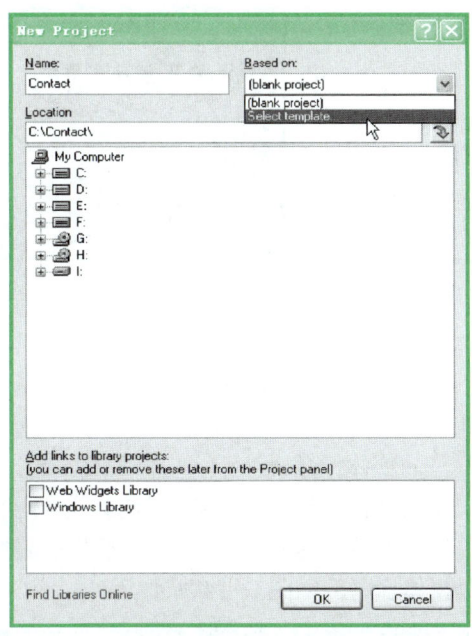

图 C-11　新建工程的相关设置

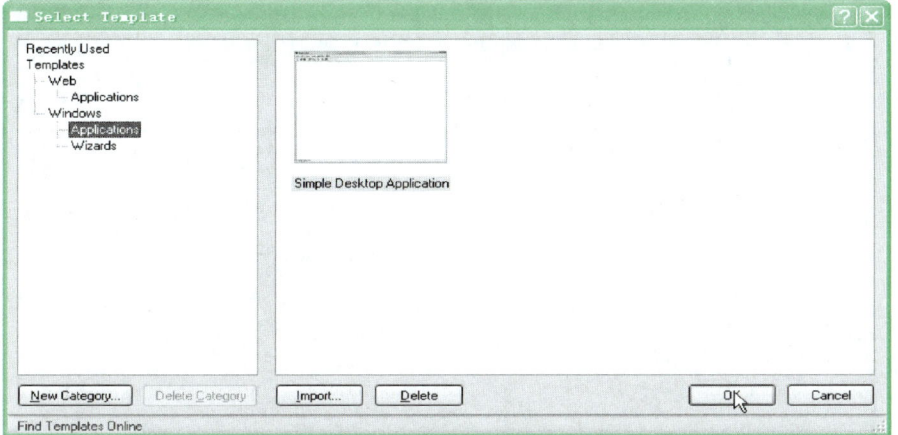

图 C-12　模板选择

对于典型桌面应用，可以选择 Windows 分支下 Applications 中的 Simple Desktop Application 模板。依次单击"OK"按钮，完成选择后会自动创建包含菜单栏和工具栏的典型桌面应用界面原型，如图 C-13 所示。

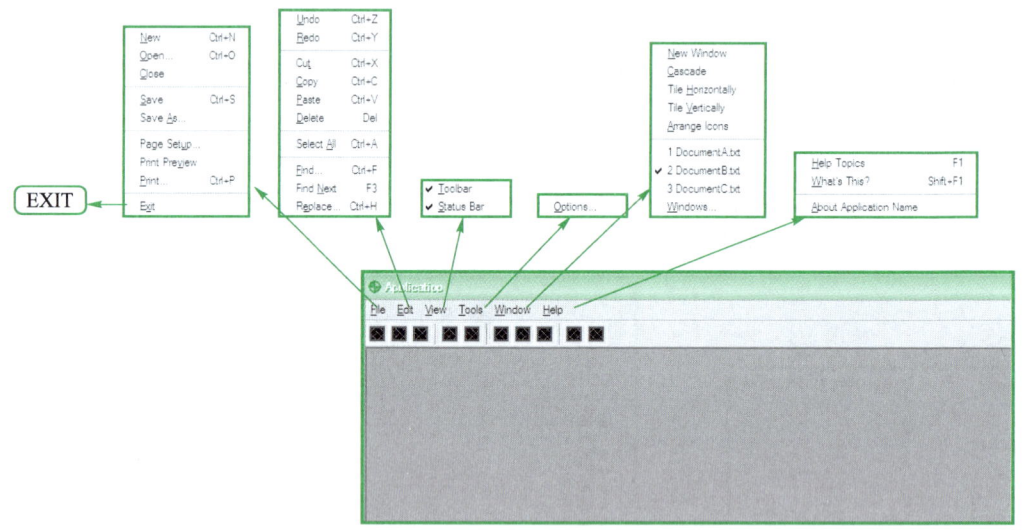

图 C-13　根据模板自动创建的典型桌面应用界面

2. 构建界面

可以在如图 C-13 所示的初始界面基础上进行修改，完成自己的界面原型设计。

（1）窗体标题设计

在窗体标题栏区域中双击，将弹出相应的属性设置对话框，双击其他区域（如菜单栏、工具栏等），也可以打开相应的属性设置对话框。在 Title 文本框中可以修改窗体标题，如图 C-14 所示。

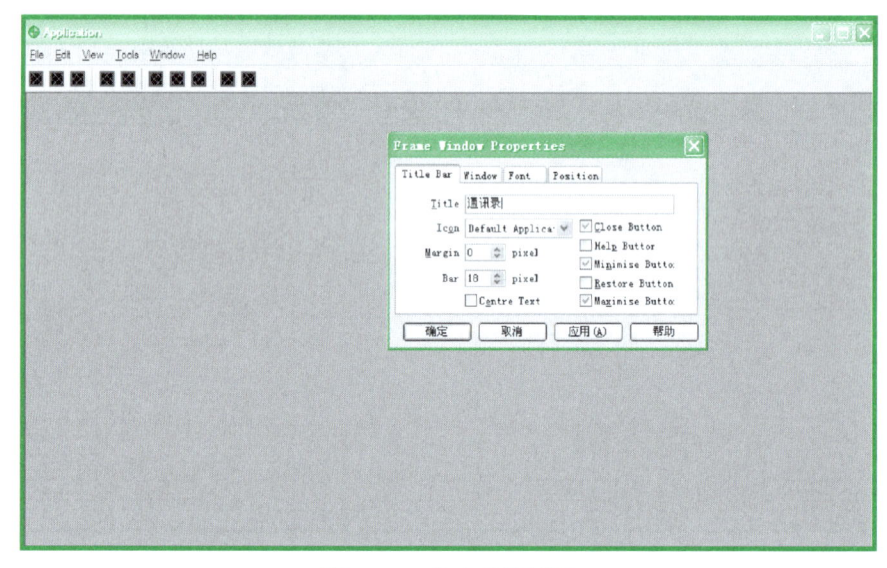

图 C-14　修改窗体标题

（2）菜单栏设计

双击菜单栏区域，弹出菜单栏属性设置对话框，如图 C-15 所示。在 Items 选项卡左侧的列表框中选择不需要的菜单名，在右侧单击 Delete 按钮，即可将其删除。

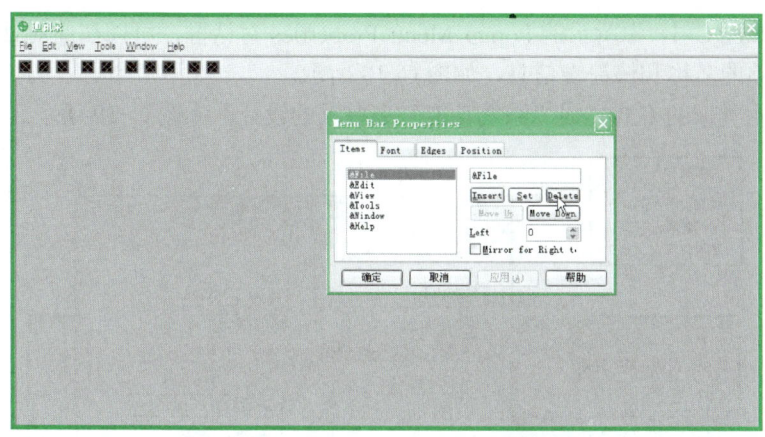

图 C-15　删除不必要的菜单名

然后在右侧文本框中输入新的菜单名，单击 Insert 按钮，可以将其加入到菜单栏中，如图 C-16 所示。

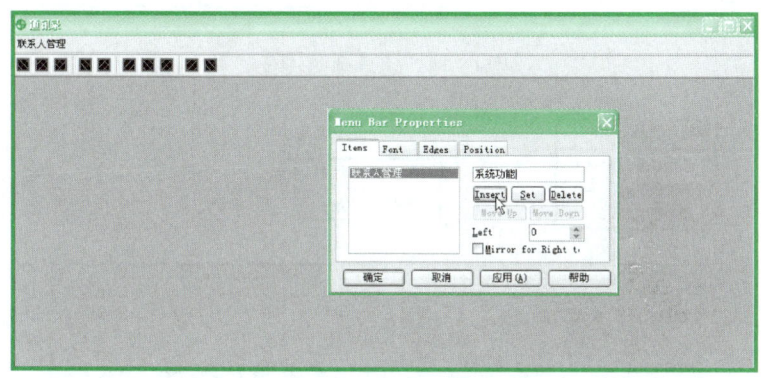

图 C-16　创建新的菜单

接下来，可以为各个菜单添加具体的菜单项。此时要用到 GUI Design Studio 主界面右侧的设计器面板，如图 C-17 所示。

设计器面板由几个面板组成，其中比较常用的有 Project（工程）面板、Elements（元素）面板、Icons（图标）面板和 Annotations（注释）面板等。

尤其是元素面板，其中分门别类地组织了许多图形用户界面中使用频率很高的界面元素，直接拖放到界面上即可使用，可以非常快速地创建可视化效果极好的界面原型。

将设计器面板切换到 Elements 元素面板，如图 C-17 所示，上方是元素的分类，下方是某类别下的具体元素。选择 Toolbars and Menus 分类，再选择其中的 Popup Menu 元素，如图中鼠标箭头所指。要将元素添加到界面设计上，有两种方式：一是双击要加入的元素；二是选中要加入的元素，按住鼠标左键不放，将元素拖到界面上再松开鼠标。之后还可以使用鼠标拖放或是键盘上的方向键来调整元素在界面上的位置。

添加了 Popup Menu 元素之后，可以使用工具栏中的　按钮，将"联系人管理"菜单与其菜单项关联起来，双击界面上的 Popup Menu 元素，

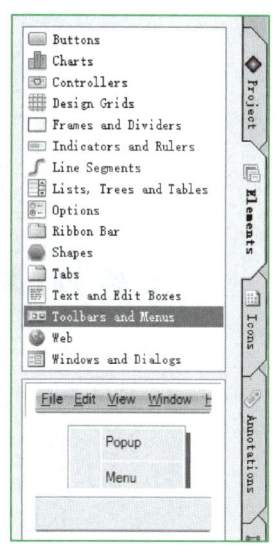

图 C-17　设计器面板

将弹出如图 C-18 中所示的 Popup Menu Properties 对话框，可以在此对话框中设计菜单项的名称和快捷键信息，如图 C-18 所示。

采用类似的方式完成"系统功能"菜单项的设计，如图 C-19 所示。

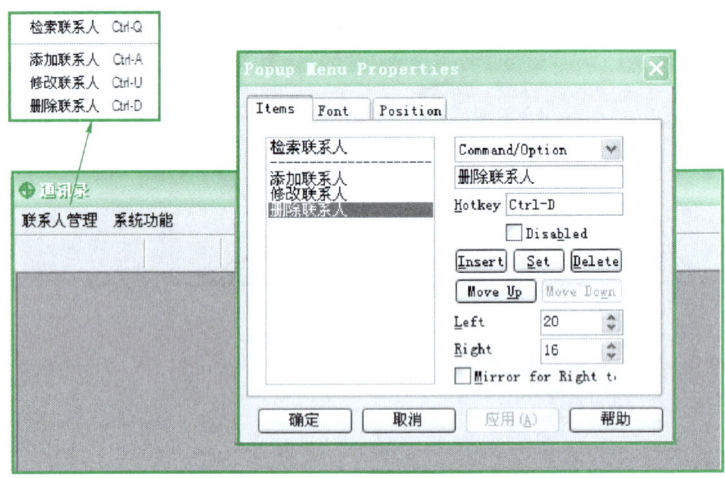

图 C-18　菜单项的设计

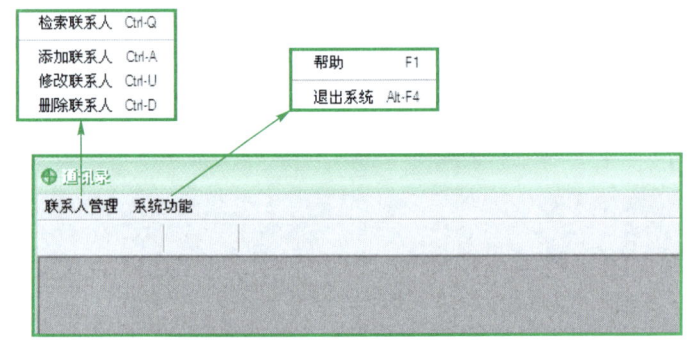

图 C-19　完成菜单项设计

（3）工具栏设计

依据模板，默认创建的窗体中已经包含了如图 C-20 所示的工具栏，其中包含了若干工具栏按钮图标和分隔符。

根据通讯录系统的实际需要，可以删除部分按钮和分隔符，只保留必要的按钮位置和分隔符即可，如图 C-21 所示。

图 C-20　初始的工具栏　　　　图 C-21　保留必要的按钮位置和分隔符

设计器面板的 Icons 面板中包含了许多常用的界面图标，可以直接使用。将设计器面板切换到 Icons 选项卡，如图 C-22 所示，上方是 Icon 的分类列表，中间的两个下拉列表框分别是按照 Icon 的大小和颜色深度来过滤 Icon，下方最大的区域就是各种 Icon。

从 Toolsbars 分类下的图标中选择合适的图标放到工具栏的合适位置，可以使用键盘上的方向键进行微调，完成工具栏设计后的效果如图 C-23 所示。

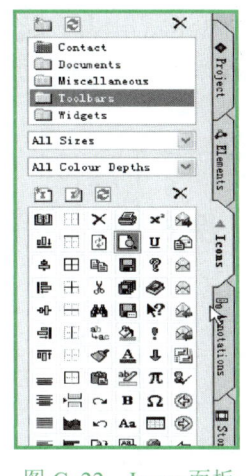

图 C-22　Icons 面板

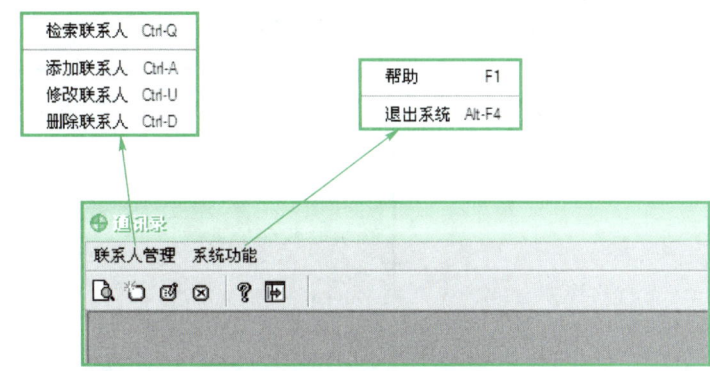

图 C-23　完成工具栏设计

如果觉得 Icons 面板提供的图标不能满足需要，还可以通过如图 C-24 所示的
Icon 维护工具条进行新建 Icon、编辑 Icon、刷新 Icon 和删除 Icon 的操作。

3. 导出界面原型

在完成界面原型的设计后，可以将其导出为图片格式，以便能将其添加到设
计文档中。

选择 File→Expert 菜单命令，如图 C-25 所示。

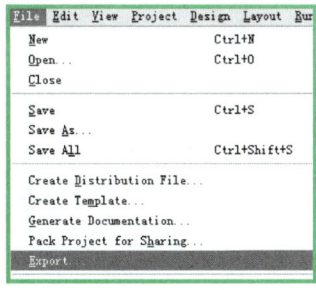

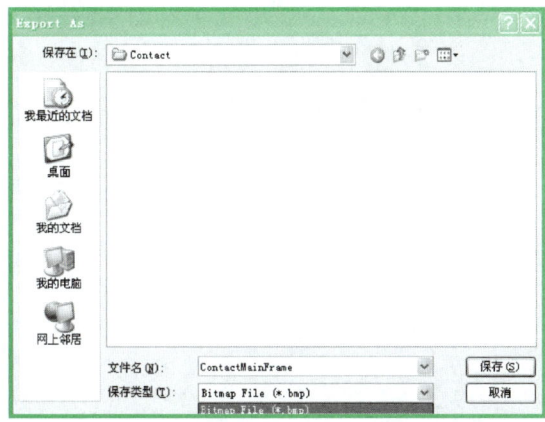

图 C-24　Icon 维护工具条　　　图 C-25　导出界面设计原型

在弹出的对话框中选择导出图片的位置和类型，输入导出图片的名称，如
图 C-26 所示。

图 C-26　导出图片的位置、类型和文件名设置

上述示例构建了一个典型的桌面应用界面原型,构建 Web 应用界面原型的步骤与其相似,读者可以参考上述过程来构建一个教学过程评价系统的登录页面的 Web 界面原型,如图 C-27 所示。

图 C-27　Web 应用界面原型

参 考 文 献

[1] 张海藩. 软件工程导论[M]. 6 版. 北京：清华大学出版社，2013.

[2] Ian Sommerville. 现代软件工程：面向软件产品（英文版）[M]. 北京：机械工业出版社，2021.

[3] 李鸿君. 大话软件工程——需求分析与软件设计[M]. 北京：清华大学出版社，2020.

[4] Roger Pressman. 软件工程：实践者研究方法[M]. 王林章，等译. 北京：机械工业出版社，2021.

[5] 赵池龙，等. 实用软件工程[M]. 4 版. 北京：电子工业出版社，2015.

[6] 谭云杰. 大象——Thinking in UML[M]. 2 版. 北京：中国水利水电出版社，2012.

[7] Hassan Gomaa. 软件建模与设计：UML、用例、模式和软件体系结构[M]. 彭鑫，等译. 北京：机械工业出版社，
2014.

[8] 薛均晓，李占波. UML 系统分析与设计[M]. 北京：机械工业出版社，2014.

[9] 埃里克·伽玛（Erich Gamma）等. 设计模式：可复用面向对象软件的基础[M]. 北京：机械工业出版社，2019.

[10] Mark C.Layton. 敏捷项目管理[M]. 傅永康，等译. 北京：人民邮电出版社，2015.

[11] Project Management Institute. 敏捷实践指南[M]. 北京：电子工业出版社，2018.

[12] 吉姆·海史密斯. 敏捷项目管理：快速交付创新产品[M]. 李建昊，译. 北京：电子工业出版社，2019.

[13] 埃里克·布伦内尔. 用看板管理敏捷项目：提升效率、可预测性、质量和价值的利器[M]. 许峰，译. 北京：
电子工业出版社，2020.

[14] 格雷格·科恩. 敏捷产品开发——产品经理专业实操手册[M]. 陈秋萍，译. 北京：电子工业出版社，2021.

[15] Andrew Stellman，等. Head first 敏捷产品开发[M]. 乔莹，译. 北京：中国电力出版社，2019.

郑重声明

高等教育出版社依法对本书享有专有出版权。任何未经许可的复制、销售行为均违反《中华人民共和国著作权法》，其行为人将承担相应的民事责任和行政责任；构成犯罪的，将被依法追究刑事责任。为了维护市场秩序，保护读者的合法权益，避免读者误用盗版书造成不良后果，我社将配合行政执法部门和司法机关对违法犯罪的单位和个人进行严厉打击。社会各界人士如发现上述侵权行为，希望及时举报，我社将奖励举报有功人员。

反盗版举报电话 （010）58581999　58582371

反盗版举报邮箱　dd@hep.com.cn

通信地址　北京市西城区德外大街4号　高等教育出版社法律事务部

邮政编码　100120

读者意见反馈

为收集对教材的意见建议，进一步完善教材编写并做好服务工作，读者可将对本教材的意见建议通过如下渠道反馈至我社。

咨询电话　400-810-0598

反馈邮箱　gjdzfwb@pub.hep.cn

通信地址　北京市朝阳区惠新东街4号富盛大厦1座　高等教育出版社总编辑办公室

邮政编码　100029